生态学数据分析

——方法、程序与软件

郭水良　于　晶　陈国奇　编著

科学出版社

北京

内 容 简 介

生态学研究需要从原始数据出发，通过系列计算分析，最后作出具有生态意义的解释。本书主要介绍 PCORD for Windows、Canoco for Windows、Curve Expert、SPSS 和 PAST 等软件在生态学数据转换、标准化、函数拟合、遗传多样性、物种多样性、生态位、空间分布格局、聚类、排序和实验数据统计检验上的应用方法。应用 QBASIC 和 R 语言对书中的部分方法编制程序。书中的每一种方法均提供模拟数据，介绍具体的操作步骤。

本书可作为高等院校生态学、环境科学、水生生物学、植物学及其相关专业的研究生教材，也可以作为上述领域的科研和技术人员的工具书。

图书在版编目(CIP)数据

生态学数据分析：方法、程序与软件 / 郭水良,于晶,陈国奇编著. —北京：科学出版社，2015.4
ISBN 978-7-03-043928-4

Ⅰ.①生… Ⅱ.①郭… ②于… ③陈… Ⅲ.①生态学—数据处理 Ⅳ.①Q141

中国版本图书馆 CIP 数据核字(2015)第 055666 号

责任编辑：朱 灵 纪四稳
责任印制：黄晓鸣/封面设计：殷 靓

科学出版社 出版
北京东黄城根北街 16 号
邮政编码：100717
http://www.sciencep.com

南京展望文化发展有限公司排版
广东虎彩云印刷有限公司印刷
科学出版社出版 各地新华书店经销

*

2015 年 4 月第 一 版 开本：787×1092 1/16
2023 年 12 月第二十一次印刷 印张：17
字数：379 000

定价：**68.00 元**

Proface

前　言

在生态学研究中,往往涉及大量生物和环境因子的观测数据,不对这些数据进行定量分析,难以寻找出生物种类之间、生物与环境之间的内在联系和生态学规律。数量生态学研究就是从一组原始数据出发,通过一系列计算分析,最后作出具有生态意义的解释。

目前已有一些关于生态学数据处理原理与方法的书籍。例如《植被数量生态学方法》(张金屯,1995)、《数量生态学》(张金屯,2004)、《群落生态学原理与方法》(赵志模等,1990)、*Quantitative Plant Ecology*(Greig-Smith P P,1983)、《植物生态学数量分类方法》(阳含熙等,1981)、*Quantitative Ecology*:*Measurement*,*Models and Scaling*。但是这些书籍主要介绍的是生态学数据分析的原理与方法,并没有提供方法所需的软件操作步骤和有关计算程序。学生在数据处理时,需要从零散的软件中寻找相应的操作技巧,或者编写相应的计算程序,后者对于多数在生物系的学生来讲有一定难度。2014年,为提高研究生教学质量,上海师范大学开始研究生精品课程建设项目。针对生态学研究生在数据处理上遇到的困惑,开展"生态学原理与数据分析"精品课程建设,编写此书。

本书主要介绍群落生态学研究中的数据转换、标准化、数据间关系的函数拟合、生态位、物种和遗传多样性、空间分布格局、聚类、排序、结果图形表达,以及实验生态学中的数据统计检验有关的方法。书中涉及的软件有 PCORD for Windows 4.1、Canoco for Windows、CurveExpert 1.3 和 PAST 2.17 等。同时应用 QBASIC 和 R 语言对书中的一些方法编写程序。每一种方法均提供模拟数据,并进行具体操作步骤的介绍。

对于大多数生态学数据处理方法,本书并没有介绍它们深奥的数学原理和复杂的公式推导,而是将重点放在相关软件、程序的使用方法上,尽量做到图文并茂,清晰明了。每一种方法均提供模拟数据和主要结果的说明。读者只要根据书中的方法,按部就班,就能够完成数据的处理。

对于聚类分析、排序分析的一些常用方法,本书同时介绍 PAST、PCORD、Canoco 软件和 R 语言编写的程序。在实际研究中,读者可以根据手头掌握的软件,选择其中的一种即可完成相应操作。对于生态位宽度和重叠值、种群空间分布格局、图论中的最大生成树法和多样性指数计算等,本书还编写相应的 QBASIC 程序,读者根据这些程序生成可执行文件,也能够方便地进行数据分析。

生态学研究中经常会涉及变量关系的拟合,以构建叶绿素荧光参数的快速光响应曲线、光-光合作用曲线、Logistic 曲线和生物分布与环境关系的高斯曲线等。本书介绍应用 CurveExpert 1.31 进行变量关系拟合的方法。对于实验生态学中的数据,读者需要开展单因素方差分析、双因素方差分析、独立样本 t 检验、成对样本 t 检验等。本书也专门介绍应用 SPSS 软件和 R 语言编写的程序进行此类数据处理的方法。

当代的计算机操作系统、应用软件和编程语言更新迅速。随着时间的推移,书中介绍的一些软件也会更新,或者在新的计算机操作系统上有不兼容的现象,这需要读者及时更新软件版本。

本书由上海师范大学生命与环境科学学院苔藓植物研究组的郭水良、于晶、陈国奇合作编撰。于晶编写第一、二章,郭水良编写第三~十章、十二章,陈国奇编写第十一章。全书由郭水良统稿。

本书的出版得到上海师范大学精品课程建设项目(项目编号:B－6001－13－103414)、上海市科学技术委员会重点项目(项目编号:12490502700)、上海师范大学内涵建设项目经费的资助。

由于作者水平有限,加之时间仓促,书中难免存在疏漏或不足之处,祈请读者批评指正。

作 者

2014 年 11 月

于上海

Contents

目　录

第一章
生态学数据收集

第一节 样方设置

野外生态学调查多数涉及种群、群落和生态系统水平,研究都是从实测数据出发,经过分析、运算,挖掘数据中隐藏的规律,这需要一套标准的数据收集方法。

生态学研究中收集数据的过程称为取样(sampling)。实际研究过程中,人们不可能对所研究区域的群落全部进行研究,只能抽取部分进行分析。取样的目的是通过样方的研究去准确地推测群落的总体,抽取的这一部分称为取样单位(sampling unit),包括样方、样圆、样点、样线、样带等,获取样方中生物分布和环境因子数据。生态学取样方法包括主观取样和客观取样两大类。

一、主观取样

主观取样是根据主观判断有意识地选出某些"典型"的、有代表性的样地进行调查。这一取样方法在植被研究实践中曾广泛地使用,它迅速、简便,对有经验的工作者能够取得较好的结果,缺点是不能进行显著性检验。应用主观取样方法获得的数据不能用于统计分析,包括 t 检验、F 检验、联结、相关或回归等显著性测定,但是适用于如排序等某些多元统计分析。

二、客观取样

1. 随机取样

样方设置是随机的,每一分析对象被抽取的概率是相等的。一般随机取样是将研究地区放入一个垂直坐标中,用成对的随机数作为坐标值,来确定样方的位置。随机数可以取自 Fisher 随机数表(图 1.1)。样方 A 和 B 分别由随机数对(4,4)和(55,25)决定。

由随机数决定的样方位置,在实际研究中往往难以确切设置,尤其是在地形复杂、沟

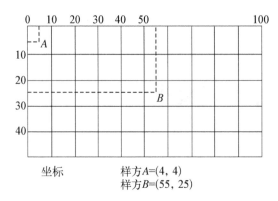

图 1.1　随机取样图示,由随机数确定样方位置(张金屯,1995)

壑交错、裸岩纵横的地方,真正达到随机取样的很少。随机取样的样品可以用于统计分析,从而检验样品的分布是否真正是随机的。

2. 系统取样

系统取样又称规则取样,是根据某一规则系统地设置样方。例如,在山地开展生态调查,先根据野外环境特点,确定第一个样方位置,从低海拔向高海拔,每隔 100 m 设置一个样方。在实际工作中,随机地选择第一个样方后,可以向两个或四个不同方向规则地设置其他样方。取样的方位和间隔的位置需要从环境及群落特点考虑。

3. 限定随机取样

限定随机取样又称系统随机取样,先将研究地段分成大小相等的区组,然后在每一小区组内再随机地设置样方。

4. 分层取样

根据自然界线或不同环境类型,将研究地段分成一些小的地段,再在小地段内进行随机或规则取样,分别代表不同的环境类型。例如,在垂直分布明显的山地,可以将不同植被带作为小地段。分层取样时,小地段的大小并不相等,也难以进行统计分析。

5. 环境因子取样

海拔高度、坡度、坡向、小地形变化等,可以直接从样方中测量记录。土壤等环境因子变化大,还需在样方内再进行随机取样或规则取样。样方中土壤取样时,一般取 5 个点,即样方的中心点和中心点到样方每个角连线的中点。实际测定时,可以将这 5 个样品充分地混合,然后再从中取一部分进行测定,或者将 5 个样品分别测定,对其结果取平均值,后者可以进行统计分析检验。

第二节　样方形状、大小和数目

一、样方的形状

取样的形式有样方、样圆、样点、样线、样带等。为了减少边际效应对测量数据的影响,样方的边与面积比要小。圆形的周长与面积比最小,但是在野外地形复杂的环境中用圆形进行取样困难很大。方形的边和面积比较小,因而边际影响的误差较小,而且方形容易设置,因此,一般生态学调查中样方为方形。

样线用于一些特殊的研究中,主要用于灌丛和森林群落中,但是使用频率低。格局分析中,由连续样方组成样带是最常用的方法。

二、样方的大小

一般用群落的最小面积作为样方的大小。群落最小面积定义为群落中大多数种类都能出现的最小样方面积,通常用种数面积曲线来确定,即种数面积曲线的转折点所对应的样方面积。由群落最小面积确定的调查样方数据适合多元分析方法,但不适合格局分析。表1.1为不同群落类型生态学调查时取样的面积大小。

表 1.1　不同群落类型最小面积经验值

群 落 类 型	群落最小面积/m²
苔藓群落	0.04~0.25
沙丘草原	1~10
干草原	1~25
草　甸	1~50
高草地	5~50
灌　丛	10~50
温带森林	200~500
热带雨林	500~4000

样方大小在格局分析中非常重要。格局分析中样方大小要明显地小于该类型群落的最小面积。在低矮草地研究中一般用 $25\sim100$ cm² 的样方,高草地用 $100\sim625$ cm²,灌丛用 $0.5\sim4$ m²,森林用 $2\sim25$ m²。样方大小选择不当,研究结果均匀分布、随机分布和集群分布就分辨不出来,结果可能它们都是随机分布或均匀分布的。在小格局和微格局分析中,样方会设置得更小。

三、样方的数目

1. 平均数曲线法

当样方数较少时,平均数变化幅度较大,随着样方数目的增加,它的变化幅度逐渐减小,当达到某一样方数目时,它的变化幅度小于允许的范围(如 5% 变化幅度),此时对应的样方数目可以认为是所需要选取的样方数。

2. 面积比法

举例来说,如果研究地总面积为 10 000 m²,样方大小为 5 m×5 m,要求抽取面积为总面积的 5%,即取样面积应为 500 m²,则样方数为 500/25=20。

第三节　无样地取样法

无样地取样一般用于测定森林群落中树种密度、基面积、频度等数据,有最近个体法、最近邻体法、随机配对法和中点四分法(张金屯,1995)。

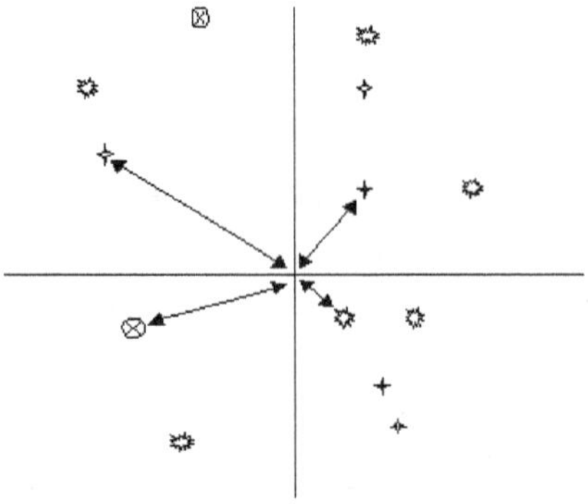

中点四分法应用得最为广泛,该方法定义为随机样点与每一象限中最近一株间距离的平均值。对于一个样点要测定四个距离(图1.2),该法要求事先确定好坐标系的方向。

表1.2是浙江省遂昌县华西枫杨—枫香群落中5个取样点的调查数据,用以说明中点四分法的实际操作方法。通过表中数据,频度=(含有某种的样点数/样点总数)×100%,以此式计算每一树种在调查地的频度。

图 1.2　中点四分法调查示意图

表 1.2　中点四分法调查记载表

取 样 点	象 限 号	种 类	距 离/m	基 径/cm
	1	华西枫杨	0.7	5.5
1	2	枫香	1.6	42.5
	3	黄山木兰	3.5	17.0
	4	秀丽槭	2.0	25.0
	1	华西枫杨	1.1	4.01
2	2	华西枫杨	0.8	5.0
	3	华西枫杨	1.9	5.0
	4	华西枫杨	1.8	4.0
	1	枫香	1.5	4.5
3	2	华西枫杨	0.7	3.0
	3	黄山木兰	1.5	9.0
	4	黄山木兰	2.0	23.0
	1	枫香	3.1	14.0
4	2	华西枫杨	1.7	6.0
	3	华西枫杨	1.1	5.0
	4	枫香	1.9	12.0
	1	枫香	2.5	23.0
5	2	枫香	2.2	18.0
	3	华西枫杨	1.4	5.01
	4	黄山木兰	2.8	25.0
合　计	20		35.8	
平均距离/m			35.8/20=1.79	

频度：华西枫杨＝(5/5)×100％＝100％、枫香＝(4/5)×100％＝80％、黄山木兰＝(3/5)×100％＝60％、秀丽槭＝(1/5)×100％＝20％。

每公顷株数＝10 000/(1.78×1.78)＝3156 株，其中，华西枫杨＝3155×9/20＝1420 株、枫香＝3155×6/20＝946 株、黄山木兰＝3155×4/20＝631 株、秀丽槭＝3155×1/20＝158 株。

第二章

群落数量和环境特征

第一节　群落的数量特征

一、多度

多度(abundance)是指群落内每种植物的个体数量,对于树木等种类或需要详细研究的群落,常用直接计数法,而对于草本、灌木等个体数目大而体形较小的种类,常用目测计数法。表 2.1 列出了一些具体的估测多度等级的方法。

表 2.1　几种常用的多度等级

Drude 等级	Clements 等级	Braun-Blanquet 等级
Soc.　极多	D　优势	5　非常多
Cop. 3　很多	A　丰盛	4　多
Cop. 2　多	F　常见	3　较多
Cop. 1　尚多	O　偶见	2　较少
Sp.　少	R　稀少	1　少
Sol.　稀少	Vr　很少	+　很少
Un.　个别		

实测方法可以计测样方中单株个体的数目,也可以根据植物的地上枝条数或丛生植物的丛数等计数,计数时一般以植物的根部是否位于样方内为标准。

二、密度

密度(density)是指单位面积的株数(整个植株或某一部分)。相对密度反映群落内各种植物数目之间的比例,计算方法为

$$相对密度 = \frac{某种植物的个体数目}{全部植物的个体数目} \times 100$$

三、盖度

盖度（cover 或 coverage）指植物地上部分垂直投影的面积占地面的比率。

单个植物种的盖度称为种盖度；一个群落的盖度称为群落总盖度；群落不同层的盖度称为层盖度。所有种盖度之和可以超过群落总盖度。

盖度是一非常重要的生态学指标，在植被分析中有重要地位。盖度直接用百分率表示，为 0～100％。目测法盖度等级划分见表 2.2。

表 2.2　盖度等级表

等 级 值	Braun-Blanquet 等级/％	Domin 等级/％
1	盖度<5	盖度非常小，仅单株
2	6～25	盖度<1
3	26～50	1～4
4	51～75	5～10
5	76～100	11～25
6	—	26～33
7	—	34～50
8	—	51～75
9	—	76～90
10	—	91～100

盖度的测定可以用目测估计，也可以用样点截取法。图 2.1 是一个盖度测定装置。在测定时，将带支架的长条样架安放在草本植被带上，把刺针一个接一个地垂直下放，刺中的植物部分按种类记录下来，设置十次样架，共计针刺 100 次，得到样方中的植物盖度。

在森林调查中，可通过测定植株冠幅推算出冠层盖度。由于树冠通常不是规则的圆形，所以至少要两次量取冠径，然后按下列方法算出树冠的面积 CC。

$$CC = \left(\frac{D_1 + D_2}{4}\right)^2 \pi$$

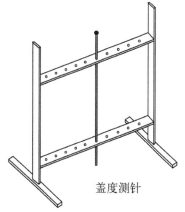

盖度测针

图 2.1　样点截取法测定装置

为了表示树冠对土地面积的盖度，必须由样地面积数据，算出树冠盖度百分数。

树冠盖度的测定比较困难，估测也不易准确。实际工作中，常采用树干基面积或胸高断面积来代替盖度。野外调查时，胸高（离地 1.3 m）处的直径（dBH）一般用轮尺或直径卷尺测量，如无专用设备也可用皮卷尺测量周长，无论胸径或周长都要再换算成胸高断面积。某一树种的胸高断面积与样地内全部树木总断面积之比称为显著度。

四、频度

频度指植物群落中某种植物出现的样方百分率，即

$$频度＝(某种植物出现的样方数/全部样方数目)×100\%$$

五、高度

植株高度(height)指示生长情况、生长态势，以及竞争和适应的能力，常将高度分为不同的等级以进行比较。

六、生物量和产量

生物量(biomass)是一个种在一个样方中的质量(干质量或鲜质量)，最能反映该种在群落中功能和作用大小。生物量可分为地上部生物量和地下部生物量，也可分为营养产量、种子产量等。在草本植物群落生态学研究中，生物量数据使用较多。

七、优势度和生态重要值

优势度是指物种的生态重要性，用生态重要值表示。一般包括相对密度(或相对多度)、相对频度和相对盖度(或相对显著度)，也可包括相对高度，即

$$生态重要值＝(相对密度＋相对频度＋相对显著度)/300$$

$$生态重要值＝(相对密度＋相对频度＋相对显著度＋相对高度)/400$$

$$生态重要值＝(相对多度＋相对频度＋相对盖度)/300$$

相对密度指某一种的个体数占样方中全部种的个体总数的百分比；相对频度指某一种的频度占全部种的频度之和的百分比；相对显著度指某一种的基面积(或胸面积)占全部种该指标之和的百分比；相对高度指某一种的平均高度占所有种的平均高度之和的百分比。

苔藓植物的生态重要值，一般包括相对盖度和相对频度两个指标，即

$$生态重要值＝(相对盖度＋相对频度)/200$$

八、生活型

生活型(lifeform)是生物对外界环境适应的外部表现形式。Raunkiaer 选择休眠芽在不同季节的着生位置作为划分生活型的标准，把植物划分为五类生活型：高位芽植物

(phaenerophyte)、地上芽植物(chamaephyte)、地面芽植物(hemicryptophyte)、隐芽植物(cryptophyte)和一年生植物(therophyte)。其中,高位芽植物依高度分为四个亚类,即大高位芽植物(高度>30 m)、中高位芽植物(8~30 m)、小高位芽植物(2~8 m)与矮高位芽植物(25 cm~2 m)(牛翠娟等,2007)。

由所有种的生活型按比例组成的生活型谱也是群落的重要特征。

九、种-面积曲线和群落最小面积

种-面积曲线和群落最小面积可以作为描述群落特征的指标,具有重要的生态学意义。

在研究的生境地段,首先选择一定面积的样方,记录面积中所有植物的种类;然后按一定增幅扩大样方面积,每扩大一次,记录新增加的植物种类,随着面积的扩大,植物种类数目的增加幅度由大变小;最后作出样方面积与植物种数的种—面积曲线(图 2.2)。种—面积曲线先表现为陡峭上升,而后水平延伸。将平伸的一点所处的面积称为植物群落最小面积。

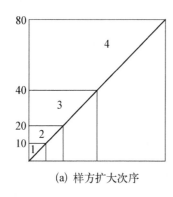
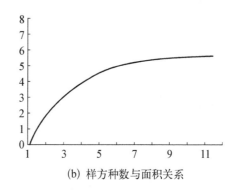

(a) 样方扩大次序   (b) 样方种数与面积关系

图 2.2 样方最小面积确定法

第二节 环境特征

一、气候数据

气候是影响植物群落生长发育和分布的重要因素,包括降水量、相对湿度、温度、日照时数、太阳光辐射量、蒸发量、风速等。这些指标有年均值、月均值、日均值等,根据研究的需要选取。有些指标还可以细分为多个指标,如温度在一年内可分为年均温、最热月均温、最冷月均温、极端最高温和极端最低温等。

近年来,全球气候变化对生物分布影响的研究中,Hijmans 等(www.worldclim.org)以 12 个月的雨量和温度为基础,提出了 19 个具有生态学意义的气候指标(表 2.3)。

表 2.3　19 个具有生态学意义的气候指标

代　码	指　标	代　码	指　标
Bio1	年平均温	Bio11	最冷季度平均温度
Bio2	昼夜温差月均值	Bio12	年平均湿度
Bio3	昼夜温差与年温差比值	Bio13	最湿月份湿度
Bio4	温度变化方差	Bio14	最干月份湿度
Bio5	最热月份最高温	Bio15	湿度变化方差
Bio6	最冷月份最低温	Bio16	最湿季度湿度
Bio7	年温度变化范围	Bio17	最干季度湿度
Bio8	最湿季度平均温度	Bio18	最暖季度平均湿度
Bio9	最干季度平均温度	Bio19	最冷季度平均湿度
Bio10	最暖季度平均温度		

二、地形数据

地形数据包括海拔、坡度、坡向、坡位和微地形等。坡度和坡向可以用罗盘等小仪器测得,坡度可以直接用度数测得,也可以分等级目测;坡向可以用东、西、南、北、东北、西北等级值,也可用度数表示;坡位一般含上坡位、中坡位和下坡位三级,也可包含坡顶、谷底;苔藓和草地植物研究中还涉及微地形,可以分等级估测。

三、土壤数据

土壤数据包括枯枝落叶层厚度、土壤厚度、pH、电导率和土壤温度等。

土壤结构指土壤中砂砾($>2000\ \mu m$)、粗砂粒($500\sim2000\ \mu m$)、中砂粒($250\sim500\ \mu m$)、细砂粒($50\sim250\ \mu m$)、粉砂粒($2\sim50\ \mu m$)和黏粒($<2\ \mu m$)的比例。可以用粒度仪或不同孔度的土壤筛分析。另外还有土壤比重、容重、孔隙度等。

土壤水分包括土壤含水量、土壤有效含水量、土壤最大持水量等,一般在实验室测得,也可分等级估测。

土壤温度指不同深度土壤的温度,用地温计测量。

土化成分包括有机质、N、P、K、Cu、Fe、Mn、Zn 等的含量。

在土壤数据中有时也包含土壤剖面特征和土壤类型等数据。对人为干扰较大的土壤和水体,有时需要测定污染物质的含量,如水体中的 BOD(生化需氧量)、COD(化学耗氧量)、Hg、有机污染物等,以及土壤中的重金属、农药等,这些测定方法均可在相关的书中找到,这里不再赘述。

四、水体环境

水体环境因子种类有很多,包括如下几类。

感官性因子：如味、臭、颜色、透明度、浑浊度、悬浮物和总固体等；

氧平衡因子：如溶解氧（DO）、COD、BOD、有机碳总量（TOC）和氧总消耗量（TOD）等；

营养盐因子：如铵盐、硝酸盐和磷酸盐等；

毒物因子：如酚、氰化物、汞、铬、砷、镉、铅和有机氯等；

微生物因子：如大肠杆菌等；

理化因子：如 pH 及电导率等。

五、生物因子数据

生态学研究中的生物因子数据指研究对象以外的生物类群和数量。例如，样方中的草本、灌木和乔木盖度等对苔藓的分布有影响，土壤中的微生物种类和数量对森林和草地有影响，植物种类及其生物量、植物群落类型等对动物群落有影响。

第三章

数 据 准 备

第一节 数据的类型

一、名称数据

用 1、2、3、4、…等数值代表属性的不同状态,这类数据在数量分析中各状态的地位是等同的,状态之间没有顺序性,又可分成两类:二元数据和无序多状态数据。

1. 二元数据

二元数据是具有两个状态的名称属性数据。如植物种在样方中存在与否、是雌雄同株还是雌雄异株、两侧对称花还是整齐花、植物具刺与否等。用 1 和 0 两个数码表示,1 表示某性质的存在,而 0 表示不存在。

群落生态学研究中,某种植物是否存在于样方中,存在记为 1,不存在记为 0,就构成了二元数据。某种植物出现与否与环境条件密切相关。二元数据广泛地应用于数量分析中,如关联分析。

2. 无序多状态数据

无序多状态数据是指含有两个以上状态的名称属性数据。例如,4 个土壤母质的类型,可以用数字表示为 1、2、3、4,数据不反映状态之间在量上的差异,只表明状态不同。

二、顺序性数据

这类数据也包含多个状态,不同的是各状态有大小顺序。生态学研究中有大量这样的数据。例如,将植物覆盖度划为 5 级,1=0～20%,2=21%～40%,3=41%～60%,4=61%～80%,5=81%～100%,这里 1～5 状态有顺序性,有大小差异。

野外生境调查中,将光照、土壤水分、含砂量、人为干扰强度等均通过观测进行分级,获取顺序性数据,再参与数据分析。例如,谢小伟等(2003)在对金华地区地面藓类植物与环境因子关系的研究中,将林冠层郁闭度、交通频度、土壤水分、草本层盖度、土层厚度、土壤含砂量、土层松散度各分成五个等级。

表 3.1 金华地区苔藓植物生态学研究中地面环境因子的分级标准(谢小伟等,2003)

环境因子	等 级				
	1	2	3	4	5
林冠层郁闭度/%	0	1~25	26~50	51~75	76~100
交通频度(50 m 周围机动车出没情况)	无	偶有	较频繁	频繁	非常频繁
土壤水分	干燥	较干燥	较湿润	湿润	非常潮湿
草本层盖度/%	0	1~25	26~50	51~75	76~100
土层厚度	薄,常在岩面<1 cm	较薄1~3 cm	较厚3~10 cm	红壤缓坡地,土壤分化较好,土层厚	农田和苗圃,土层非常厚
土壤含砂量	砂	砂土	砂壤土	壤土	黏壤土
土层松散度	极松散	松散	较坚实	坚实	非常坚实

三、数量数据

数量数据(quantitative data)是实际测得的属性数值,又分为连续数据(continuous data)和离散数据(discrete data)。连续数据可以是任何数值,如高度、生物量、多度、盖度、频度数据等;离散数据只包括 0 和正整数,如植物个体的数目。连续数据和离散数据在数量分析中需等同对待。

数量数据可以转化成二元或有序多状态数据。例如,在排序图上表示植物的盖度变化趋势时,一般用有序多状态数据,显得简明。要将数量数据转化为二元数据,只要选一阈值,大于或等于该阈值的值记为 1,小于该阈值的值记为 0,就变成二元数据。数量数据转化为有序多状态数据时,一般要求在其取值范围内适当分成若干等级。

四、数据矩阵

生态数据一般是在 n 个样方中调查 m 个属性的定量或定性指标,因此,可以用一个 $m \times n$ 维的矩阵表示,矩阵的列代表 n 个样方(实体),行代表 m 个种或环境因子(属性),称为数据矩阵(data matrix),表示为

$$\boldsymbol{X} = \{x_{ij}\} = \begin{bmatrix} x_{11} & x_{12} & x_{13} & \cdots x_{1j} \cdots & x_{1n} \\ x_{21} & x_{22} & x_{23} & \cdots x_{2j} \cdots & x_{2n} \\ \vdots & \vdots & \vdots & \vdots & \vdots \\ x_{i1} & x_{i2} & x_{i3} & \cdots x_{ij} \cdots & x_{in} \\ \vdots & \vdots & \vdots & \vdots & \vdots \\ x_{m1} & x_{m2} & x_{m3} & \cdots x_{mj} \cdots & x_{mn} \end{bmatrix}$$

$$i = 1, 2, \cdots, m; \ j = 1, 2, \cdots, n$$

式中，x_{ij} 表示第 i 个种或环境因子在第 j 个样方中的观测值，它可以是上面介绍的任何一种生态数据，矩阵每一行称为一个行向量（row vector）或属性向量（attribute vector）；每一列称为一个列向量（column vector）或实体向量（entity vector），共有 m 个行向量，n 个列向量。

第二节　数据预处理

一、数据简缩

数据简缩的过程要考虑研究的目的和使用的方法，在多元分析中一般是减少种类，即删除两个极端的种，即极端多和极端少的种。在二元数据中，如果一个种存在于所有的样方中，那么它对分类和排序不提供有用的信息，应该删除。相反，有些种仅出现在一个样方中，它们对群落关系提供的信息非常少，也应该淘汰。实际工作中，可以用概率来确定极端种，如在样方中出现频率在 95% 以上或 5% 以下的种。

也可以对样方进行简缩，一是删除代表性较差的样方，二是删除数据记录完全相同的样方中的其中一个。但是在格局分析中，不可以对数据进行简缩。

二、数据转换

数据转换的目的，一是改变数据的结构，使其能更好地反映生态关系，或者更好地适合某些特殊分析方法。例如，非线性关系的数据通过平方根转换可以变成线性结构，使其适合主成分分析这类适应线性数据的分析方法。二是缩小属性间的差异，便于分析或排序结果的图形表达。三是如果样品偏离正态分布太远，也要进行适当转换。

1. 对数转换

即取原始数据的对数值，可以是自然对数 $\ln x$，也可以是以 10 为底的对数 $\lg x$，在有 0 值的情况下，可以先将原始数据全部加上 1，对结果影响不大，即 $\ln(x+1)$ 或 $\lg(x+1)$。对数转换是最常用的方法，它可以使不同属性间的差异缩小。群落学中对数转换可以使得实验结果的趋势更加明显。

2. 平方根和立方根转换

它也是最常用的转换方法之一，是将原始数据开二次方或三次方，即 $\sqrt{x}$ 或 $\sqrt[3]{x}$，可以将原始数据之间的差值缩小，趋向一致。

3. 倒数转换

即取原始数据的倒数，即 $1/x$。倒数转换同样可以使属性间的差异缩小。

三、数据标准化

数据标准化是为了消除不同属性或样方间的不齐性，或者使得同一样方内的不同属性间或同一属性在不同样方内数据的方差减小。有时是为了限制数据的取值范围，如使其处于 0~1。主成分分析一般对数据进行中心化,对应分析要求对排序坐标进行标准化,这种程序中标准化已作为其分析方法的一部分。

1. 总和标准化(sum standardization)

对于种类,用每列数据之和分别去除该列数据;对于样点,用每行数据之和分别去除该行数据。

对于种类

$$x_{ij} = \frac{x_{ij}}{\sum\limits_{j=1}^{n} x_{ij}}$$

对于样方

$$x_{ij} = \frac{x_{ij}}{\sum\limits_{i=1}^{m} x_{ij}}$$

2. 最大值标准化(maximum standardization)

对于种类,用每列数据中的最大值分别去除该列数据;对于样点,用每行数据中的最大值分别去除该行数据。

对于种类

$$x_{ij} = \frac{x_{ij}}{\max\limits_{1 \leqslant j \leqslant n} x_{ij}}$$

对于样方

$$x_{ij} = \frac{x_{ij}}{\max\limits_{1 \leqslant i \leqslant m} x_{ij}}$$

3. 极差标准化(range standardization)

对于种类,用每列数据的极差(最大值与最小值之差)分别去除该列数据;对于样点,用每行数据的极差(最大值与最小值之差)分别去除该行数据。

对于种类

$$x_{ij} = \frac{x_{ij} - \min\limits_{1 \leqslant j \leqslant n} x_{ij}}{\max\limits_{1 \leqslant i \leqslant n} x_{ij} - \min\limits_{1 \leqslant j \leqslant n} x_{ij}}$$

对于样方

$$x_{ij} = \frac{x_{ij} - \min\limits_{1 \leqslant i \leqslant m} x_{ij}}{\max\limits_{1 \leqslant n \leqslant n} x_{ij} - \min\limits_{1 \leqslant i \leqslant m} x_{ij}}$$

4. 模标准化(range standardization)

模标准化是用列(或行)向量模(每列或每行元素平方和的根)去除该列元素。对于种类和样方的公式如下。

对于种类

$$x_{ij} = \frac{x_{ij}}{\sqrt{\sum\limits_{j=1}^{n} x_{ij}^2}}$$

对于样方

$$x_{ij} = \frac{x_{ij}}{\sqrt{\sum\limits_{i=1}^{m} x_{ij}^2}}$$

5. 数据中心化(data centralization)

数据中心化就是将原始数据减去平均值。

对于种类

$$x_{ij} = x_{ij} - \bar{x}_i$$

对于样方

$$x_{ij} = x_{ij} - \bar{x}_j$$

6. 离差标准化(deviation standardization)

离差标准化就是经过中心化的数据再除以离差。对于种类和样方数据,公式如下。

对于种类

$$x_{ij} = \frac{x_{ij} - \bar{x}_i}{\sqrt{\sum\limits_{j=1}^{n} (x_{ij} - \bar{x}_i)^2}}$$

对于样方

$$x_{ij} = \frac{x_{ij} - \bar{x}_j}{\sqrt{\sum\limits_{i=1}^{m} (x_{ij} - \bar{x}_j)^2}}$$

7. 数据正规化(data normalization)

数据正规化就是用标准差进行标准化。标准差等于离差除以自由度 $n-1$ 或 $m-1$,对种类和样方的正规化如下。

对于种类

$$\hat{x}_{ij} = \frac{x_{ij} - \bar{x}_i}{\sqrt{\dfrac{\sum\limits_{j=1}^{n} (x_{ij} - \bar{x}_i)^2}{(n-1)}}}$$

对于样方

$$\hat{x}_{ij} = \frac{x_{ij} - \bar{x}_j}{\sqrt{\dfrac{\sum\limits_{i=1}^{m}(x_{ij} - \bar{x}_j)^2}{(m-1)}}}$$

对种类(或样方)正规化后的数据,每行(或列)的平均值为 0,方差为 1。

多数生态学软件中没有数据标准化处理,在 PCORD for Windows 4.0 中,有 Power、Arcsine 和 Arcsine square root 数据转换。应用 Excel 中的计算功能,也能够进行数据的转换。CurveExpert 用于涉及两个变量的回归分析,自带数据转换功能,但是需要对数据一列一列地进行转换。

第三节 QBASIC 编程

QBASIC 是初学者通用指令代码(Beginner's All-purpose Symbolic Instruction Code,BASIC)语言的一个变种,由美国微软公司开发。QBASIC 语言将 BASIC、LINK 以及 DEBUG 等软件合并在一起,在同一环境下对用户的源程序自动进行处理、编辑,进行语法检查,编译链接、执行、调试等,最终生成可执行文件。

在 32 位操作系统中可以使用 QBASIC45(简称 QB45)版本(http://www.qb45.com/),在 64 位操作系统中需要 QBASIC64(简称 QB64)版本(http://www.qb64.net/)。

操作步骤如下。

运行 QBASIC,出现以下界面(图 3.1)→按 Esc 清除窗口中的提示内容→File→Open Program→载入事先编写好的程序→Run(或 F5)→有部分选项,选择 Make EXE File,则生成可执性文件;选择 Start,程序开始进行数据分析(图 3.2)→屏幕会提示输入相应的行、列数。

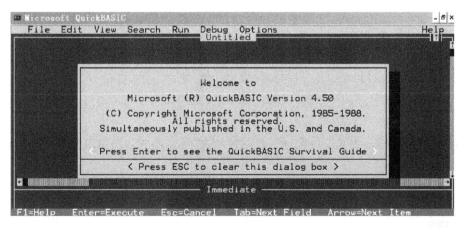

图 3.1　QBASIC 启动后出现的窗口界面

图 3.2　QBASIC 主菜单的选项

先在记事本中编辑好相应的程序,保存为.txt 格式文件。QBASIC 可以打开.txt 格式文件。另存为.bas 格式的文件,以后打开文件时,默认的文件格式为.bas。

以下是数据转换和标准化处理的源程序(P-1.txt),可以直接在 QB45、QB64 或 QBASIC 下运行。也可以通过 QB45 或 QB64 生成可执行文件,在 Windows 操作系统下运行。

表 3.2 是一个包括 5 个种 10 个样方的模拟数据。以此为例说明本章方法的应用。在生态学数据分析中,推荐首先将原始数据输入电子表格(Excel)中,再复制到相应软件的数据框(如后面提到的 CurveExpert、PAST、SPSS)。

表 3.2　一个包括 5 个种 10 个样方的模拟数据

种类	样　方									
	1	2	3	4	5	6	7	8	9	10
种 1	11	22	33	44	55	66	77	88	99	100
种 2	21	32	43	54	65	76	87	98	109	10
种 3	91	82	73	54	45	36	27	18	19	310
种 4	41	52	63	74	85	96	107	98	89	210
种 5	91	72	63	54	45	36	27	48	59	60

建立 C:\QB 目录,将 P-1.txt、QBASIC.exe 或 QB45.exe 及相关的文件复制到该目录下。将原始数据以行(row)为种类、列(column)为样点进行编辑(表 3.2)。将表 3.2 数据复制到 Excel 中,保存为 data.csv 文件,并将其置于 C:\QB 目录下。运行 QBASIC 或 QB45 后,根据提示输入相应参数种类数、样方数,即可生成一个名为 result.txt 的结果文件,该文件也保存在 C:\QB 目录下。

应用 P-1 程序对表 3.2 的数据进行对数转换,再以样方为对象进行最大值标准化运算后的结果如下。

```
M(NUMBER OF SPECIES, Row number)= 5
N(NUMBER OF SITE, Coloum number)= 10
original Matrix
 11  22  33  44  55  66  77  88  99  100
```

21	32	43	54	65	76	87	98	109	10
91	82	73	54	45	36	27	18	19	310
41	52	63	74	85	96	107	98	89	210
91	72	63	54	45	36	27	48	59	60

1. Logarithm transform
2. Square root transform
3. Cube root transform
4. reciprocal transform
5. no transform

Logarithm transformed matrix:

2.3979	3.091	3.4965	3.7842	4.0073	4.1897	4.3438	4.4773	4.5951	4.6052
3.0445	3.4657	3.7612	3.989	4.1744	4.3307	4.4659	4.585	4.6913	2.3026
4.5109	4.4067	4.2905	3.989	3.8067	3.5835	3.2958	2.8904	2.9444	5.7366
3.7136	3.9512	4.1431	4.3041	4.4427	4.5643	4.6728	4.585	4.4886	5.3471
4.5109	4.2767	4.1431	3.989	3.8067	3.5835	3.2958	3.8712	4.0775	4.0943

1.sum standardization
2.maxium standardization
3.range standardization
4.norm standardization
5.centralization
6.devlation standardization
7.normalization

a (one of standardizations)=

maxium standization matrix:

.5316	.7014	.8149	.8792	.902	.9179	.9296	.9765	.9795	.8028
.6749	.7865	.8766	.9268	.9396	.9488	.9557	1	1	.4014
1	1	1	.9268	.8568	.7851	.7053	.6304	.6276	1
.8233	.8966	.9657	1	1	1	1	1	.9568	.9321
1	.9705	.9657	.9268	.8568	.7851	.7053	.8443	.8692	.7137

程序 P-1：用于数据转换和标准化处理。

```
REM P-1: STANDARDIZATION PROGRAM
CLS
PRINT "M(NUMBER OF SPECIES, ROW NUMBER) = ";
INPUT M
PRINT "N(NUMBER OF SITE, COLOUM NUMBER) = ";
INPUT N
DIM X(M, N), Y(M, N), S1(N), S2(N), S3(N)
OPEN "C:\QB\DATA.CSV" FOR INPUT AS #1
FOR I = 1 TO M: FOR J = 1 TO N
INPUT #1, X(I, J)
NEXT J: NEXT I
CLOSE
OPEN "C:\QB\RESULT.TXT" FOR OUTPUT AS #1
PRINT #1, "M(NUMBER OF SPECIES, LINE NUMBER) = "; M
PRINT: PRINT #1,
PRINT #1, "N(NUMBER OF SITE, COLOUM NUMBER) = "; N
PRINT: PRINT #1,
```

```
PRINT "ORIGINAL MATRIX"
PRINT #1, "ORIGINAL MATRIX"
PRINT
PRINT #1,
FOR I = 1 TO M
FOR J = 1 TO N
PRINT X(I, J);
PRINT #1, X(I, J);
NEXT J
PRINT: PRINT #1,
NEXT I
PRINT
PRINT #1,
2 FOR I = 1 TO M
4 FOR J = 1 TO N
6 IF X(I, J) <> 0 THEN 10
8 X(XI, J) = X(I, J) + .0001
10 NEXT J: NEXT I
PRINT "1. LOGARITHM TRANSFORM "
PRINT #1, "1. LOGARITHM TRANSFORM "
PRINT "2. SQUARE ROOT TRANSFORM "
PRINT #1, "2. SQUARE ROOT TRANSFORM"
PRINT "3. CUBE ROOT TRANSFORM "
PRINT #1, "3. CUBE ROOT TRANSFORM"
PRINT "4. RECIPROCAL TRANSFORM "
PRINT #1, "4. RECIPROCAL TRANSFORM "
PRINT "5. NO TRANSFORM "
PRINT #1, "5. NO TRANSFORM "
PRINT
PRINT #1,
12 INPUT B
PRINT
PRINT #1,
14 IF B <> 1 THEN 26
16 FOR I = 1 TO M: FOR J = 1 TO N
18 X(I, J) = LOG(X(I, J))
20 NEXT J: NEXT I
22 PRINT " LOGARITHM TRANSFORMED MATRIX:"
PRINT #1, "LOGARITHM TRANSFORMED MATRIX:"
24 GOTO 60
26 IF B <> 2 THEN 38
28 FOR I = 1 TO M: FOR J = 1 TO N
```

```
30 X(I, J) = SQR(X(I, J))
32 NEXT J: NEXT I
34 PRINT "SQUARE ROOT TRANSFORMED MATRIX: "
   PRINT #1, "SQUARE ROOT TRANSFORMED MATRIX: "
36 GOTO 60
38 IF B <> 3 THEN 50
40 FOR I = 1 TO M: FOR J = 1 TO N
42 X(I, J) = X(I, J) ^ (1 / 3)
44 NEXT J: NEXT I
46 PRINT "CUBE ROOT TRANSFORMED MATRIX: "
   PRINT #1, "CUBE ROOT TRANSFORMED MATRIX: "
48 GOTO 60
50 IF B <> 4 THEN 160
51 FOR I = 1 TO M: FOR J = 1 TO N
52 X(I, J) = 1 / X(I, J)
53 NEXT J: NEXT I
54 PRINT " RECIPROCAL TRANSFORMED MATRIX: "
   PRINT #1, " RECIPROCAL TRANSFORMED MATRIX: "
55 GOTO 60
   PRINT: PRINT #1,
60 PRINT: PRINT #1,
61 FOR I = 1 TO M: FOR J = 1 TO N
62 PRINT INT(X(I, J) * 10000 + .5) / 10000; " ";
63 PRINT #1, INT(X(I, J) * 10000 + .5) / 10000; " ";
64 NEXT J: PRINT: PRINT #1, : NEXT I
   PRINT
   PRINT #1,
160 PRINT "1. SUM STANDARDIZATION"
    PRINT #1, "1. SUM STANDARDIZATION"
165 PRINT "2. MAXIUM STANDARDIZATION"
    PRINT #1, "2. MAXIUM STANDARDIZATION"
170 PRINT "3. RANGE STANDARDIZATION"
    PRINT #1, "3. RANGE STANDARDIZATION"
175 PRINT "4. NORM STANDARDIZATION"
    PRINT #1, "4. NORM STANDARDIZATION"
180 PRINT "5. CENTRALIZATION"
    PRINT #1, "5. CENTRALIZATION"
185 PRINT "6. DEVLATION STANDARDIZATION"
    PRINT #1, "6. DEVLATION STANDARDIZATION"
190 PRINT "7. NORMALIZATION"
    PRINT #1, "7. NORMALIZATION"
192 PRINT
```

```
PRINT ♯1,
195 PRINT "A (ONE OF STANDARDIZATIONS) = ";
PRINT ♯1, "A (ONE OF STANDARDIZATIONS) = ";
PRINT: PRINT
PRINT ♯1, : PRINT ♯1,
1100 INPUT A
PRINT
PRINT ♯1,
1105 IF A <> 1 THEN 1150
1110 GOSUB 1500
1115 FOR I = 1 TO M: FOR J = 1 TO N
1125 Y(I, J) = X(I, J) / S1(J)
1130 NEXT J: NEXT I
1140 PRINT "THE SUM STANDIZATION MATRIX:"
PRINT ♯1, "THE SUM STANDIZATION MATRIX:"
1145 GOTO 1425
1150 IF A <> 2 THEN 1195
1155 GOSUB 1600
1160 FOR I = 1 TO M: FOR J = 1 TO N
1170 Y(I, J) = X(I, J) / MA(J)
1175 NEXT J: NEXT I
1185 PRINT "THE MAXIUM STANDIZATION MATRIX:"
PRINT ♯1, "THE MAXIUM STANDIZATION MATRIX:"
1190   GOTO 1425
1195 IF A <> 3 THEN 1240
1200 GOSUB 1600
1205 FOR I = 1 TO M: FOR J = 1 TO N
1215 Y(I, J) = (X(I, J) - MI(J)) / (MA(J) - MI(J))
1220 NEXT J: NEXT I
1230 PRINT "THE RANGE STANDARDIZATION MATRIX:"
PRINT ♯1, "THE RANGE STANDARDIZATION MATRIX:"
1235 GOTO 1425
1240 IF A <> 4 THEN 1285
1245 GOSUB 1700
1250 FOR I = 1 TO M: FOR J = 1 TO N
1260 Y(I, J) = X(I, J) / SQR(S2(J))
1265 NEXT J: NEXT I
1275 PRINT "THE NORM STANDARDIZATION MATRIX:"
PRINT ♯1, "THE NORM STANDARDIZATION MATRIX:"
1280 GOTO 1425
1285 IF A <> 5 THEN 1330
1290 GOSUB 1500
```

```
1295 FOR I = 1 TO M: FOR J = 1 TO N
1305 Y(I, J) = X(I, J) - S1(J) / M
1310 NEXT J: NEXT I
1320 PRINT "THE CENTRALIZATION MATRIX:"
     PRINT #1, "THE CENTRALIZATION MATRIX:"
1325 GOTO 1425
1330 IF A <> 6 THEN 1380
1335 GOSUB 1500
1340 GOSUB 1800
1345 FOR I = 1 TO M: FOR J = 1 TO N
1355 Y(I, J) = (X(I, J) - S1(J) / M) / SQR(S3(J))
1360 NEXT J: NEXT I
1370 PRINT "THE DEVATION STANDARDIZATION MATRIX:"
     PRINT #1, "THE DEVATION STANDARDIZATION MATRIX:"
1375 GOTO 1425
1380 IF A <> 7 THEN 160
1385 GOSUB 1500
1390 GOSUB 1800
1395 FOR I = 1 TO M: FOR J = 1 TO M
1405 Y(I, J) = SQR(M - 1) * (X(I, J) - S1(J) / M) / SQR(S3(J))
1410 NEXT J: NEXT I
1420 PRINT "THE NORMALIZATION MATRIX:"
     PRINT #1, "THE NORMALIZATION MATRIX:"
1425 PRINT
     PRINT #1,
1428 FOR I = 1 TO M: FOR J = 1 TO N
1435 PRINT INT(Y(I, J) * 10000 + .5) / 10000; " ";
     PRINT #1, INT(Y(I, J) * 10000 + .5) / 10000; " ";
1440 NEXT J: PRINT: PRINT #1, : NEXT I
1455 END
1500 REM SUB-PROGRAM FOR COMPUTING SUM
1505 FOR J = 1 TO N: S1(J) = 0: FOR I = 1 TO M
1520 S1(J) = S1(J) + X(I, J)
1525 NEXT I: NEXT J
1535 RETURN
1600 REM SUB-PROGRAN FOR SEEKING
1602 REM MAXIUM AND MINIUM
1605 FOR J = 1 TO N
1610 MA(J) = X(1, J): MI(J) = MA(J)
1620 FOR I = 2 TO M
1625 IF X(I, J) < MA(J) THEN 1640
1630 MA(J) = X(I, J)
```

1635 GOTO 1650

1640 IF X(I, J)＞MI(J) THEN 1650

1645 MI(J) = X(I, J)

1650 NEXT I: NEXT J

1660 RETURN

1700 REM SUB-PROGRAM FOR COMPUTING SUM OF SQUARE

1705 FOR J = 1 TO N: S2(J) = 0: FOR I = 1 TO M

1720 S2(J) = S2(J) + X(I, J) ＊ X(I, J)

1725 NEXT I: NEXT J

1735 RETURN

1800 REM SUB-PROGRAM FOR COMPUTING SUM OF SQUARE OF DIVLATON

1805 FOR J = 1 TO N: S3(J) = 0: FOR I = 1 TO M

1820 S3(J) = S3(J) + (X(I, J) － S2(J) / M) ＊ (X(I, J) － S2(J) / M)

1825 NEXT I: NEXT J: RETURN

第四章

回 归 分 析

生态学研究中,有大量的分析需要建立两个变量之间的函数关系。如环境因子与植物多度、环境因子与生长指标、净光合速率与有效辐射强度、种群密度与植物形态指标的关系等。可以应用 CurveExpert 1.3、Excel、SPSS 等软件构建这些变量间的函数关系。

第一节　应用 CurveExpert 进行函数拟合

一、CurveExpert 软件简介

CurveExpert 1.3(http://www.curveexpert.net/)是一款对实验数据进行曲线拟合的软件,软件能够在 Windows 操作系统下运行,保存的文件也适用于多种平台。基础版软件自带 30 种线性/非线性数学模型,而专业版则自带 60 种(几乎涵盖了所有的模型)。另外,用户可以自定义新的数学模型。数据导入方便快捷,操作类似于 Excel。绘制出的图形可以保存为多种图形文件并可直接复制粘贴到另一个应用程序。可以进行多个自变量的线性或非线性分析。当用户使用多种数学模型拟合之后,软件自动根据不同模型的拟合效果进行评级,并在模型窗口以评级排序。用户也可使用曲线寻找器,查询最优结果。

Data 菜单中的 Plot 显示出两变量关系的散点图;Transform 提供了 x 或 y 数据的转换功能,有 $\exp(x)$、$\ln(x)$、10^x、$\log(x)$、x^a、$\mathrm{sqrt}(x)$、$\mathrm{abs}(x)$、$\sin(x)$、$\arcsin(x)$、$\arctan(x)$ 等转换功能。

CurveExpert 1.3(版权 1995—2003)可以从网上免费下载,可按默认参数进行安装。现在已有更高的版本。

二、操作步骤

在 Apply Fit 菜单下可以选择可能符合的函数进行拟合,也可自定义函数进行拟合(User Model)。图 4.1 是该软件曲线拟合的窗口,提供了曲线方程。S 为标准误,数值越小,表明拟合效果越好;r 为相关系数。

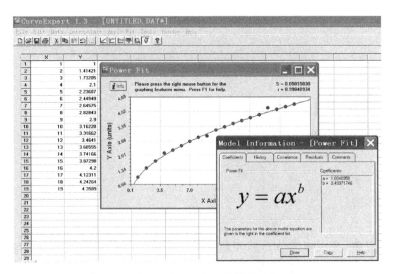

图 4.1　CurveExpert 1.3 曲线拟合的窗口

例如,在生态学研究中,叶绿素荧光快速光响应曲线一般表示为

$$P = P_m \times (1 - e^{-\alpha \times Par/P_m}) \times e^{-\beta \times Par/P_m}$$

式中,α 是快速光响应曲线的初始斜率,反映了光能利用效率;P_m 是最大相对电子传递速率;β 是光抑制参数;Par 是光强,半饱和光强 Ik $= b/a$,反映了植物耐受强光的能力。

数据拟合方法如下。

首先将数据输入 Excel,第一列为自变量 x:光强,即 Par,第二列为因变量 y:相对电子传递速率,即 P→运行 CurveExpert→将 Excel 中的数据复制到 CurveExpert 数据框中→在主菜单中选择 Apply Fit→User Model→输入 $a \times [1 - \exp(-b \times x/a)] \times \exp(-c \times x/a)$(在此式中,$a = P_m$, $b = \alpha$, $c = \beta$)(图 4.2)→OK→提示输入初始 P_m 估测参考(此处 a 表示最大相对电子传递速率 P_m,本例中输入 65,见图4.3)→OK。

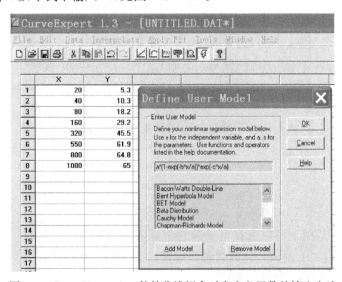

图 4.2　CurveExpert 1.3 软件曲线拟合时自定义函数的输入方法

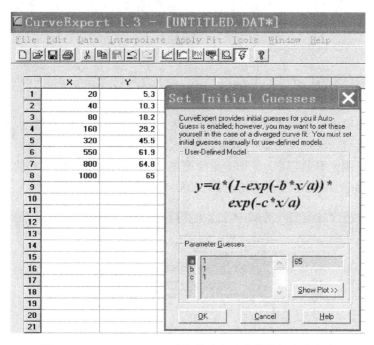

图 4.3　CurveExpert 1.3 进行快速光响应曲线拟合的方法

图 4.2 为一组光有效辐射(x)和相对电子传递速率(y)的数据,在本例中 P_m 的初始输入值为 65。根据拟合结果,得到叶绿素荧光的快速光响应曲线为

$$P = 65 \times (1 - e^{-0.262\,8 \times \text{Par}/65}) \times e^{0.006\,7 \times \text{Par}/65} \quad r = 0.998, P < 0.05$$

图 4.4 为应用 CurveExpert 1.3 进行快速光响应曲线拟合结果。

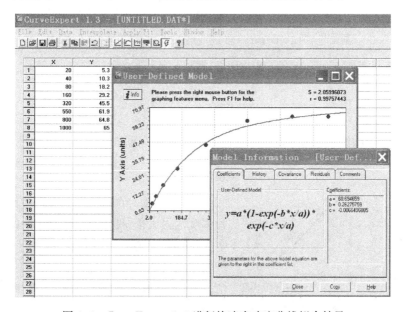

图 4.4　CurveExpert 1.3 进行快速光响应曲线拟合结果

又如,光合作用研究中,一般应用直角双曲线模型拟合得到光合—光响应曲线,即

$$P_n = \frac{abI}{aI+b} - c$$

式中,P_n 为净光合速率($\mu mol\ CO_2 \cdot m^{-2} \cdot s^{-1}$);$I$ 为入射光强($\mu mol \cdot m^{-2} \cdot s^{-1}$);$a$、$b$、$c$ 均为参数。

参数 b 初始值为实测最大净光合速率,以 0.1 为步长依次改变 b 值,以拟合相关系数最高的方程为光合—光响应曲线的拟合方程。

图 4.5 为一组光有效辐射(x)和净光合速率(y)的数据,在本例中 b 的初始输入值为 38。根据拟合结果,得到光合-光响应曲线方程。

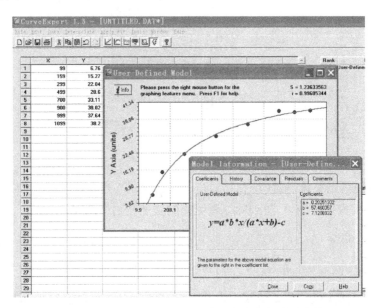

图 4.5　CurveExpert 1.3 进行光合—光响应曲线拟合结果

根据拟合结果得到如下光合-光响应曲线

$$P_n = \frac{11.6357I}{0.2025I + 57.4604} - 7.1209 \quad r = 0.9961$$

生物分布的多度等指标与环境因子的关系可以用高斯(Gaussian)模型进行表达,即

$$y = ae^{-\frac{1}{2}(x-b)^2/c^2}$$

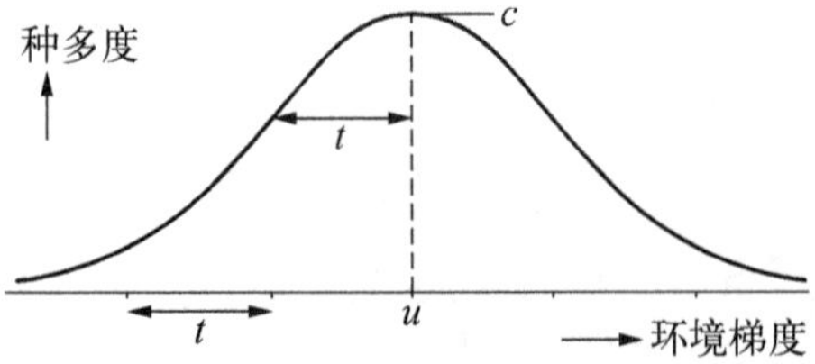

式中,y 为植物种的多度;x 为环境因子值;a 为种多度的最大值(图 4.6);b 为该种的最适值,即多度达到最大值时所对应的环境适应值;c 为该种的耐度(tolerance),它是描述种生态幅度的一个指标。一般一个种的生态幅度变化在 $4c$ 之内。

图 4.6　种多度—环境关系的高斯曲线

基于 CurveExpert 中的高斯模型得到的结果如图 4.7 所示。

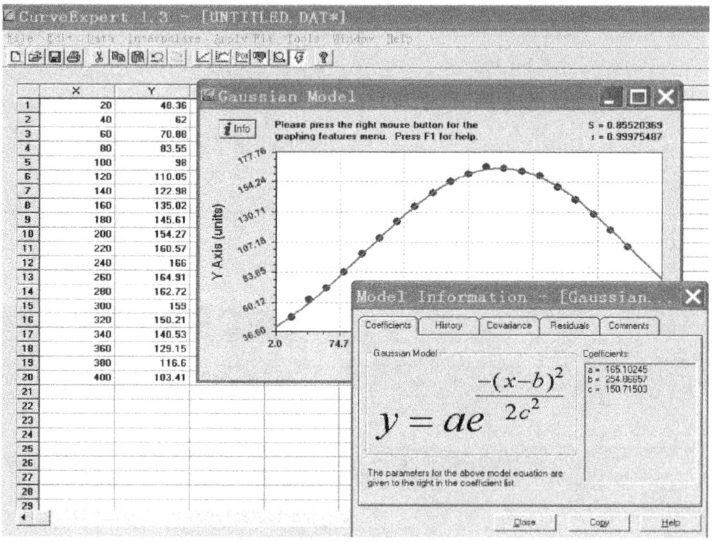

图 4.7　基于 CurveExpert 中的高斯模型得到的结果

在 CurveExpert 输入一组反映生物量(y)与环境因子(x)的模拟数据,选择:Apply Fit→Miscellaneous→Gaussian 得到如下结果

$$y = 165.1025 e^{\left[-\frac{1}{2}(x-254.8666)^2/150.7151^2\right]} \qquad r = 0.9997$$

第二节　应用 SPSS 进行曲线拟合

双变量关系的回归分析,也可以运用 SPSS 11.0 软件进行,其方法如下。
(1) 输入数据,选择数据;
(2) 选择 Analyze 菜单→选择 Regression→选择 Curve Estimation;
(3) 打开 Curve Estimation 对话框;
(4) 在 Dependent 框中输入因变量(y),在 Independent 方框中输入自变量(x);
(5) 在 Cases Labels 输入框中输入变量名;
(6) Plot Methods 为复选框,选择此框,在回归分析中生成拟合曲线;
(7) Models 方框,在该方程中选择拟合模型。
SPSS 进行曲线拟合的函数模型如表 4.1 所示。

表 4.1　SPSS 进行曲线拟合的函数模型

模　　型	公　　式	模　　型	公　　式
Linear：线性	$y = b_0 + b_1 x$	Compound：复合	$y = b_0 b_1^x$
Quadratic：二次多项式	$y = b_0 + b_1 x + b_2 x^2$	Growth：生长	$y = \exp(b_0 + b_1 x)$

续　表

模　　型	公　　式	模　　型	公　　式
Logarithmic：对数	$y = b_0 + b_1 \ln(x)$	Inverse：双曲线	$y = b_0 + (b_1/x)$
Cubic：3 次多项式	$y = b_0 + b_1 x + b_2 x^2 + b_2 x^3$	Power：幂指数	$y = b_0 x^{b_1}$
S：S 形曲线	$y = \exp(b_0 + b_1 x)$	Losgistic：逻辑斯谛曲线	$y = 1/(1/u + b_0^{(b_1 x)})$
Exponential：指数	$y = b_0 \exp(b_1 x)$		

应用 SPSS 进行函数拟合的过程如图 4.8 所示。

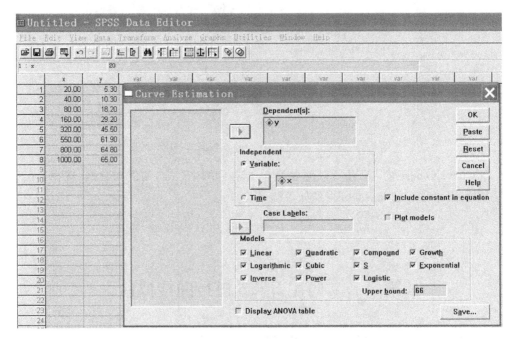

图 4.8　应用 SPSS 进行函数拟合的过程

应用 SPSS 进行函数拟合的结果如表 4.2 所示。

表 4.2　应用 SPSS 进行函数拟合的结果

类型	R^2	F 值	Sigf	b0	b1	b2	b3
LIN	.860	36.92	.001	14.4649	.0621		
LOG	.969	187.65	.000	−51.894	17.1087		
INV	.667	12.03	.013	52.5438	−1190.3		
QUA	.995	487.05	.000	4.5726	.1586	−1.E-04	
CUB	.999	946.19	.000	2.5366	.1955	−.0002	6.6E-08
COM	.683	12.91	.011	12.7468	1.0021		
POW	.971	203.35	.000	.9439	.6464		
S	.896	51.53	.000	3.9772	−52.041		
GRO	.683	12.91	.011	2.5453	.0021		
EXP	.683	12.91	.011	12.7468	.0021		

Rsq=R^2，F 为 F 值，$b_0 \sim b_3$ 为模型中待定系数的拟合值，Mth 为拟合时所选用的模型，Sigf 为显著性水平。R^2、F 值越大，模型越优。但是，SPSS 没有对自定义函数参数进行拟合的功能。

第三节　运用 Excel 电子表格进行变量关系拟合

应用 Microsoft office 中的电子表格（Excel）功能，也能够进行两个变量关系的拟合，但是仅限于指数、对数、线性、多项式和幂函数少数几种。

数据导入→选中需要拟合的数据→菜单中选择插入→出现散点图→选中散点→右击鼠标→选择添加趋势线→在趋势线选项中选择函数类型、显示公式、显示 R^2。数据拟合结果如图 4.9 所示。

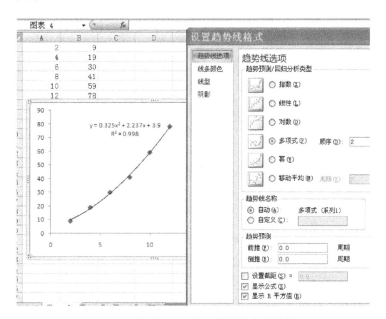

图 4.9　应用 Excel 进行数据拟合的结果

第四节　多元线性回归

多元线性回归涉及两个以上环境因子，其式为 $y = b_0 + b_1 x_1 + b_2 x_2 + \cdots + b_k x_k$，式中，$b_1$、$b_2$、$\cdots$、$b_k$ 为回归系数，k 为环境因子数，b_0 为常数项。可以应用 SPSS 11.0 建立多元线性回归方程。

数据输入如图 4.10 所示，在 SPSS 中选择 Analyze 菜单，选择 Regression，再选择 Linear，将变量分别输入对应选择框中，左键单击 Method 后面的下拉框，在 Method 框中选择一种回归分析方法。

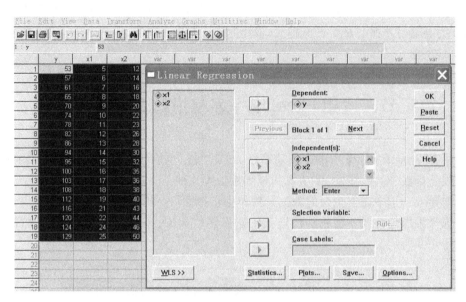

图 4.10　应用 SPSS 进行多元线性回归分析

SPSS 提供下列几种变量进入回归方程的方法。

Enter 选项,强行进入法,即所选择的自变量全部进入回归模型,该选项是默认方式。

Remove 选项,消去法,建立回归方程时,根据设定的条件剔除部分自变量。

Forward 选项,向前选择法,根据在 Options 对话框中所设定的判据,从无自变量开始,拟合过程中,对被选择的自变量进行方差分析,每次加入一个 F 值最大的变量,直到所有符合判据的变量都进入模型。第一个引入回归模型的变量应该与因变量相关程度最大。

Backward 选项,向后剔除法,根据在 Options 对话框中所设定的判据,先建立全模型,然后根据设置的判据,每次剔除一个使方差分析中的 F 值最小的自变量,直到回归方程中不再含有不符合判据的自变量。

Stepwise 选项,逐步进入法,是向前选择法和向后剔除法的结合。根据在 Options 对话框中所设定的判据,首先根据方差分析结果选择符合判据的且对因变量贡献最大的自变量进入回归方程。根据向前选择法则进入自变量;然后根据向后剔除法,将模型中 F 值最小的且符合剔除判据的变量剔除出模型,重复进行,直到回归方程中的自变量均符合进入模型的判据,模型外的自变量都不符合进入模型的判据。

这里采用系统默认的强行进入法,其他选项均采用系统默认的设置。单击 OK,得到上面定义模型的输出结果如下。

Variables Entered/Removed[b]

Model	Variables Entered	Variables Removed	Method
1	X2, X1[a]	.	Enter

a. All requested variables entered.

b. Dependent Variable: Y

Model Summary

Model	R	R Square	Adjusted R Square	Std. Error of the Estimate
1	.999[a]	.997	.997	1.364

a. Predictors: (Constant), X2, X1

结果及解释如下。

(1)方程中包含的自变量列表同时显示进入方法。如本例方程中的自变量为 x_1 和 x_2,选择变量进入方程的方法为 Enter。

(2)模型概述。

列出了模型的 R、R^2、调整 R^2 以及估计标准误。R 是相关系数,R^2 是判定系数(决定系数),数据越大,模型与数据的拟合程度越好。

上面所定义模型的相关系数为 0.999,决定系数为 0.997,调整后的决定系数为 0.997,标准误为 1.364。

(3)方差分析表。

列出了变异源、自由度、均方、F 值以及对 F 值的显著性检验。

ANOVA[b]

Model		Sum of Squares	df	Mean Square	F	Sig.
1	Regression	10130.01	2	5065.005	2721.250	.000[a]
	Residual	29.780	16	1.861		
	Total	10159.79	18			

a. Predictors: (Constant), X2, X1

b. Dependent Variable: Y

本例中回归平方和为 10 130.01,残差平方和为 29.780,总平方和为 10 159.79,F 统计量的值为 2721.250,Sig. <0.001,所建立的回归方程非常有效。

(4)回归系数表。

列出了常数及回归系数的值及标准化的值,同时对其进行显著性检验。

Coefficients[a]

Model		Unstandardized Coefficients		Standardized Coefficients	t	Sig.
		B	Std. Error	Beta		
1	(Constant)	28.921	1.419		20.384	.000
	X1	−3.03E−02	.692	−.008	−.044	.966
	X2	2.069	.366	1.006	5.651	.000

a. Dependent Variable: Y

本例中因变量 y 对两个自变量 x_1 和 x_2 的回归的非标准化回归系数分别为 -0.0303 及 2.069;对应的显著性检验的 t 值分别为 -0.044 和 5.651,两个回归系数 B 的显著性水平 Sig. $x_1=0.966$,Sig. $x_2=0.000$,可以认为自变量 x_2 对因变量 y 有显著影响。回归方程为 $y = 28.921 + 2.069x_2$。

第五章

多样性指数计算

第一节　生物多样性概述

生物多样性有四个层次：基因水平、物种水平、生态系统水平和景观水平；相应地有四种生物多样性指标。

遗传多样性(genetic diversity)，又称基因多样性(gene diversity)，是指种内基因的变化，包括种内显著不同的种群间和同一种群内的遗传变异。

物种多样性(species diversity)，是指物种水平上的生物多样性。它是用一定空间范围物种的数量和分布特征来衡量的。

生态系统多样性(ecosystem diversity)，是指生物圈内生境、生物群落和生态过程的多样化，以及生态系统内生境差异以及生态过程的多样性。

景观生物多样性(landscape diversity)，它主要是研究地球上各种生态系统相互配置、景观格局及其动态变化的多样性。

目前的生态学研究中，遗传多样性和物种多样性研究得比较多，本章重点介绍这两类指数的计算方法。

第二节　遗传多样性

一、取样方法

遗传多样性研究的取样方法，一是要考虑研究对象本身的特性，如物种的遗传多样性水平及分布、居群遗传结构、基因流和繁育系统以及由环境因素引起的变化等。二是取样目的，是为了遗传多样性的保护和可持续利用，还是为了某一方面的研究；是考虑整个物种，还是该物种在特定区域的居群之间或者是居群内的遗传多样性等。如果研究的是整个物种，那么样本要能够代表该物种的整体遗传多样性水平，应该尽可能覆盖该物种的分布区;如果研究对象是物种在特定区域的居群间的遗传多样性水平,那么就应该在该区域合理地选取具有代表性的居群。

不同生活型的物种的遗传多样性取样距离不同。例如,在对苔藓植物的遗传多样性研究中,郭水良等(2011)在中华蓑藓(*Macromitrium cavaleriei* Card. & Thér.)的研究中,分别以浙江金华北山、临安西天目山、龙泉市的凤阳山和江西庐山的种群为单位,在每个地理种群中选取位于3~9个不同树上的蓑藓丛(树之间的距离至少大于50 m),每棵树上的藓丛均位于同一位置,以保证遗传上的同质性,再从每个蓑藓丛中选择枝条分别作为不同的个体。

王东升等(2013)在野核桃遗传多样性研究中,选择了46株野核桃,分别来自泰山鹁鸽崖、鲁山核心区边缘、崂山北九水、昆嵛山南天门和泰山佛爷寺5个样地,单株间隔10 m以上。张杰等(2007)在对蒙古栎种群遗传多样性的研究中,单株间的取样距离在50 m以上。

二、遗传多样性标记介绍

1. 生化水平上的遗传多样性检测方法

遗传多样性的检测有形态学水平、细胞学水平、生化水平到分子水平。其中生化指标包括储藏蛋白、等位酶标记等。蛋白质(酶)的凝胶电泳,从电泳的技术和方法来讲,目前主要采用水平切片淀粉凝胶电泳(SGE)和聚丙烯酰胺凝胶电泳(PAGE)两种方法,而且技术手段也相当成熟。从研究的蛋白质种类来讲,植物主要是种子蛋白和各种酶的等位酶,其中等位酶的研究更为普遍(王中仁,1996)。

等位酶是同一基因位点的不同等位基因所编码的一种酶的不同分子形式。由于等位酶酶谱与等位基因之间的明确对应关系,使之成为一种十分有效的遗传标记。等位酶技术比其他分子标记技术更简单,水平切片淀粉凝胶等位酶技术可以在同一块胶上同时进行多种等位酶的染色分析,一次能检测大量个体的多个特征,不同的物种可以在同一基础上进行比较。等位酶标记的局限性在于翻译后的修饰作用、组织特异性和发育阶段性,特别是相对较少的多态性位点,以及其染色方法和电泳条件因酶而异,需逐个掌握与调整,使其在应用上受到一定的限制(冯夏莲等,2006)。

2. 分子水平上的遗传多样性检测方法

DNA是遗传物质的载体,直接对DNA碱基序列的分析和比较是揭示遗传多样性最理想的方法,其优点有:① 直接以DNA的形式表现,不受环境、季节及个体发育状况等其他因素的影响;② 不存在上位效应;③ 数量极多,几乎遍及整个基因组;④ 多态性高,无需专门创造特殊的遗传材料;⑤ 表现为中性标记;⑥ 部分标记表现为共显性,能鉴别出纯合基因型和杂合基因型。目前遗传多样性研究中应用较多的分子标记技术主要有RFLP、RAPD、AFLP和ISSR等。

(1) RFLP标记。

限制性片段长度多态性(restriction fragment length polymorphism,RFLP)。是基于DNA探针的一种分子标记。用特定的限制性酶切割后,不同个体的DNA可产生大小不同的片段,通过与克隆DNA片段(探针)杂交和放射自显影等步骤可以检测到RFLP

的存在。如果是经过纯化的小分子 DNA（如 cpDNA 或 mtDNA），酶切电泳后可直接显色得到片段长度上的差异。该方法的优点是 RFLP 源于基因组 DNA 本身的变异，检测也不受环境条件和发育阶段的影响。但 RFLP 分析需要比较完善的包括多种酶切、分子杂交等技术的实验室，再加上工作量大、成本高以及放射性的问题，使其应用受到了一定的限制（冯夏莲等，2006）。

（2）RAPD 标记。

随机扩增多态性 DNAs(random amplified polymorphic DNAs, RAPD)技术以两个随机合成的寡核苷酸(一般为 10 个碱基)为引物，分别与 DNA 两条单链结合，在 DNA 聚合酶的催化下，对基因组特定区域的 DNA 进行扩增。其扩增产物可通过琼脂糖电泳技术检测。这些 DNA 扩增产物在不同品种间，其分子量可能会不同，在电泳中产生不同带型，从而被作为一种分子标记。

RAPD 的特点是不依赖种属特异性和基因组的结构，合成一套引物可以用于不同生物的基因组分析，它基于 PCR 技术，分析程序简单，所需 DNA 的量极少；无需制备克隆、同位素标记和分子杂交等，是一类显性遗传标记。重复性差是该类标记的最大缺陷。

（3）AFLP 标记。

扩增片段长度多态性(amplified fragment length polymorphism，AFLP)是一种选择性地扩增限制片段的方法，AFLP 技术是基于 PCR 反应的一种选择性扩增限制性片段的方法。由于不同物种的基因组 DNA 大小不同，基因组 DNA 经限制性内切酶酶切后，产生分子量大小不同的限制性片段。使用特定的双链接头与酶切 DNA 片段连接作为扩增反应的模板，用含有选择性碱基的引物对模板 DNA 进行扩增。选择性碱基的种类、数目和顺序决定了扩增片段的特殊性，只有那些限制性位点侧翼的核苷酸与引物的选择性碱基相匹配的限制性片段才可被扩增。扩增产物经放射性同位素标记、聚丙烯酰胺凝胶电泳分离，然后根据凝胶上 DNA 指纹的有无来检验多态性。

（4）ISSR 标记。

简单重复序列区间多态性(inter simple sequence repeat，ISSR)是在微卫星标记的基础上发展起来的一种 DNA 分子标记技术，类似于 RAPD，但是利用包含重复序列并在 $5'$ 端或 $3'$ 端锚定单寡聚核苷酸引物对基因组进行 PCR 扩增。ISSR 标记根据植物广泛存在 SSR 特点来设计引物，无需预先克隆和测序。用于 ISSR-PCR 扩增的引物通常为 $16\sim18$ 个碱基序列，由 $1\sim4$ 个碱基组成的串联重复和几个非重复的锚定碱基组成，从而保证引物与基因组 DNA 中 SSR 的 $5'$ 或 $3'$ 末端结合，导致位于反向排列，间隔不太大的重复序列间的基因级节段进行 PCR 扩增。

SSR 在真核生物中的分布是非常普遍的，并且进化变异速度非常快，因而锚定引物的 ISSR-PCR 可以检测基因组许多位点的差异。ISSR 标记结合了 RAPD 和 SSR 的优点，具有模板需要量少和多态性丰富的特点。但是，ISSR 标记为显性遗传标记，不能区分显性纯合基因型和杂合基因型。

除了上述广泛应用的 DNA 分子标记，当前还有基于 PCR 技术的 SSCP(单链构象多态性)标记、SNP(单核苷酸多态性)标记、STS(序列标签位点)标记以及基于 DNA 探针的 SSLP(简单序列长度多态性)标记等。任何一种检测遗传多样性的方法都存在各自的优点和局限,还找不到一种可以完全取代其他方法的技术。

RFLP、RAPD、AFLP 或其他分子分析技术得到的电泳片段或杂交位点的有无以 0 或 1 编码后,由不同的计算公式可以得到样本间不同的相似指数,相似指数经不同方法转换后得到遗传距离。由群体相似系数或遗传距离矩阵,或根据特异片段或多态位点的频率,可进行群体遗传多样性及遗传分化等研究。

分子标记有显性(dominant)和共显性(co-dominant)。RAPD、ISSR 等为显性标记,PCR 产物无法确切区分杂合体(heterozygosity),只能按有带无带进行分析,记录为 0/1;SSR、AFLP 标记等为共显性标记,能区分杂合体,即二倍体及多倍体染色体 DNA 上的不同变异都能显现出来,而且不仅可采用 0/1 记录,也可按扩增产物的长度(bp)进行记录和分析,是一种能区分杂合体的共显性标记,即如果同源染色体上相同的 locus 上,存在插入、缺失等变异,即使是单个碱基对上的差异也能同时显示并加以分辨。所以,共显性标记在揭示遗传多样性方面要比显性标记具有更大的优势。

三、分子数据分析方法

1. 遗传相似性

RFLP、RAPD、AFLP、ISSR 以及等位酶等分析技术得到的电泳片段或杂交位点的有无,均以 0 或 1 编码,再在此基础上进行分析。

相似系数:现假如有 x、y 两个样本,每个样本经电泳分析包括有 10 个可能的位点,数据如下(表 5.1)。

表 5.1　用于说明分子标记数据分析的模拟数据

样本	位　　　点									
	1	2	3	4	5	6	7	8	9	10
x	1	1	1	0	1	0	0	1	1	0
y	0	1	0	0	1	1	0	0	1	1

由表 5.1 产生的信息有:总位点数(N)为 10;样本 x 片段上存在的位点数(N_x)为 6;样本 y 片段存在的位点数(N_y)为 5;样本 x、y 片段均存在的位点数(N_{xy})为 3;样本 x、y 片段均不存在的位点数(N_{00})为 2。

计算两个样本之间的遗传相似指数公式较多,以下三种较为常见,得到的值位于 0 和 1 之间,因而很容易转化为相似百分率。

Nei 相似系数

$$\text{Nei} = \frac{2N_{xy}}{N_x + N_y} \tag{5.1}$$

Dice 相似系数

$$\text{Dice} = \frac{2N_{xy}}{2N_{xy} + N_x + N_y} \tag{5.2}$$

Jaccard 相似系数

$$\text{Jaccard} = \frac{N_{xy}}{N_x + Ny - N_{xy}} \tag{5.3}$$

2. 遗传距离

遗传距离和相似系数是同一现象的不同表达方法,简单地讲,遗传距离＝1－相似系数。

3. 遗传多样性和群体分化的度量方式

根据样本间遗传相似系数或遗传距离的大小,可将满足一定条件的样本化归为一个遗传谱系,如相似系数大于90％或遗传距离小于10％的样本属于同一遗传谱系。

遗传多样性的度量方式有平均每个位点等位基因数、多态位点百分数(P)、期望杂合度及观测杂合度。

群体间遗传分化度量方式有群体间的分化度(F_{st})、基因流 N_m、遗传距离和遗传一致度(相似性)。

Popgen32 是一个进行 DNA 分子和等位酶数据分析的软件。在对非共显性标记的数据分析中,Popgen32 给出了基因频率(gene frequency)、多态位点(polymorphic loci)、方差齐性检验(homogeneity test)、遗传距离(genetic distance)、等位基因数(allele number)、有效等位基因数(effective allele number)、基因多样性(gene diversity)、Shannon 指数(Shannon index)、F 统计值(F-statistics)以及基因流(gene flow)等参数。

(1) 基因频率。

计算每个位点上等位基因的频率。

(2) 多态位点。

反映遗传多态性的重要指标之一,其计算公式为 $P = k/n \times 100\%$,k 为多态位点数;n 为所测定的位点总数。

(3) 遗传距离。

遗传距离计算公式为

$$D = -\ln I$$

式中,I 为遗传一致度,计算公式为

$$I = \frac{\sum_{i=1}^{m}\sum_{j=1}^{n} x_{ij} y_{ij}}{\sqrt{\sum_{i=1}^{m}\sum_{j=1}^{n} x_{ij}^2 \sum_{i=1}^{m}\sum_{j=1}^{n} y_{ij}^2}} \tag{5.4}$$

式中,m 为位点数,n 为第 i 个位点的等位基因数,x_{ij} 为群体 x 中第 i 个位点第 j 个等位基因的频率,y_{ij} 为群体 y 中第 i 个位点第 j 个等位基因的频率。I 为 x 和 y 两个群体在所有基因位点上的遗传一致度。

(4) 有效等位基因数(A_e)。

按式(5.5)计算有效等位基因数

$$A_e = \frac{1}{\sum\limits_{i}^{m} P_i^2} \qquad (5.5)$$

位点上有两个等位基因,频率都是 0.5,与频率分别为 0.98 和 0.02 相比,前者的有效等位基因数为 2,后者为 1.004。

(5) 观测等位基因数。

每个位点上的等位基因数的算术平均值。

(6) 基因多样性。

为群体总的遗传多样性(H_t)

$$H_t = 1 - \sum_{i=1}^{m} P_i^2 \qquad (5.6)$$

式中,m 为总的等位基因数,P_i 为第 i 个等位基因在所有样本中出现的频率。

(7) Shannon 指数。

为群体的基因型多样性,可以用 Shannon-Wiener 多样性指数公式计算,即

$$H = -\sum_{i=1}^{m} p_i \ln p_i \qquad (5.7)$$

(8) 种群间遗传分化系数(G_{st})和基因流(N_m)。

导致群体间分化的遗传变异系数计算公式为

$$G_{st} = \frac{H_t - H_s}{H_t} \qquad (5.8)$$

式中,H_t 为群体总的遗传多样性,即基因多样性;H_s 为种群内的遗传多样性,H_s 计算公式为

$$H_s = \frac{1}{n} \sum_{j=1}^{n} \left(1 - \sum_{i=1}^{mj} P_{ij}^2\right) \qquad (5.9)$$

在种群内的遗传多样性(H_s)中,n 为群体数目,P_{ij} 为第 j 个群体第 i 个等位基因出现的频率,mj 为第 j 个群体在第 i 个位点上的等位基因数。

导致群体间分化的遗传变异系数(G_{st})的值从 0 到 1。当各群体间几乎没有分化时,各群体的所有等位基因频率几乎相同,G_{st} 的值接近 0,群体间的基因流(N_m)极大;当群体间的遗传分化增大时,各群体内的遗传多样性在 H_t 中所占的比例减小,说明总遗传多样性几乎全部存在于各群体之间,G_{st} 的值接近 1,即群体间的基因流 N_m 就小,遗传隔离明显。

基因流计算公式为

$$N_m = 0.5 \times \frac{1 - G_{st}}{G_{st}} \qquad (5.10)$$

通过酶电泳或者分子标记技术,对所获得的每个位点的出现频率进行统计分析,就可以衡量群体的遗传多样性或遗传变异性(genetic variability)。

SSR、AFLP 共显性分子标记,能区分杂合体,对于这类标记,Popgen32 能够计算每

个位点的预期杂合度 H_e 等指标。

（10）平均每个位点的预期杂合度 H_e（Exp. Heterozygosity）和实际杂合度 H_o（Obs. Heterozygosity）。

平均每个位点的预期杂合度 H_e 按式（5.11）计算

$$H_e = \frac{1}{m} \sum_{i=1}^{m} \left(1 - \sum_{j=1}^{mi} q_{ij}^2\right) \tag{5.11}$$

式中，m 为所测定的位点总数，q_{ij} 为第 i 个位点上第 j 个等位基因的杂合基因型的频率，mi 为第 i 个位点上的测定到的等位基因的总数。H_e 能够同时反映群体中等位基因的丰富度和均匀度，该指标又称基因多样性指数（index of genetic diversity）（Nei，1973）。

平均每个位点的实际杂合度 H_o 的计算方法为

$$H_o = \frac{1}{m} \sum_{i=1}^{m} \left(1 - \sum_{j=1}^{mi} P_{ij}^2\right) \tag{5.12}$$

式中，P_{ij} 为第 j 个位点上第 i 个等位基因纯合基因型的频率。

（11）Hardy-Weinberg 遗传偏离指数（D）和内繁育（F）

遗传偏离指数按式（5.13）计算

$$D = \frac{H_o - H_e}{H_e} \tag{5.13}$$

内繁育系数（F）计算公式为

$$F = 1 - \frac{H_o}{H_e} \tag{5.14}$$

共显性标记中的 F_{st} 计算与 Nei 的 G_{st} 相同，即 $G_{st} = (H_t - H_s)/H_t$。

四、应用 Popgen32 计算群体遗传多样性和分化

从网上免费获得 Popgen32（http://www.ualberta.ca/~fyeh），不需要安装，直接运行 Popgen32.exe 即可，生成如下窗口（图 5.1）。

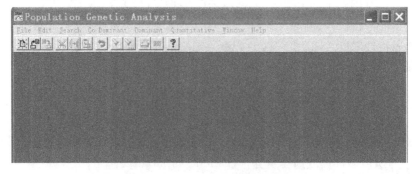

图 5.1　Popgen32 运行窗口

应用Popgen32进行遗传多样性分析的数据需要以一定格式进行。下面以一个有4个群体、31个位点的模拟数据为例,解释Popgen32进行遗传多样性分析的步骤。首先将实验获取的数据以图5.2的格式保存于记事本中,形成.txt格式的文件。

```
/* Haploid Dominant ISSR Data Set*/
number of populations = 4
Number of loci = 31
Locus name:
B1 B2 B3 B4 B5 B6 B7 B8 B9 B10 B11 B12 B13 B14 B15 B16 B17 B18 B19 B20 B21
B22 B23 B24 B25 B26 B27 B28 B29 B30 B31
Id = 1
1000011111101001111011111111110
0000011111101101111011011111110
0000011111101101111011011111110
1000011110101101111011111111110
1000011110101101111011111111110
Id = 2
1000011101110101111011110111110
1000011101110101111011110111110
1000011101110001110011110111110
Id = 3
1000010110110111111111101111111
1000011111101111111111101111111
1000011111100111111111101111111
1000011111100111111111101111111
Id = 4
0000011111111111111111111111111
0001000000011111111111111111111
1011011111101111111111111111111
0000111111100111111111111111111
```

图5.2 Popgen32显性标记原始数据格式

原始文件应该由表头和数据两部分构成。表头的格式如下。

(1)用 /* … */符号限定;

(2)populations 的数量;

(3)loci 数量;

(4)locus 的名字。

数据开始为每个 populations 的 Id♯ 和 populations 的名字,这两个都是可选项。如果这两项没有给出,就应该在 populations 之间留下一空白行,软件会自动产生 populations 的 Id。如果给出这两项,则 populations 的 Id♯ 和 populations 名字不能够重复。

原始数据的格式很自由,纵行之间可以带或不带1个或更多的空格,但相互之间不能有空行。

针对 Haploid Dominant ISSR Data Set,可按以下操作步骤进行。

运行 Popgen32 文件 → File → Load Data → Dominant Marker Data → Dominant → Diploid Data,出现图5.3所示界面,选择相关参数后运行,得到相应的结果。

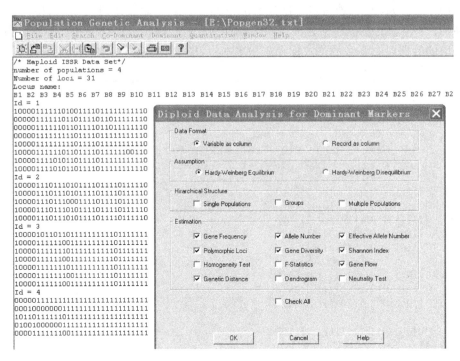

图 5.3　Popgen32 对 Haploid Dominant ISSR Data Set 分析时的参数选择

运算结果如下。

Summary Statistics :

Locus	Sample Size	na*	ne*	h*	I*
Mean	16	1.6129	1.3762	0.2141	0.3184
St. Dev		0.4951	0.4061	0.2101	0.2955

* na = Observed number of alleles
* ne = Effective number of alleles [Kimura and Crow (1964)]
* h = Nei's (1973) gene diversity
* I = Shannon's Information index [Lewontin (1972)]

Locus	Sample Size	Nm*
Mean	16	0.2722
St. Dev		

* Nm = estimate of gene flow from Gst or Gcs. E.g., Nm = 0.5(1 - Gst)/Gst;
  See McDermott and McDonald, Ann. Rev. Phytopathol. 31:353-373 (1993).
The number of polymorphic loci is :　　19
The percentage of polymorphic loci is : 61.29

Nei's Original Measures of Genetic Identity and Genetic distance

pop ID	1	2	3	4
1	****	0.8252	0.7825	0.8060
2	0.1921	****	0.7732	0.7384
3	0.2453	0.2572	****	0.8771
4	0.2157	0.3032	0.1311	****

Nei's genetic identity (above diagonal) and genetic distance (below diagonal).

Nei's Unbiased Measures of Genetic Identity and Genetic distance

pop ID	1	2	3	4
1	****	0.8295	0.7892	0.8203
2	0.1869	****	0.7783	0.7501
3	0.2367	0.2507	****	0.8939
4	0.1981	0.2876	0.1122	****

Nei's genetic identity (above diagonal) and genetic distance (below diagonal).

Popgen32 针对共显标记数据格式（图 5.4），上述模拟数据计算结果如下。

Overall Allele Frequency :

Allele \ Locus	AAT-1	AAT-2	AAT-3	ACO	ADH	DIA-1	DIA-3	....
Allele A	0.9808	1.0000	1.0000	0.8462	0.3077	0.2692	0.9808	0.3654
Allele B	0.0192			0.1538	0.4808	0.3462	0.0192	0.6346
Allele C					0.1923	0.3846		
Allele D					0.0192			

Locus	Sample Size	na*	ne*	I*
Mean	52	2.0476	1.3322	0.2880
St. Dev		1.1170	0.5666	0.3570

* na = Observed number of alleles
* ne = Effective number of alleles [Kimura and Crow (1964)]
* I = Shannon's Information index [Lewontin (1972)]

Locus	Sample Size	Obs_Het	Exp_Het*	Nei**	Ave_Het
Mean	52	0.1740	0.1677	0.1645	0.1531
St. Dev		0.2268	0.2228	0.2186	0.2006

*　Expected homozygosty and heterozygosity were computed using Levene (1949)
** Nei's (1973) expected heterozygosity

The number of polymorphic loci is :　　13
The percentage of polymorphic loci is :　61.90 %

Locus	Sample Size	Nm*
Mean	52	4.3768

* Nm = Gene flow estimated from Fst = 0.25(1 - Fst)/Fst.

pop ID	1	2	3
1	****	0.9861	0.9807
2	0.0140	****	0.9868
3	0.0195	0.0133	****

Nei's genetic identity (above diagonal) and genetic distance (below diagonal).

pop ID	1	2	3
1	****	0.9922	0.9858
2	0.0078	****	0.9945
3	0.0143	0.0055	****

Nei's genetic identity (above diagonal) and genetic distance (below diagonal).

/* Diploid alphabetic data of 3 populations each with varying records (genotypes) & 21 loci */
Number of populations = 3
Number of loci = 21
Locus name :
AAT-1 AAT-2 AAT-3 ACO ADH DIA-1 DIA-3 EST-2 GDH G6P HA DH MDH-1 MDH-2
MDH-3 MDH-4 PEP-1 PEP-2 PGI-2 PGM SPG-2

AA AA AA AA AA AA AA BB AA AA AA AA AA AA AA AA AA AA AA AA AA
AA AA AA AB BB A3 AA AB BB AA AA AA AA AA AA AA AA AA AB AA AA
AA AA AA AA BC AC AA AB AB AB AA AA AA AA AA AA AA AA AA AA AA
AA AA AA AA BB CC AA BB AB AA AA AA AA AA AA AA AA AA AA AA AA
AA AA AA AA AB AC AA BB AA AA AA AA AA AA AA AC AA AA AA AB AA
AA AA AA AB AB AC AA AB AB AA AA AA AA AA AA AB AA AA AA AA AA
AB AA AA AA BC AC AA AB AB AA AA AA AA AA AB AA AB AA AA AA AA
AA AA AA AA BB AA AA AA AA AA AA AA AA AA AA AA AA AA AC AA AA
AA AA AA AA AA BC AA AB AA AA AA AA AA AA AA AB AA AA AA AA AA
AA AA AA AB BC BC AA BB AB AA AA AA AA AA AB AA AA AA AA AC AA
AA AA AA AB AC AB AA BB BB AA AA AA AA AA AA AA AA AA AA AA AA
AA AA AA AA AB AC AA BB AA AA AA AA AA AA AA AA AA AA AA AA AA
AA AA AA AA AA BC AB AB AA AA AA AA AA AA AA AA AA AC AA AA
AA AA AA AB AA AC AA AB AB AA AA AA AA AA AA AB AA AA AA AA AA

AA AA AA AA BB BB AA AA AA AA AA AA AA AA AA AB AA AA AA AA AA
AA AA AA AA AC AC AA BB AB AA AA AA AA AA AA AA AA AA AA AA AA
AA AA AA AB BB BC AA BB AA AC AA AA AA AA AA AA AA AC AD AA
AA AA AA AA AB BC AA AB AB AA AA AA AA AA AA AA AA AA AA AA AA
AA AA AA AA BB BC AA BB AA AA AA AA AA AA AB AA AA AA AC AA
A AA AA AA AA BC AA AB AB AA AA AA AA AA AA BC AA AA AA AA AAA
AA AA AA AA AB BC AA AB AB AA AA AA AA AA AB AA AA AA AA AA
AA AA AA AA BD BC AA AB AB AA AA AA AA AA AA AA AA AC AE AA
AA AA AA AB CC BB AA BB AA AA AA AA AA AA AA AA AA AA AB AA
AA AA AA AA BC BB AA AB AB AA AA AA AA AA AA AA AA AA AA AA
AA AA AA AB CC BB AA AA AB AA AA AA AA AA AA AA AA AA AB AA
AA AA AA AA BB BC AA AB AB AA AA AA AA AA AA AA AA AA AA AA

AA AA AA AA AB BC AA AA BB AA AA AA AA AA AA AB AA AA AA AA AA
AA AA AA AB AC AB AA BB AA AA AA AA AA AA AA AA AA AA AB AA
AA AA AA AB BC BB AA BB BB AA AA AA AA AA AA AB AA AA AA AA AA
AA AA AA AB AB AB AA BB AA AA AA AA AA AA AA AA AA AA AA AA
AA AA AA AA BB AB AA AA AA AA AA AA AA AA BB AA AA AA AA AA
AA AA AA AA AC BC AA BB AA AA AA AA AA AA AA AA AA AA AA AA
AA AA AA AA CC BC AA AB AB AA AA AA AA AA AB AA AA AA AC AA
AA AA AA AA BB AC AA BB AA AA AA AA AA AA AA AA AA AA CC AA AA
AA AA AB AA BE BB AA BB AB AA AA AA AA AA AA AB AA AA AA AA AA
AA AA AA AA AB BC AA AB AB AA AA AA AA AA AA AB AA AA AA AA AA

图 5.4　Popgen32 共显标记数据格式

第三节　物种多样性

一、物种多样性的概念

当研究一个群落的时候,首先碰到的问题就是这个群落是由多少物种组成的? 每一物种的个体数目有多少? 多少种是稀少的,多少种是常见的?

物种多样性是指物种水平上的生物多样性。它是用一定空间范围物种的数量和分布特征来衡量的。一般来说,一个种的种群越大,它的遗传多样性就越大。但是一些种的种群增加可能导致其他一些种的衰退,而使一定区域内物种多样性减少。物种多样性主要是从分类学、系统学和生物地理学角度对一定区域内物种的状况进行研究的。

物种多样性是群落中物种的数目和每一物种个体的数目。但是也可以用生物量、重要值、盖度等来反映物种的多样性。像地衣苔藓就适合用盖度来反映它们的多样性。

物种多样性具有下面三种含义。

(1) 种的丰富度(species richness)或多度(abundance)。

指一个群落或生境中种的数目的多寡。

(2) 种的均匀度(species evenness)或平衡性(equitability)。

种的均匀度指一个群落或生境中全部种的个体数目的分配情况,它反映了种属组成的均匀程度。例如,有 A、B 两个群落,A 群落中有 100 个个体,其中 90 个属于一个种,10 个属于另一个种;B 群落中也有 100 个个体,两个种各居一半,那么前者的均匀度就低于后者。

(3) 种的总多样性(total diversity)。

是综合了物种数目和分布的均匀度,又称种的不齐性(species heterogeneity)(Peet,1974)。

二、α 物种多样性计算公式

1. 以种的数目表示的多样性

下面式中 d 表示种多样性指数;a 表示所研究的面积;m 表示面积 a 内的种数,N 表示样方数。

Patrick 指数

$$d = m \tag{5.15}$$

Gleason 指数

$$d = m/\ln a \tag{5.16}$$

Dahl 指数

$$d = (m - \bar{m})/\ln N \tag{5.17}$$

式中，N 为样方数，$\bar{m}$ 为样方平均种数。以上三个指数都是物种丰富性指标，Dahl 指数适合群落互相比较。

2. 以种的数目 (m) 和全部种的个体总数 (N) 表示的多样性

Margalef 指数

$$d = (m - 1)/\ln N \tag{5.18}$$

Odum 指数

$$d = m/\ln N \tag{5.19}$$

Menhinick 指数

$$d = \ln m/\ln N \quad 或 \quad m/\sqrt{N} \tag{5.20}$$

Monk 指数

$$d = m/N \tag{5.21}$$

3. 种数 (m)、全部种个体总数 (N) 以及每个种的个体数 (N_i) 综合表示的多样性

Simpson 指数

$$d = \sum_{i=1}^{m} \left(\frac{N_i}{N} \right)^2 \quad 或 \quad d = \sum_{i=1}^{m} \frac{N_i(N_i - 1)}{N(N - 1)} \tag{5.22}$$

式中，$i = 1, 2, \cdots, m$，m 为物种数，N 为全部种的个体总数，N_i 为第 i 个物种的个体数。

修正的 Simpson 指数

$$d = -\ln \left[\sum_{i=1}^{m} \left(\frac{N_i}{N} \right)^2 \right] \tag{5.23}$$

Pielou 指数

$$d = 1 - \sum_{i=1}^{m} \frac{N_i(N_i - 1)}{N(N - 1)} \tag{5.24}$$

McIntosh 指数

$$d = \frac{N - \sqrt{\sum\limits_{i=1}^{m} N_i^2}}{N - \sqrt{N}} \tag{5.25}$$

Hurlbert 指数

$$d = \frac{N}{N - 1} \left[1 - \sum_{i=1}^{m} \left(\frac{N_i}{N} \right)^2 \right] \tag{5.26}$$

4. 以重要值(或相对密度、相对盖度、生物量等)为基础的多样性指数

Whittaker 指数

$$d = m \times (\ln P_{\min} - \ln P_{\max}) \quad 或 \quad d = \frac{m^2}{4} \times \sum_{i=1}^{m} (\ln P_{\min} - \ln \bar{P}) \quad (5.27)$$

式中, $i = 1, 2, \cdots, m$, $P_{\min}$ 为最小重要值, $P_{\max}$ 为最大重要值, $\bar{P}$ 为平均重要值。

Audair 和 Goff 指数

$$d = \sqrt{\sum_{i=1}^{m} P_i^2} \quad 或 \quad d = 1 - \sqrt{\sum_{i=1}^{m} P_i^2} \ (i = 1, 2, \cdots, m) \quad (5.28)$$

5. 用信息公式表示的多样性指数

信息论中计算熵的公式原来是表示信息的不确定程度,也可以用来反映种的个体出现的不确定程度,即多样性。

Shannon-Wiener 指数公式为

$$d = -\sum_{i=1}^{m} (P_i \times \ln p_i) \quad (5.29)$$

式中, $P_i = N_i / N$。

对数的底用 e、10、2 均可, P_i 表示每种植物个体数占所有种个数的比例。

Shannon-Wiener 公式中,当各个种的个体数目相等时,即 $P_i = 1/m$ 时,信息最大,为

$$d = -\sum_{i=1}^{m} \frac{1}{m} \ln \frac{1}{m} = \ln m$$

而全部个体为一个种时,即 $P_i = m/m$ 时,信息最小,为

$$d = -\sum_{i=1}^{m} \frac{m}{m} \ln \frac{m}{m} = \ln 1 = 0$$

两个群落或样方比较时,种数相等,则以个体数目多的种所提供的信息较多。

6. Pielou 种间相遇率

$$\text{Pie} = \sum_{i=1}^{m} \left(\frac{N_i}{N} \right) \times \left(\frac{N - N_i}{N - 1} \right) \quad (5.30)$$

7. Pielou 均匀性指数

$$\text{Pie1} = \frac{1 - \sum_{i=1}^{m} \left(\frac{N_i}{N} \right)^2}{1 - \frac{1}{m}} \quad (5.31)$$

或

$$\text{Pie2} = \frac{D_{\text{Shannon}}}{\ln m} \quad (5.32)$$

式中，$D_{Shannon}$ 为 Shannon-Wiener 信息指数，m 为样方的物种数。

尽管多样性指数很多，实际研究中，多样性指数一般用 Shannon-Wiener 指数、Simpson 指数表示，物种丰富度指数一般用 Patrick 指数表示，均匀度指数用 Pielou 指数较多。

三、β 物种多样性计算公式

$β$ 多样性指沿环境梯度不同生境群落之间物种组成的相异性，或物种沿环境梯度的更替速率，又称生境间的多样性（between-habitat diversity），控制 $β$ 多样性的主要生态因子有土壤、地貌及干扰等。通过计算两个样方物种组成的相似系数 $β$，可以了解两样方间的种类更替速率。

$$\beta_{sor} = \beta_{sim} + \beta_{sne} = \frac{b+c}{2a+b+c} = \frac{b}{b+a} + \left(\frac{c-b}{2a+b+c}\right)\left(\frac{a}{b+a}\right) \tag{5.33}$$

$$\beta_{jac} = \beta_{jtu} + \beta_{jne} = \frac{b+c}{a+b+c} = \frac{2b}{2b+a} + \left(\frac{c-b}{a+b+c}\right)\left(\frac{a}{2b+a}\right) \tag{5.34}$$

式中，对于种存在与否的二元数据，两个样方 j、k 之间的相似性可以通过以下参数计算：a 为两个样方共有种数；b 为存在于样方 j 中但不存在于样方 k 中的种数；c 为存在于样方 k 中但不存在于样方 j 中的种数。a、b、c 的值可以由两个样方的 $2×2$ 列联表获得。r_{jk} 代表二样方 j、k 间的相似系数。

四、物种多样性的计算程序和软件

1. 应用 QB45 计算

P-2 为多样性计算的程序，能够在 QB45 环境下生成可执行文件，原始数据以 data. csv 保存于 C:\QB 目录下，数据以行为种，列为样方，本例中有 5 个种和 10 个样方（表 5.2）。

表 5.2　用于多样性计算的模拟数据（保存文件名为 data. csv）

11	22	33	44	55	66	77	88	99	100
21	32	43	54	65	76	87	98	109	10
91	82	73	54	45	36	27	18	19	310
41	52	63	74	85	96	107	98	89	210
91	72	63	54	45	36	27	48	59	60

经过 P-2 程序计算，得到如下结果。

```
Diversity indices of 10 sites
  NO    Pie    Dau    Dm    Dsi    Pie1    Dsh    Pie2
  1    .717   .535   .496   .714   .357   1.381   .858
  2    .766   .487   .547   .763   .296   1.512   .94
  3    .789   .462   .572   .786   .267   1.573   .977
```

4	.797	.454	.581	.794	.257	1.595	.991
5	.79	.461	.572	.788	.266	1.58	.981
6	.775	.477	.554	.773	.284	1.539	.956
7	.754	.498	.531	.752	.311	1.478	.918
8	.762	.49	.538	.76	.3	1.489	.925
9	.765	.487	.541	.763	.296	1.498	.931
10	.679	.567	.45	.679	.402	1.281	.796

运算的结果保存于 result. txt 文件中,在 C:\QB 目录下。结果中,Pie 为 Pielou 种间相遇率,Dau 为 Audair 和 Goff 指数,Dm 为 McIntosh 多样性指数,Dsi 为 Simpson 多样性指数,Pie1 和 Pie2 分别为 Pielou 均匀性指数,Dsh 为 Shannon-Wiener 多样性信息指数。

P-2 程序如下。

```
CLS
REM  P-2:  DIVERSITY  CALCULATION
PROGRAM
PRINT "INPUT THE NUMBER OF SPECIES";
INPUT M
PRINT
PRINT "INPUT THE NUMBER OF SITE";
INPUT N
DIM X(M, N), Y(M, N), D(N), D1(N), PIE2
(N), PIE1(N), DSI(N), DSH(N), DAU(N)
DIM DDD(N), PIE(N), E(N)
OPEN "C:\QB\DATA .CSV" FOR INPUT AS #1
PRINT
FOR I = 1 TO M: FOR J = 1 TO N
INPUT #1, X(I, J)
NEXT J: NEXT I
CLOSE
OPEN "C:\QB\RESULT. TXT" FOR OUTPUT
AS #1
PRINT "PRIMARY DATA MATRIX:"
PRINT #1, "PRIMARY DATA MATRIX:"
PRINT: PRINT #1,
FOR I = 1 TO M: FOR J = 1 TO N
PRINT X(I, J);: PRINT #1, X(I, J);
NEXT J: PRINT: PRINT #1, : NEXT I
PRINT #1, : PRINT
PRINT "DIVERSITY INDICES OF"; N;
"SITE"
PRINT #1, "DIVERSITY INDICES OF"; N;
"SITES"
FOR J = 1 TO N

E(J) = 0
FOR I = 1 TO M
IF X(I, J) <> 0 THEN E(J) = E(J) + 1
NEXT I: NEXT J
PRINT
FOR I = 1 TO M: FOR J = 1 TO N
X(I, J) = X(I, J) + 1
NEXT J: NEXT I
FOR J = 1 TO N
D(J) = 0: DD(J) = 0: DDD(J) = 0
FOR I = 1 TO M
D(J) = D(J) + X(I, J)
DD(J) = DD(J) + X(I, J) * X(I, J)
NEXT I
DDD(J) = (D(J) - SQR(DD(J))) / (D(J) -
SQR(D(J)))
DDD(J) = INT(DDD(J) * 1000 + .5) / 1000
NEXT J
FOR J = 1 TO N
PIE(J) = 0
W1 = 0: W2 = 0
FOR I = 1 TO M
W1 = (X(I, J) / D(J))
W2 = (D(J) - X(I, J)) / (D(J) - 1)
PIE(J) = PIE(J) + W1 * W2
NEXT I
PIE(J) = INT(PIE(J) * 1000 + .5) / 1000
NEXT J
FOR J = 1 TO N: FOR I = 1 TO M
Y(I, J) = X(I, J) / D(J)
NEXT I: NEXT J
```

```
FOR J = 1 TO N
DSH(J) = 0; DSI(J) = 0
FOR I = 1 TO M
DSH(J) = DSH(J) + Y(I, J) * LOG(Y(I, J))
DSI(J) = DSI(J) + Y(I, J) ^ 2
NEXT I
DAU(J) = SQR(DSI(J)); DSH(J) = DSH(J) *
( − 1)
PIE2(J) = DSH(J) / LOG(E(J)); DSI(J) = 1 −
DSI(J)
PIE1(J) = (1 − DSI(J)) / (1 − 1 / M)
DAU(J) = INT(DAU(J) * 1000 + .5) / 1000
DSH(J) = INT(DSH(J) * 1000 + .5) / 1000
DSI(J) = INT(DSI(J) * 1000 + .5) / 1000
PIE2(J) = INT(PIE2(J) * 1000 + .5) / 1000
PIE1(J) = INT(PIE1(J) * 1000 + .5) / 1000
NEXT J
PRINT
PRINT TAB(3); "NO"; TAB(10); "PIE"; TAB
(18); "DAU";
PRINT TAB(26); "DM"; TAB(34); "DSI";
TAB(42); "PIE1";
PRINT TAB(50); "DSH"; TAB(58); "PIE2"
PRINT #1, TAB(3); "NO"; TAB(10); "PIE";
TAB(18); "DAU";
PRINT #1, TAB(26); "DM"; TAB(34);
"DSI"; TAB(42); "PIE1";
PRINT #1, TAB(50); "DSH"; TAB(58);
"PIE2"
FOR J = 1 TO N
PRINT TAB(2); J; TAB(8); PIE(J); TAB
(16); DAU(J);
PRINT TAB(24); DDD(J); TAB(32); DSI(J);
TAB(40);
PRINT PIE1(J); TAB(48); DSH(J); TAB(56);
PIE2(J)
PRINT #1, TAB(2); J; TAB(8); PIE(J); TAB
(16); DAU(J);
PRINT #1, TAB(24); DDD(J); TAB(32); DSI
(J); TAB(40);
PRINT #1, PIE1(J); TAB(48); DSH(J); TAB
(56); PIE2(J)
NEXT J
END
```

2. 应用 PAST 2.17 软件计算群落的物种多样性指数

PAST 2.17(下载网址：http://folk. uio. no/ohammer/past)是一种易于使用的数据分析软件,最初的目的是研究古生物学,但目前也有其他领域的扩展。它具有统计、绘图和建模功能。

运行 PAST→将数据粘贴(行为种、列为样点)→Edit mode 选择框勾除→选中数据区域→Diversity→Diversity Indices,结果如图 5.5 所示。

Taxa_S 为物种数目。

Individuals 为个体总数。

Dominance_D

$$d = \sum_{i=1}^{m} \left(\frac{n_i}{n} \right)^2$$

式中,n 为总个体数,n_i 为第 i 个种的个体数。

Shannon_H 为信息指数。

Buzas and Gibson's evenness

$$e^H / m$$

式中,为信息指数,m 为物种数。

Brillouin

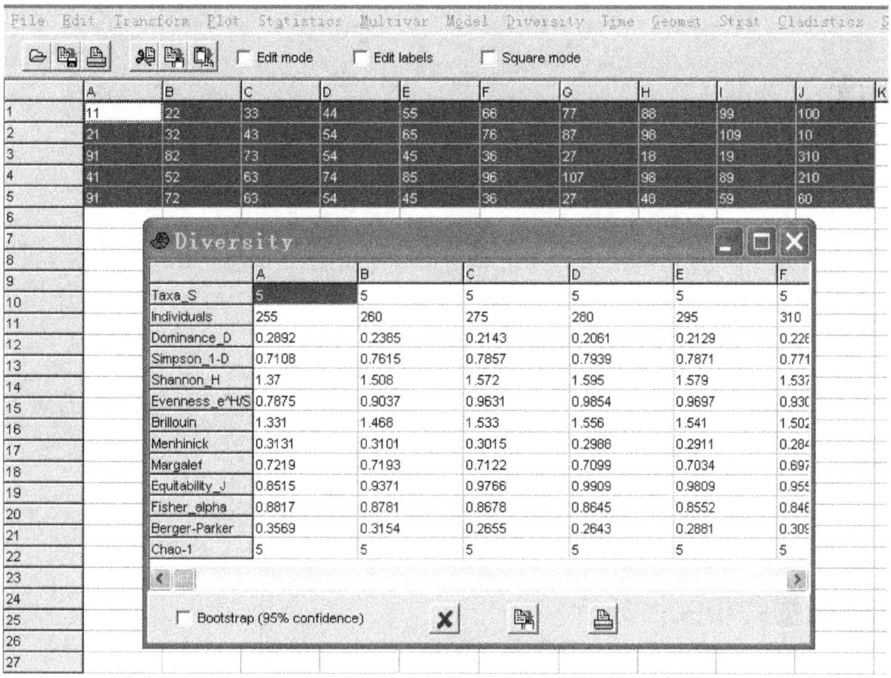

图 5.5 PAST 2.17 进行物种多样性指数计算结果

$$HB = \frac{\ln(n!) - \sum_{i=1}^{m}(ni!)}{n}$$

Menhinick 丰富度指数

$$d = m/\sqrt{n}$$

Margalef's richness index

$$d = (m-1)/\ln n$$

Equitability

$$E = H/m$$

Fisher_s alpha 为一种多样性指数

$$m = a \times \ln(1 + n/a)$$

式中，m 为物种数，n 为总个体数，a 为 Fisher's alpha。

第六章
种间关系分析

第一节　相　关　分　析

一、连续数据的相关性分析

相关性分析是指对两个或多个具备相关性的变量元素进行分析,从而衡量两个变量因素的相关密切程度。相关的元素之间需要存在一定的联系才可以进行相关性分析。

生态学上相关性系数的取值范围为[−1　+1]。相关系数小于 0 时,称为负相关;大于 0 时,称为正相关;等于 0 时,称为零相关。

Pearson 相关系数为

$$r = \frac{\sum\limits_{i=1}^{n} x_i y_i - \sum\limits_{i=1}^{n} x_i \sum\limits_{i=1}^{n} y_i / n}{\sqrt{\sum\limits_{i=1}^{n} x_i^2 - \left(\sum\limits_{i=1}^{n} x_i\right)^2 / n} \sqrt{\sum\limits_{i=1}^{n} y_i^2 - \left(\sum\limits_{i=1}^{n} y_i^2\right)^2 / n}} \tag{6.1}$$

式中,r 为两个变量 x 和 y 之间的相关系数,x_i 和 y_i 分别为 x 与 y 的第 i 对观测值,n 为成对观测值的数量。

相关系数 r 的显著性检验可以用 t 检验,也可以查相关系数检验表进行检验。

$$t = r \sqrt{\frac{n-2}{1.0 - r^2}} \tag{6.2}$$

t 检验的自由度 df $= n - 2$,查 t 检验表可完成检验。

二、二元数据的双系列相关系数

在生态学调查中往往取多个样方,在每个样方中记录植物种存在与否和环境因子的值,要计算二元数据与环境因子的相关系数不能用前面的方法。这里用双系列相关系数(biserial correlation coefficient)。将环境因子按照种的存在与否分为两组,则双系列相关系数为

$$r = \frac{|M_x - M_y|}{S}\sqrt{x\,y} \tag{6.3}$$

式中,r 为双系列相关系数,M_x 和 M_y 分别为两组的平均值,S 为标准差,x 和 y 为两个组观测值数量的比例。双系列相关系数同样可以用 t 检验测量显著性。

$$t = r\sqrt{\frac{n-2}{1.0 - r^2}} \tag{6.4}$$

表 6.1 是一个模拟种类在 10 个样方中存在与否和土壤湿度的数据以及分成的组,分别计算 $M_x = 60$,$M_y = 75$,$S = 14.3$,则

$$r = \frac{|60 - 75|}{14.3} \times \sqrt{0.4 \times 0.6} = 0.514 \tag{6.5}$$

$$t = 0.514 \times \sqrt{\frac{10-2}{1.0 - 0.264}} = 1.69$$

查 t 检验表发现,仅在 0.2 水平上有差异,但是在 0.05 水平上差异不显著,表明土壤湿度对模拟对象分布略微有影响。

表 6.1　模拟种类分布与土壤湿度的双系列相关分析

种类存在与否	土壤湿度/%	分　　　组	
		p 组(存在＋)	q 组(不存在－)
－	85		85
＋	60	60	
－	85		85
－	50		50
＋	60	60	
－	70		70
＋	70	70	
＋	50	50	
－	70		70
－	90		90

群落中生物种类的联结性与相关性是群落的重要特征,也是两个物种相似性的一种尺度。

第二节　种间关联

种间关联指种间相互吸引(正的)或排斥(负的)的性质。种间关联的研究包括两个内容,一是在一定的置信水平上检验两个种间是否存在关联,一般用 χ^2 检验;二是测定关联程度的大小。

首先将两个种出现与否的观测值填入 2×2 联表(表 6.2)中。

表 6.2　种间关联分析的二联表

		种　B	
		出现的样方数	不出现的样方数	
种	出现的样方数	a	b	$a+b$
A		c	d	$c+d$
	不出现的样方数	$a+c$	$b+d$	$a+b+c+d$

假定种 A 和种 B 相互独立,没有联系,则可以通过计算 χ^2 值来检验这一假设。

$$\chi^2 = \frac{N(ad-bc)^2}{(a+b)(c+d)(a+c)(b+d)} \tag{6.6}$$

式中,N 为样方总数。从 χ^2 表中查到不同水准下的 χ^2 理论值,如 $P=0.05$ 的理论值为 3.84(自由度为 1)。如果计算得到的 χ^2 值大于该理论值,说明两个种彼此独立的假设不成立,两个种相互关联。

$$a' = \frac{(a+b)(a+c)}{N}$$

如果 $a>a'$,则为正关联;如果 $a<a'$,说明两个种为负相关。χ^2 值与样方大小关系较密切。如果明确两种有显著相关性,在此基础上,再用一些关联指数来测定关联程度大小,常见的有 Ochiai、Dice 和 Jaccard 关联指数。

Ochiai 关联指数

$$I = \frac{a}{\sqrt{a+b}\sqrt{a+c}} \tag{6.7}$$

Dice 关联指数

$$I = \frac{2a}{2a+b+c} \tag{6.8}$$

Jaccard 关联指数

$$I = \frac{a}{a+b+c} \tag{6.9}$$

第三节　种 间 相 关

一、Pearson 相关系数

关联指数适合种存在与否的二元数据。如果两个种都存在于所有的样方中,则关联指数等于 1。事实上，两种植物在生物量、盖度等指标上是有差异的，这种情况下，用关联指数难以精确地反映两种植物的种间关系。对于这种数量数据，也需要使用相关系数（r）来衡量两种间的相关程度。

$$r_{ik} = \frac{\sum\limits_{j=1}^{n}(x_{ij} - \bar{x}_i)(x_{kj} - \bar{x}_k)}{\sqrt{\sum\limits_{j=1}^{n}(x_{ij} - \bar{x}_i)^2 \sum\limits_{j=1}^{N}(x_{kj} - \bar{x}_k)^2}} \tag{6.10}$$

式中，r_{ik} 为种 i 和 k 之间的相关系数；n 为样方数目；x_{ij} 和 x_{kj} 分别为种 i 与 k 在样方 j 中的多度值；$\bar{x}_i$ 和 $\bar{x}_k$ 分别为种 i 与 k 在所有样方中多度的平均。r_{ik} 可以是 $+1$ 和 -1 之间的任何值。r_{ik} 的显著程度可以用 t 检验（自由度 $=n-2$）（表 6.3）。

表 6.3　Pearson 相关系数显著性检验表（自由度 $n-2$）

自由度 $n-2$ ＼ 显著性水平	0.10	0.05	0.02	0.01	0.001
1	0.9877	0.9969	0.9995	0.9999	0.9999
2	0.9000	0.9500	0.9800	0.9900	0.9990
3	0.8054	0.8783	0.9343	0.9587	0.9912
4	0.7293	0.8114	0.8822	0.9172	0.9741
5	0.6694	0.7545	0.8329	0.8745	0.9507
6	0.6215	0.7067	0.7887	0.8343	0.9249
7	0.5822	0.6664	0.7498	0.7977	0.8982
8	0.5494	0.6319	0.7155	0.7646	0.8721
9	0.5214	0.6021	0.6851	0.7348	0.8471
10	0.4973	0.5760	0.6581	0.7079	0.8233
11	0.4762	0.5529	0.6339	0.6835	0.8010
12	0.4575	0.5324	0.6120	0.6614	0.7800
13	0.4409	0.5139	0.5923	0.6411	0.7603
14	0.4259	0.4973	0.5742	0.6226	0.7420
15	0.4124	0.4821	0.5577	0.6055	0.7246
16	0.4000	0.4683	0.5425	0.5897	0.7084
17	0.3887	0.4555	0.5285	0.5751	0.6932
18	0.3783	0.4438	0.5155	0.5614	0.6787
19	0.3687	0.4329	0.5034	0.5487	0.6652
20	0.3598	0.4227	0.4921	0.5368	0.6524
25	0.3233	0.3809	0.4451	0.4869	0.5974
30	0.2960	0.3494	0.4093	0.4487	0.5541
35	0.2746	0.3246	0.3810	0.4182	0.5189
40	0.2573	0.3044	0.3578	0.3932	0.4896
45	0.2428	0.2875	0.3384	0.3721	0.4648
50	0.2306	0.2732	0.3218	0.3541	0.4433
60	0.2108	0.2500	0.2948	0.3248	0.4078
70	0.1954	0.2319	0.2737	0.3017	0.3799
80	0.1829	0.2172	0.2565	0.2830	0.3568
90	0.1726	0.2050	0.2422	0.2673	0.3375
100	0.1638	0.1946	0.2301	0.2540	0.3211

二、Spearman 秩相关系数

对不服从正态分布的资料及总体分布类型未知的数据,可采用秩相关系数。秩相关系数又称等级相关系数,或顺序相关系数,是将两要素的样本值按数据的大小顺序排列位次,以各要素样本值的位次代替实际数据而求得的一种统计量。计算公式为

$$r_{ik} = 1 - \frac{6 \times \sum_{j=1}^{n} (x_{ij} - x_{kj})^2}{n^3 - n} \tag{6.11}$$

式中,n 为样方数,x_{ij} 和 x_{kj} 为种 i 与 k 在样方 j 中的秩。

SPSS 等计算机软件,一次可计算数十种甚至上百种间的相关系数。

表 6.4 中两个种的相关系数为 $r_{12} = -0.89 (P < 0.01)$。如果要计算秩相关系数,先将 x_i 和 x_k 两个向量转化成秩向量(表 6.5)。

表 6.4　两个种在草地 9 个样方中的盖度值

种类	样　　　　方								
	1	2	3	4	5	6	7	8	9
1	99	95	83	82	68	64	62	49	46
2	10	4	22	13	35	26	21	36	37

表 6.5　两个种在草地 9 个样方中的盖度秩

种类	样　　　　方								
	1	2	3	4	5	6	7	8	9
1	9	8	7	6	5	4	3	2	1
2	2	1	5	3	7	6	4	8	9

然后将 x_i' 和 x_k' 的值代入秩相关系数公式,得到秩相关系数 $r_{ik}' = -0.83^{**}$。

在研究种间关联和相关时,样方大小对相关性的影响常被人们所忽略,Pielou 认为样方大小必然局限在一定的范围。样方不能太小,以免其不能包含较大种的两个个体;样方也不能太大,以免某个种在所有样方中均出现。Smith 详细分析了样方大小对相关程度的影响,他认为,如果某种植物的个体明显大于其他种,那么该种将会对小个体的种产生空间排斥(spatial exclusion),而使得小个体种之间呈现出正相关,而小个体种与大个体种间呈现负相关。在这种情况下,样方大小较为重要。随着样方逐渐由小变大,小个体种之间的相关性将会消失。

当所研究的两个种受同一环境因子所控制时,样方大小对它们间相关性的影响,会取决于该环境因子的变化格局。在样方较小时,它们一般表现为正相关。随着样方增大,正相关会逐渐消失。当两个种对某一主要环境因子呈现出相反的反应时,一般表现为负相关,但当样方增大到包含该因子的不同格局规律时,则呈正相关。

三、应用 SPSS 计算 Pearson 和 Spearman 秩相关系数

操作步骤如下。

运行 SPSS 16.0→Analyze→Correlate→Bivariate→打开 Bivariate Correlations 对话框→将变量导入 Varialbes 框→在 Correlation Cofficients 下选择 Pearson 或 Spearman→在 Test of Significance 下选择 Two-tailed 默认项→勾选 Flag significance correlations（默认）→单击 OK 按钮。

假如有表 6.6 中的一组模拟数据，涉及 8 个样方 10 个种类。

表 6.6　一组用于进行相关系数分析的模拟数据

种类	样　　方							
	A1	A2	A3	A4	A5	A6	A7	A8
S1	79	60	86	44	61	71	25	100
S2	87	100	75	69	100	81	25	75
S3	81	51	72	67	49	88	25	75
S4	69	31	75	86	34	74	25	100
S5	56	44	64	83	63	66	25	75
S6	53	19	71	80	27	62	100	100
S7	47	15	58	71	22	68	50	75
S8	59	26	63	90	33	77	75	100
S9	63	22	79	86	25	66	50	75
S10	50	13	72	85	18	59	25	100

应用 SPSS 计算 Pearson 和 Spearman 秩相关系数窗口如图 6.1 所示。

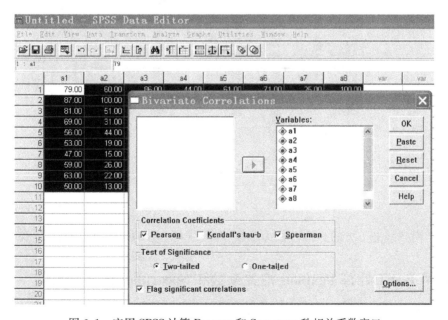

图 6.1　应用 SPSS 计算 Pearson 和 Spearman 秩相关系数窗口

应用 SPSS 计算 Pearson 秩相关系数如图 6.2 所示。

Correlations

		A1	A2	A3	A4	A5	A6	A7	A8
A1	Pearson Correlation	1	.863*	.628	−.554	.757*	.770*	−.478	−.181
	Sig. (2-tailed)	.	.001	.052	.096	.011	.009	.162	.617
	N	10	10	10	10	10	10	10	10
A2	Pearson Correlation	.863*	1	.385	−.537	.976*	.620	−.471	−.326
	Sig. (2-tailed)	.001	.	.271	.109	.000	.056	.169	.359
	N	10	10	10	10	10	10	10	10
A3	Pearson Correlation	.628	.385	1	−.476	.273	.064	−.314	.245
	Sig. (2-tailed)	.052	.271	.	.165	.446	.861	.377	.495
	N	10	10	10	10	10	10	10	10
A4	Pearson Correlation	−.554	−.537	−.476	1	−.468	−.291	.336	.069
	Sig. (2-tailed)	.096	.109	.165	.	.173	.415	.342	.851
	N	10	10	10	10	10	10	10	10
A5	Pearson Correlation	.757*	.976*	.273	−.468	1	.529	−.447	−.356
	Sig. (2-tailed)	.011	.000	.446	.173	.	.116	.196	.313
	N	10	10	10	10	10	10	10	10
A6	Pearson Correlation	.770*	.620	.064	−.291	.529	1	−.287	−.307
	Sig. (2-tailed)	.009	.056	.861	.415	.116	.	.422	.388
	N	10	10	10	10	10	10	10	10
A7	Pearson Correlation	−.478	−.471	−.314	.336	−.447	−.287	1	.299
	Sig. (2-tailed)	.162	.169	.377	.342	.196	.422	.	.402
	N	10	10	10	10	10	10	10	10
A8	Pearson Correlation	−.181	−.326	.245	.069	−.356	−.307	.299	1
	Sig. (2-tailed)	.617	.359	.495	.851	.313	.388	.402	.
	N	10	10	10	10	10	10	10	10

**. Correlation is significant at the 0.01 level (2-tailed).

图 6.2 应用 SPSS 计算 Pearson 秩相关系数

应用 SPSS 计算 Spearman 秩相关系数如图 6.3 所示。

Correlations

			A1	A2	A3	A4	A5	A6	A7	A8
Spearman's rho	A1	Correlation Coefficient	1.000	.891*	.665*	−.353	.745*	.760*	−.480	−.174
		Sig. (2-tailed)	.	.001	.036	.318	.013	.011	.161	.631
		N	10	10	10	10	10	10	10	10
	A2	Correlation Coefficient	.891*	1.000	.463	−.492	.952*	.717*	−.535	−.244
		Sig. (2-tailed)	.001	.	.177	.148	.000	.020	.111	.497
		N	10	10	10	10	10	10	10	10
	A3	Correlation Coefficient	.665*	.463	1.000	−.223	.287	.110	−.455	.105
		Sig. (2-tailed)	.036	.177	.	.535	.422	.762	.186	.773
		N	10	10	10	10	10	10	10	10
	A4	Correlation Coefficient	−.353	−.492	−.223	1.000	−.426	−.271	.378	.279
		Sig. (2-tailed)	.318	.148	.535	.	.220	.448	.281	.434
		N	10	10	10	10	10	10	10	10
	A5	Correlation Coefficient	.745*	.952*	.287	−.426	1.000	.590	−.500	−.244
		Sig. (2-tailed)	.013	.000	.422	.220	.	.073	.141	.497
		N	10	10	10	10	10	10	10	10
	A6	Correlation Coefficient	.760*	.717*	.110	−.271	.590	1.000	−.261	−.244
		Sig. (2-tailed)	.011	.020	.762	.448	.073	.	.466	.496
		N	10	10	10	10	10	10	10	10
	A7	Correlation Coefficient	−.480	−.535	−.455	.378	−.500	−.261	1.000	.157
		Sig. (2-tailed)	.161	.111	.186	.281	.141	.466	.	.664
		N	10	10	10	10	10	10	10	10
	A8	Correlation Coefficient	−.174	−.244	.105	.279	−.244	−.244	.157	1.000
		Sig. (2-tailed)	.631	.497	.773	.434	.497	.496	.664	.
		N	10	10	10	10	10	10	10	10

图 6.3 应用 SPSS 计算 Spearman 秩相关系数

图中,对角线左下方的是线性相关系数,对角线右上方的是显著性检验 P 值。

四、应用 PAST 计算 Pearson 相关系数和 Spearman 秩相关系数

运行 PAST→打开数据文件→勾选 Edit mode→选中打开的数据→选择 Statistics 菜

单→在该菜单下选择 Correlation table→选择 Pearson 相关或 Spearman 相关。计算
Spearman 时,当样本数 $n<9$ 时,选择 Spearman's D 系数,当 $n>9$ 时,选择 Spearman's rs
系数。对表 6.6 数据进行 Pearson 相关系数和 Spearman 秩相关系数计算结果见图 6.4。

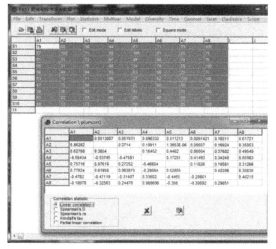
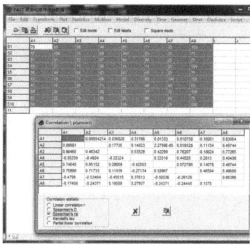

（a）Pearson相关系数　　　　　　　　　　（b）Spearman秩相关系数

图 6.4　应用 PAST 计算 Pearson 相关系数和 Spearman 秩相关系数计算结果

五、应用 QBASIC 程序计算变量之间的相关性

以下为计算相关系数的程序,原始数据以行为种、列为样点输入,计算样点种类组成
的相关性。

```
CLS                                      PRINT #1, "ORIGINAL MATRIX"
REM P - 3: CALCULATION OF CORRELATION    FOR I = 1 TO M: FOR J = 1 TO N
COEFFICIENT                              PRINT X(I, J);: PRINT #1, X(I, J);
INPUT "NUMBER OF SPECIES, ROW"; M        NEXT J: PRINT: PRINT #1, : NEXT I
INPUT "NUMBER OF SITES, COLUM"; N        FOR J = 1 TO N
DIM X(M, N), R(N, N), V(N, N), X1(N),    X1(J) = 0: FOR I = 1 TO M
C(N)                                     X1(J) = X1(J) + X(I, J): NEXT I
OPEN "C: \ QB \ DATA. CSV" FOR INPUT     X1(J) = X1(J) / M: NEXT J
AS #1                                    FOR I = 1 TO N: FOR J = 1 TO N
FOR I = 1 TO M: FOR J = 1 TO N           W = 0: Z = 0: T = 0: Z1 = 0: T1 = 0
INPUT #1, X(I, J)                        FOR K = 1 TO M
NEXT J: NEXT I                           XI = X(K, I) - X1(I): XJ = X(K, J) - X1(J)
CLOSE                                    W = W + XI * XJ
OPEN "C:\QB\RESULT. TXT" FOR OUTPUT      Z = Z + XI * XI
AS #1                                    T = T + XJ * XJ
PRINT "ORIGINAL MATRIX";                 NEXT K
```

```
H = W / (SQR(Z * T))
R(I, J) = H; R(J, I) = R(I, J)
NEXT J; NEXT I;PRINT; PRINT #1,
PRINT "CORRELATION MATRIX"
PRINT #1, "CORRELATION MATRIX"

FOR I = 1 TO N; FOR J = 1 TO N
R(I, J) = INT(R(I, J) * 1000 + .5) / 1000
PRINT R(I, J);; PRINT #1, R(I, J);
NEXT J; PRINT; PRINT #1, ; NEXT I
END
```

第七章

生　态　位

第一节　生态位概念

生态位(niche)是现代生态学的重要理论之一,生态位研究在理解群落结构与功能、群落内物种间关系、生物多样性、群落动态演替和种群进化等方面有重要的作用,因此得到了广泛的应用,并已取得了许多研究成果。

生态位与物种所生存的环境关系密切,一个物种的生态位是指该种利用环境资源的能力,这种能力体现在该种个体在环境中的分布范围和生物量的占有上。生态位的概念不仅包括生物占有的物理空间,还包括它在生物群落中的功能作用,以及它们在温度、湿度、pH、土壤和其他生存环境变化的梯度中的位置。生态位不仅决定物种在哪里生活,而且也决定它们如何生活,以及它们如何受其他生物的约束。一个种的生态位受群落内生物和非生物环境的影响,因此一个种在不同的群落中就有不同的生态位。

Levins(1968)和 MacArthur 给生态位宽度的定义是,在生态位空间中,沿着某一具体路线通过生态位的一段"距离";Hurlbert(1978)将生态位宽度定义为物种利用或趋于利用所有可利用资源状态而减少种内个体相遇的程度。

当两个物种利用同一资源或共同占有某一资源因素(食物、营养成分、空间等)时,就会出现生态位重叠现象(niche overlap)。Colwell 等(1971)和 Abrams(1980)将生态位重叠定义为两个种对一定资源状态的共同利用程度;Hurlbert(1978)认为生态位重叠是两个种在同一资源状态上的相遇频率;王刚等(1984)将生态位定义为两个种在其生态因子联系上的相似性。

第二节　生态位指数计算

一、生态位宽度

生态位测度包括两方面内容,即生态位宽度和生态位重叠值。它们是基于种群在一系列资源状态中的分布数据。首先列出资源矩阵(表 7.1),矩阵中的 x_{ij} 表示第 i 个种在第 j 个资源状态下的个体数或者种 i 对第 j 个资源状态的利用量;m 为总种数($i=1$,$2,\cdots,m$),n 为资源状态数($j=1,2,\cdots,n$)。

表 7.1　生态位测度资源矩阵

种　　类	资源状态(样点)				
	1	2	3	$\cdots$	n
1	x_{11}	x_{12}	x_{13}	$\cdots$	x_{1n}
2	x_{21}	x_{22}	x_{23}	$\cdots$	x_{2n}
3	x_{31}	x_{32}	x_{33}	$\cdots$	x_{3n}
$\cdots$	$\cdots$	$\cdots$	$\cdots$	x_{ij}	$\cdots$
m	x_{m1}	x_{m2}	x_{m3}		x_{mn}

不同学者分别提出了关于生态位宽度和生态位重叠值的测定指数(李契等,2003)。下面是 3 种常用的生态位宽度计算公式(张金屯,1995)。

1. Levins 指数

$$B_i = \frac{1}{\sum\limits_{j=1}^{n} P_{ij}^2}, \quad P_{ij} = \frac{x_{ij}}{\sum\limits_{j=1}^{n} x_{ij}} \tag{7.1}$$

修正的 Levins 生态位指数

$$B_i' = \frac{1}{n \times \sum\limits_{j=1}^{n} P_{ij}^2} \tag{7.2}$$

B_i 为 i 的生态位宽度;P_{ij} 为种 i 在第 j 个资源状态下的个体数占该种所有资源状态下所有个体数指标的比例。B_i 的值为 $1\sim n$,而 B_i' 的值为 $0\sim 1$。也可以用盖度、多度、生物量、等指标。

2. Shannon-Wiener 指数

$$B_i = -\sum_{j=1}^{n} (P_{ij} \ln P_{ij}) \tag{7.3}$$

该指数以 Shannon-Wiener 信息公式为基础。以上的指数 B_i 值越大,说明生态位越宽。当一个种的个体以相等的数目利用每一资源状态时,B_i 最大,即该种具有最宽的生态位;当种 i 的所有个体都集中在某一个资源状态下时,B_i 最小,该种具有最窄的生态位。

3. Smith 指数

Smith 在 1982 年提出的生态位宽度指数,允许考虑资源的可利用性,即

$$B_i = \sum_{j=1}^{n} \sqrt{P_{ij} a_j} \tag{7.4}$$

式中,a_j 是第 j 个资源状态下的资源占总资源的比例。适合实验控制条件下生态位宽度

的计测。

二、生态位重叠值

1. Levins 重叠指数

$$O_{ik} = \frac{\sum_{j=1}^{n} (P_{ij}P_{kj})}{\sum_{j=1}^{n} (P_{ij})^2} \tag{7.5}$$

式中,O_{ik}代表种i的资源利用曲线与种k的资源利用曲线的重叠指数,该指数与种i的生态位宽度有关,且O_{ik}和O_{ki}的值是不同的。当种i和种k在所有资源状态中的分布完全相同时,O_{ik}最大,其值为1,表明两个物种生态位完全重叠。相反,当两个种不具有共同资源状态时,它们的生态位完全不重叠,即$O_{ik} = 0$。

2. Schoener 重叠指数

$$O_{ik} = 1 - \frac{1}{2} \sum_{j=1}^{n} |P_{ij} - P_{kj}| \tag{7.6}$$

式中,$0 \leqslant O_{ik} \leqslant 1$。

3. Petraitis 特定重叠指数

$$O_{ik} = e^{E_{ik}} \tag{7.7}$$

式中,E_{ik}的计算公式为

$$E_{ik} = \sum_{j=1}^{n} (P_{ij} \ln P_{kj}) - \sum_{j=1}^{n} (P_{ij} \ln P_{ij})$$

Petraitis 重叠指数要求两个种(i和k)在每一资源状态中都要出现,因为如果一个种对某一资源状态的利用为0,即$P_{ij} = 0$,则式(7.7)没有意义。所以,该指数适合实验研究中,指数值介于0和1之间的情况。

4. Pianka 重叠指数

$$O_{ik} = \frac{\sum_{j=1}^{n} P_{ij}P_{kj}}{\sqrt{\sum_{j=1}^{n} P_{ij} \sum_{j=1}^{n} P_{kj}^2}} \tag{7.8}$$

Pianka 指数的值也介于0和1之间。

5. 王刚的生态位重叠指数

王刚等(1984)将生态位重叠值定义为两个物种在其生态因子联系上的相似性。他提出的公式引入了生态因子间隔,消除了因资源位划分的不均匀性而造成的计测重叠时的误差。在计算生态因子间隔时,王刚等建议以群落梯度代替生态因子梯度,以便使此公式具有实际的应用价值。郭水良等(1998)对农田杂草生态位研究的结果,进一步确认了这一方法的合理性。具体步骤如下。

(1) 用样点中植物的生态重要值作为指标,以样点为对象,用夹角余弦法(或其他相似性测度公式)计算样点间的群落相似系数,以此为样点间生态条件的相似性测度,构建相似系数矩阵。

(2) 计算每个样点与其他所有样点的相异系数总值,以具有最大相异系数总值的样点作为始端样点,根据与始端样点的相似系数大小,对其余样点进行排列,使重新排列后的样点序列具有生态梯度变化特点。

(3) 按式(7.9)计算出各样点与始端样点的生态距离。

$$D_j = \frac{-\lg Z_j}{\lg 2} \tag{7.9}$$

式中,D_j 为第 j 样点与始端样点的生态距离;Z_j 为第 j 样点与始端样点的相似系数。

(4) 以各样点与始端样点的生态距离为基础,按式(7.10)计算样点间的生态距离间隔。

$$l^j = D_j - D_{j-1} \tag{7.10}$$

(5) 以生态距离间隔作为生态位重叠值计算公式的加权因子,按式(7.11)计算物种之间的生态位重叠值,即

$$N.O._{i,i-1} = \frac{\sum_{j=1}^{n} \min[f_i(X^j), f_{i-1}(X^j)] l^j}{\max\left[\sum_{j=1}^{n} f_i(X^j), f_{i-1}(X^j) l^j\right]} \tag{7.11}$$

式中,$N.O._{i,i-1}$ 为第 i, $i-1$ 两物种间的生态位重叠值,n 为样点数,$f_i(X^j)$、$f_{i-1}(X^j)$ 分别为第 i, $i-1$ 两个物种在第 j 个样点中的个体数(或盖度、生物量、多度等其他生态学指标),$i = 1, 2, 3, \cdots, m$,l^j 为第 j 个样点的生态距离间隔。

6. 生态位重叠值的图形表达

生态位反映了植物种类在群落的地位和在生态环境因子联系上的相似性。人们在计测生物种间生态位重叠值后,一般以矩阵形式来表示不同种间的生态位重叠值。郭水良提出了以生态位重叠值为指标,应用极点排序、主坐标排序和图论聚类分析中的最小生成树法,直观地反映出种间生态学相似关系。在比较多种植物的生态学特性时,由于生态位重叠值反映了植物对环境资源利用的相似性,故以植物种类之间的生态位重叠值为指标,运用极点排序、主坐标排序的方法能使植物种类间的这种生态学关系以几何的形式表达出来,并且根据植物在排序图上的位置对它们进行生态学意义上的分类。最小生成树法直接以植物种间生态位重叠值作为依据,其结果侧重于表明哪些植物具有最为相近的生态要求,但图形中对不相邻的植物并没有明确表明它们间的生态关系。排序方法虽然从整体上反映了所有杂草间的生态学相似关系,但是排序通过数据变换,其几何图形会丧失原来数据的部分信息,因此,两种方法结合起来,具有互补的作用。

　　具体计算时,可以生态位重叠矩阵(实际上是一种相似矩阵)为基础,将其转换成相异性矩阵,便能够应用极点排序、最小生成树法的一般方法进行分析,也可直接以生态位重叠矩阵为基础,进行主坐标排序分析(郭水良等,1998,2001)。最小生成树、极点排序方法详见后面章节。

　　P-4程序用于计算王刚的生态位重叠值,并给出了基于生态位重叠值的主坐标排序、最小生成树和聚类分析结果。

```
CLS
REM P-4: WANG'S NICHE OVERLAP PROGRAM
PRINT "INPUT SPECIES NUMBER";: INPUT M
PRINT "INPUT SITE NUMBER";: INPUT N
PRINT
IF M>N THEN M1 = M ELSE M1 = N
DIM X(M1, M1), R(M1, M1), RX(M1, M1), S(M1), Z(M1), T(M1), D(M1), O(M1)
DIM G(M1), B(M1, M1), U(M1, M1), Y(M1, M1), S1(M1)
DIM DH(M1, M1), SS(M1, M1), SS1(M1), SS2(M1), E(M1), SS3(M1), A(M1, M1)
DIM B8(M1, M1), Y3(M1, M1), L(M1), N(2 * M1), SD(2 * M1, 2 * M1)
GOSUB 14
OPEN "C:\QB\RESULT. TXT" FOR OUTPUT AS #1
PRINT #1, "SPECIES NUMBER"; M
PRINT #1, "SITE NUMBER"; N
PRINT "ORIGINAL DATA MATRIX": PRINT
PRINT: PRINT #1,
FOR I = 1 TO M: FOR J = 1 TO N
PRINT X(I, J);: PRINT #1, X(I, J);
NEXT J: PRINT: PRINT #1, : NEXT I
PRINT: PRINT #1,
FOR I = 1 TO M: FOR J = 1 TO N
IF X(I, J) = 0 THEN X(I, J) = .0001
NEXT J: NEXT I
GOSUB 40
GOSUB 265
GOSUB 620
GOSUB 1000
GOSUB 2000
GOSUB 3000
END
14 REM INPUT DATA MATRIX
16 OPEN "C:\QB\DATA. CSV" FOR INPUT AS #1
18 FOR I = 1 TO M: FOR J = 1 TO N
20 INPUT #1, X(I, J)
24 NEXT J: NEXT I
```

```
26 CLOSE
36 RETURN
40 REM ECOLOGICAL DISTANCE AND DISTANCE INTERVAL
42 FOR I = 1 TO N: G(I) = 0: FOR J = 1 TO N
44 W = 0: Z = 0: T = 0
46 FOR K = 1 TO M
48 X1I = X(K, I): X1J = X(K, J)
50 W = W + X1I * X1J: Z = Z + X1I * X1I
52 T = T + X1J * X1J
54 NEXT K
56 LET H = SQR(Z * T)
58 LET R(I, J) = W / H: RX(I, J) = W / H: RX(J, I) = RX(I, J)
60 LET R(J, I) = R(I, J)
62 LET G(I) = G(I) + R(J, I)
64 NEXT J
66 NEXT I
68 A = G(1)
70 FOR I = 2 TO N
72 IF G(I)>A THEN 76
74 A = G(I)
76 NEXT I
78 FOR I = 1 TO N
80 IF G(I) = A THEN Q = I
85 NEXT I
90 PRINT "THE POLAR SITE IS"; Q
PRINT #1, "THE POLAR SITE IS"; Q
95 FOR I = 1 TO N: FOR J = 1 TO N
100 IF I = Q THEN 110
105 GOTO 160
110 P = J
115 FOR U = J + 1 TO N
120 IF R(I, P)<R(I, U) THEN P = U
125 NEXT U
130 IF P <> J THEN K = R(I, J): R(I, J) = R(I, P): R(I, P) = K
135 FOR C = 1 TO M
140 C1 = X(C, J): X(C, J) = X(C, P): X(C, P) = C1: NEXT C
145 IF J = 1 THEN 155
150 LET Z(J) = R(I, J)
155 NEXT J
160 NEXT I
165 PRINT: PRINT #1,
170 PRINT N; "SITE ECOLOGICAL DISTANCE ARE "
```

```
PRINT #1, N; "SITE ECOLOGICAL DISTANCE ARE "
175 PRINT: PRINT #1,
180 Z(1) = 1
185 FOR I = 1 TO N
190 PRINT "T("; I; ") = ";: PRINT #1, "T("; I; ") = ";
200 LET T(I) = (LOG(1) - LOG(Z(I))) / LOG(2)
205 PRINT INT(T(I) * 10000 + .5) / 10000; "   "
PRINT #1, INT(T(I) * 10000 + .5) / 10000; "   "
210 NEXT I
215 PRINT: PRINT #1,
220 PRINT N; "SITE ECOLOGICAL DISTANCE INTERVAL ARE "
PRINT #1, N; "SITE ECOLOGICAL DISTANCE INTERVAL ARE "
225 PRINT: PRINT #1,
230 D(1) = T(2) - T(1)
235 PRINT "D(1) = "; INT(D(1) * 10000 + .5) / 10000; "     "
PRINT #1, "D(1) = "; INT(D(1) * 10000 + .5) / 10000; "     "
240 FOR I = 2 TO N
245 D(I) = T(I) - T(I - 1)
250 PRINT "D("; I; ") = "; INT(D(I) * 10000 + .5) / 10000; "      "
PRINT #1, "D("; I; ") = "; INT(D(I) * 10000 + .5) / 10000; "      "
255 NEXT I
260 PRINT: PRINT #1,
262 RETURN
265 REM CALCULATE NICHE OVERLAP
267 PRINT M; "SPECIES NICHE OVERLAP ARE: "
PRINT #1, M; "SPECIES NICHE OVERLAP ARE: "
270 PRINT: PRINT #1,
280 FOR I = 1 TO M: FOR J = 1 TO M
300 W1 = 0
310 FOR K = 1 TO N
320 XI = X(I, K): XJ = X(J, K)
340 IF XI>XJ THEN 370
350 A = XI
360 GOTO 380
370 A = XJ
380 A = A * D(K): W1 = W1 + A
400 NEXT K
410 WI = 0: WJ = 0
430 FOR K = 1 TO N
440 XI = X(I, K): XJ = X(J, K)
460 WI = WI + XI * D(K): WJ = WJ + XJ * D(K)
480 NEXT K
```

```
490 IF WI>WJ THEN 520
500 AA = WJ
510 GOTO 530
520 AA = WI
530 H = W1 / AA：B(I, J) = H
550 B(J, I) = B(I, J)
560 NEXT J：NEXT I
580 FOR I = 1 TO M
PRINT I；
PRINT ♯1, I；
FOR J = 1 TO M
600 PRINT INT(B(I, J) * 10000 + .5) / 10000；
PRINT ♯1, INT(B(I, J) * 10000 + .5) / 10000；
610 NEXT J：PRINT：PRINT ♯1, ：NEXT I
615 RETURN
620 REM FOR ORDINATION AND MINIMAL SPANNING TREE
625 FOR I = 1 TO M：FOR J = 1 TO M
630 DH(I, J) = 1 - B(I, J)：B8(I, J) = 1 - B(I, J)
635 NEXT J：NEXT I
640 RETURN
1000 REM MINIMAL SPANNING TREE
1005 PRINT "MST BASED ON NICHE OVERLAP"：PRINT ♯1, "MINIMAL SPANNING TREE
BASED ON NICHE OVERLAP"
1120 MIN = B8(1, 2)
1125 MAX = 0
1130 FOR I = 1 TO M - 1
1135 FOR J = I + 1 TO M
1140 IF B8(I, J)>MIN THEN 1160
1145 MIN = B8(I, J)
1150 N1 = I：N2 = J
1160 IF B8(I, J)<MAX THEN 1170
1165 MAX = B8(I, J)
1170 NEXT J：NEXT I
1180 Y3(1, 1) = N1
1185 Y3(1, 2) = N2
1190 L(1) = MIN
1195 B8(N1, N2) = MAX
1200 B8(N2, N1) = MAX
1205 PRINT "NO.", "                  ", "DISTANCE"；" NICHE OVERLAP"
1210 PRINT 1, "SPECIES("; N1; ")--SPECIES("; N2; ")"；
1212 PRINT INT(L(1) * 10000 + .5) / 10000；1 - INT(L(1) * 10000 + .5) / 10000
PRINT ♯1, "NO.", "       DISTANCE              "；" NICHE OVERLAP"
```

```
PRINT #1, 1, "SPECIES("; N1; ") - - SPECIES("; N2; ");";
PRINT #1, INT(L(1) * 10000 + .5) / 10000; 1 - INT(L(1) * 10000 + .5) / 10000
1215 SL = L(1)
1220 FOR I = 2 TO M - 1
1225 MIN = MAX
1230 FOR J = 1 TO I
1235 FOR K = 1 TO M
1240 IF K = Y3(I - 1, J) THEN 1265
1245 IF B8(Y3(I - 1, J), K) > MIN THEN 1265
1250 MIN = B8(Y3(I - 1, J), K)
1255 S = K
1260 R = Y3(I - 1, J)
1265 NEXT K
1270 Y3(I, J) = Y3(I - 1, J)
1275 NEXT J
1280 Y3(I, I + 1) = S
1285 FOR K = 1 TO I + 1; FOR J = 1 TO I + 1
1295 B8(Y3(I, K), Y3(I, J)) = MAX
1300 NEXT J; NEXT K
1302 L(I) = INT(MIN * 10000 + .5) / 10000
1304 PRINT I,
1308 PRINT "SPECIES("; R; ") - - SPECIES("; S; ");";
1312 PRINT L(I); 1 - L(I)
PRINT #1, I,
PRINT #1, "SPECIES("; R; ") - - SPECIES("; S; ");";
PRINT #1, L(I); 1 - L(I)
1316 SL = SL + L(I)
1318 NEXT I
1320 PRINT "SL(SUM OF LENGTHS) = "; SL
1324 PRINT "ML(MEAN OF LENGTHS) = "; SL / (M - 1)
1328 PRINT; PRINT
PRINT #1, "SL(SUM OF LENGTHS) = "; SL
PRINT #1, "ML(MEAN OF LENGTHS) = "; SL / (M - 1)
PRINT #1, ; PRINT
1330 RETURN
2000 REM THE PROGRAM FOR PRINCIPAL COORDINATE ANALYSIS
2006 REM PRINCIPA; ARES ANALYSIS (PAA)
2009 PRINT "THE RESULT OF ORDINATION BASED ON PAA"
PRINT #1, "THE RESULT OF ORDINATION BASED ON PAA"
PRINT #1,
2025 FOR I = 1 TO M
2030 FOR J = 1 TO M
```

```
2040 DH(I, J) = DH(I, J) * DH(I, J)
2042   NEXT J
2044   NEXT I
2055 S = 0
2060 FOR I = 1 TO M
2065 SS1(I) = 0
2070 SS2(I) = 0
2075 FOR J = 1 TO M
2080 SS1(I) = SS1(I) + DH(I, J)
2085 SS2(I) = SS2(I) + DH(J, I)
2090 NEXT J
2095 S = S + SS1(I)
2100 NEXT I
2105 FOR I = 1 TO M
2110 FOR J = 1 TO M
2115 A = DH(I, J) / (-2)
2120 B = SS1(J) / (2 * M)
2125 C = SS2(I) / (2 * M)
2130 D = S / (2 * M * M)
2135 SS(I, J) = A + B + C - D
2140 NEXT J
2145 NEXT I
2150 FOR I = 1 TO M
2155 FOR J = 1 TO M
2160 IF I = J THEN 2175
2165 A(I, J) = 0
2170 GOTO 2180
2175 A(I, J) = 1
2180 NEXT J
2185 NEXT I
2190 R = .00001
2195 FOR J = 2 TO M
2200 FOR I = 1 TO J - 1
2205 I1 = I1 + 2 * SS(I, J) * SS(I, J)
2210 NEXT I
2215 NEXT J
2220 N1 = SQR(I1)
2225 N2 = (R / M) * N1
2230 T = N1
2235 T = T / M
2240 FOR Q = 2 TO M
2245 FOR P = 1 TO Q - 1
```

```
2250 IF ABS(SS(P, Q))< = T THEN 2405
2255 I2 = 1
2260 V1 = SS(P, P)
2265 V2 = SS(P, Q)
2270 V3 = SS(Q, Q)
2275 M2 = (V1 - V3) * .5
2280 IF M2 <> 0 THEN 2295
2285 W = - 1
2290 GOTO 2300
2295 W = - SGN(M2) * V2 / SQR(V2 * V2 + M2 * M2)
2300 T1 = W / SQR(2 * (1 + SQR(1 - W * W)))
2305 T2 = T1 * T1
2310 C1 = SQR(1 - T2)
2315 C2 = C1 * C1
2320 T3 = T1 * C1
2325 FOR I = 1 TO M
2330 I1 = SS(I, P) * C1 - SS(I, Q) * T1
2335 SS(I, Q) = SS(I, P) * T1 + SS(I, Q) * C1
2340 SS(I, P) = I1
2345 I1 = A(I, P) * C1 - A(I, Q) * T1
2350 A(I, Q) = A(I, P) * T1 + A(I, Q) * C1
2355 A(I, P) = I1
2360 NEXT I
2365 FOR I = 1 TO M
2370 SS(P, I) = SS(I, P)
2375 SS(Q, I) = SS(I, Q)
2380 NEXT I
2385 SS(P, P) = V1 * C2 + V3 * T2 - 2 * V2 * T3
2390 SS(Q, Q) = V1 * T2 + V3 * C2 + 2 * V2 * T3
2395 SS(P, Q) = (C2 - T2) * V2 + T3 * (V1 - V3)
2400 SS(Q, P) = SS(P, Q)
2405 NEXT P
2410 NEXT Q
2415 IF I2 <> 1 THEN 2430
2420 I2 = 0
2425 GOTO 2240
2430 IF T>N2 THEN 2235
2435 FOR K = 1 TO M
2440 MAX = - 1
2445 FOR I = 1 TO M
2450 IF SS(I, I)<MAX THEN 2465
2455 MAX = SS(I, I)
```

```
2460 E(K) = I
2465 NEXT I
2470 SS1(K) = SS(E(K), E(K))
2475 SS(E(K), E(K)) = - 1
2476 NEXT K
2478 FOR K = 1 TO M
2480 FOR J = 1 TO M
2482 SS(J, K) = A(J, E(K))
2484 NEXT J
2486 NEXT K
2488 FOR K = 1 TO M
2490 FOR J = 1 TO M
2495 A(J, K) = SS(J, K)
2500 NEXT J
2505 NEXT K
2510 S = 0
2515 FOR I = 1 TO M
2520 S = S + SS1(I)
2525 NEXT I
2530 FOR I = 1 TO M
2535 SS2(I) = SS1(I) / S
2540 SS3(I) = SS3(I - 1) + SS2(I)
2545 NEXT I
2550 PRINT "NO.", "ELGENVALUES", "I(K)%"; "SUM(I(K)%)"
     PRINT ♯1, "NO.", "ELGENVALUES", "I(K)%"; "SUM(I(K)%)"
2555 FOR I = 1 TO M
2560 PRINT I,
2565 PRINT INT(SS1(I) * 10000 + .5) / 10000,
2570 PRINT INT(SS2(I) * 10000 + .5) / 100,
2575 PRINT INT(SS3(I) * 10000 + .5) / 100
     PRINT ♯1, I,
     PRINT ♯1, INT(SS1(I) * 10000 + .5) / 10000,
     PRINT ♯1, INT(SS2(I) * 10000 + .5) / 100,
     PRINT ♯1, INT(SS3(I) * 10000 + .5) / 100
2580 NEXT I
2585 PRINT "D(DEMENSIONS OF ORDINATION) = "
     PRINT ♯1, "D(DEMENSIONS OF ORDINATION) = "
2590 INPUT D
     PRINT "NO.", ; PRINT ♯1, "NO",
2605 FOR I = 1 TO D
2610 PRINT "P.A.("; I; ")",
     PRINT ♯1, "P.A.("; I; ")",
```

```
2615 NEXT I
2620 PRINT
PRINT ♯1,
2625 FOR J = 1 TO M
2630 PRINT J,
PRINT ♯1, J,
2635 FOR I = 1 TO D
2640 SS(J, I) = SQR(SS1(I)) * A(J, I)
2645 PRINT INT(SS(J, I) * 10000 + .5) / 1000,
PRINT ♯1, INT(SS(J, I) * 10000 + .5) / 1000,
2650 NEXT I
2655 PRINT
PRINT ♯1,
2660 NEXT J
2700 RETURN
3000 REM CLUSTER BASED ON NICHE OVERLAP
3010 FOR I = 1 TO M
3020 FOR J = 1 TO M
3030 SD(I, J) = B(I, J)
3040 NEXT J
3050 NEXT I
3060 PRINT " SEVEN CLUSTERING STRATEGIES"; PRINT ♯1, " SEVEN CLUSTERING
STRATEGIES"
3065 PRINT "1. SINGLE LINKAGE METHOD"; PRINT ♯1, "1. SINGLE LINKAGE METHOD"
3070 PRINT " 2. COMPLETE LINKAGE METHOD"; PRINT ♯1, " 2. COMPLETE LINKAGE
METHOD"
3075 PRINT "3. CENTROID METHOD"; PRINT ♯1, "3. CENTROID METHOD"
3080 PRINT "4. MEDLAN METHOD"; PRINT ♯1, "4. MEDLAN METHOD"
3085 PRINT "5. UPGMA"; PRINT ♯1, "5. UPGMA"
3090 PRINT "6. WPGMA"; PRINT ♯1, "6. WPGMA"
3095 PRINT "7. WARD'S METHOD"; PRINT ♯1, "7. WARD'S METHOD"
3100 PRINT "X(ONE OF STRATEGIES) = ";; PRINT ♯1, "X(ONE OF STRATEGIES) = ";
3105 INPUT X; PRINT ♯1,
3110 PRINT "THE CLUSTERING RESULT;"; PRINT ♯1, "THE CLUSTERING RESULT;"
3115 MIN = SD(1, 2)
3120 FOR I = 1 TO M - 1
3125 FOR J = I + 1 TO M
3130 IF SD(I, J)>MIN THEN 3140
3135 MIN = SD(I, J)
3140 NEXT J
3145 N(I) = 1
3150 NEXT I
```

```
3155 IF MIN<0 THEN 3200
3190 MIN = - M * MIN
3195 GOTO 3205
3200 MIN = M * MIN
3205 FOR K = 1 TO M - 1
3210 MAX = MIN
3215 FOR I = 1 TO M + K - 2
3220 FOR J = I + 1 TO M + K - 1
3225 IF SD(I, J)<MAX THEN 3245
3230 MAX = SD(I, J)
3235 P = I
3240 Q = J
3245 NEXT J
3250 NEXT I
3255 PRINT K,
3258 PRINT ♯1, K,
3260 PRINT "OUT("; K + M; ") = (OUT("; P; ");OUT("; Q; "))",
3262 PRINT ♯1, "OUT("; K + M; ") = (OUT("; P; ");OUT("; Q; "))",
3265 PRINT "MAX("; K; ") = ";
3266 PRINT ♯1, "MAX("; K; ") = ";
3268 PRINT INT(MAX * 10000 + .5) / 10000
3269 PRINT ♯1, INT(MAX * 10000 + .5) / 10000
3270 N(M + K) = N(P) + N(Q)
3275 IF X <> 1 THEN 3305
3280 A = 1 / 2
3285 B = 1 / 2
3290 C = 0
3295 D = - 1 / 2
3300 GOTO 3460
3305 IF X <> 2 THEN 3335
3310 A = 1 / 2
3320 C = 0
3325 D = 1 / 2
3330 GOTO 3460
3335 IF X <> 3 THEN 3365
3340 A = N(P) / (N(P) + N(Q))
3345 B = N(Q) / (N(P) + N(Q))
3350 C = - N(P) * N(Q) / (N(P) * N(P) + N(Q) * N(Q))
3355 D = 0
3360 GOTO 3460
3365 IF X <> 4 THEN 3395
3370 A = 1 / 2
3375 B = 1 / 2
```

```
3380 C = - 1 / 4
3385 D = 0
3390 GOTO 3460
3395 IF X <> 5 THEN 3425
3400 A = N(P) / (N(P) + N(Q))
3405 B = N(Q) / (N(P) + N(Q))
3410 C = 0
3415 D = 0
3420 GOTO 3460
3425 IF X <> 6 THEN 3455
3430 A = 1 / 2
3435 B = 1 / 2
3440 C = 0
3445 D = 0
3450 GOTO 3460
3455 IF X <> 7 THEN 3060
3460 FOR I = 1 TO M + K - 1
3465 IF X = 7 THEN 3505
3470 T1 = SD(P, I)
3475 T2 = SD(Q, I)
3480 T3 = MAX
3485 T4 = ABS(SD(P, I) - SD(Q, I))
3490 SD(M + K, I) = A * T1 + B * T2 + C * T3 + D * T4
3495 SD(I, M + K) = SD(M + K, I)
3500 GOTO 3530
3505 A = (N(I) + N(P)) / (N(I) + N(P) + N(Q))
3510 B = (N(I) + N(Q)) / (N(I) + N(P) + N(Q))
3515 C = - N(I) / (N(I) + N(P) + N(Q))
3520 D = 0
7225 GOTO 3470
3530 NEXT I
3535 FOR I = 1 TO M + K
3540 SD(I, P) = MIN
3545 SD(P, I) = MIN
3550 SD(Q, I) = MIN
3555 SD(I, Q) = MIN
3560 NEXT I
3565 NEXT K
3570 RETURN
```

以表3.2的模拟数据为例,按王氏生态位重叠公式计算,得到如下结果。

species number 5

site number 10

11	22	33	44	55	66	77	88	99	100
21	32	43	54	65	76	87	98	109	10
91	82	73	54	45	36	27	18	19	310
41	52	63	74	85	96	107	98	89	210
91	72	63	54	45	36	27	48	59	60

the polar site is 1

10 site ecological distance are

$T(1) = 0$

$T(2) = .0294$

$T(3) = .1056$

$T(4) = .2677$

$T(5) = .3035$

$T(6) = .4519$

$T(7) = .6651$

$T(8) = .8282$

$T(9) = .8538$

$T(10) = .8959$

10 site ecological distance interval are

$D(1) = .0294$

$D(2) = .0294$

$D(3) = .0762$

$D(4) = .1622$

$D(5) = .0358$

$D(6) = .1484$

$D(7) = .2131$

$D(8) = .1631$

$D(9) = .0256$

$D(10) = .0421$

5 species niche overlap are:

1	1	.8605	.5725	.6912	.6734
2	.8605	1	.5176	.7407	.632
3	.5725	.5176	1	.5248	.798
4	.6912	.7407	.5248	1	.5483
5	.6734	.632	.798	.5483	1

MINIMAL SPANNING TREE BASED ON NICHE OVERLAP

no.	distance	niche overlap
1	species(1) − − species(2): .1395	.8605
2	species(2) − − species(4): .2593	.7407
3	species(1) − − species(5): .3266	.6734
4	species(5) − − species(3): .202	.798

SL(SUM OF LENGTHS) = .9274317

ML(MEAN OF LENGTHS) = .2318579

the result of ordination based on PAA

NO.	ELGENVALUES	I(K)%	SUM(i(K)%)'
1	.1879	71.7	71.7
2	.0603	23	94.7
3	.012	4.59	99.29
4	.0019	.71	100
5	0	0	100

D(DEMENSIONS OF ORDINATION)=

No.	P.A.(1)	P.A.(2)	P.A.(3)
1	−1.062	−1.081	.727
2	−1.747	−.767	−.368
3	2.761	.773	.382
4	−1.845	1.781	−.127
5	1.892	−.707	−.613

SEVEN CLUSTERING STRATEGIES

1. SINGLE LINKAGE METHOD

2. COMPLETE LINKAGE METHOD

3. CENTROID METHOD

4. MEDLAN METHOD

5. UPGMA

6. WPGMA

7. Ward's method

X(ONE OF STRATEGIES)=

THE CLUSTERING RESULT；

1	OUT(6)=(OUT(1)；OUT(2))	MAX(1)=.8605
2	OUT(7)=(OUT(3)；OUT(5))	MAX(2)=.798
3	OUT(8)=(OUT(4)；OUT(6))	MAX(3)=.6678
4	OUT(9)=(OUT(7)；OUT(8))	MAX(4)=.2903

结果中,"D(DIMENSIONS OF ORDINATION)="显示了基于生态位重叠值的5种植物在三维空间排序图上的坐标值,如图7.1所示。

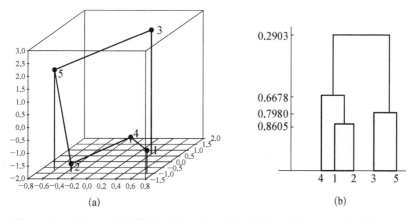

(a)　(b)

图7.1　基于生态位重叠值的5种植物排序图、最小生成树(a)和系统聚类图(b)

郭水良等(2001)测定了长白山主要生态系统中 41 个样点、42 种主要地面藓类植物(表 7.2)的生态重要值(表 7.3)。

表 7.2 长白山主要生态系统中 41 个样点、42 种主要地面藓类植物

种 名	拉 丁 名	种 名	拉 丁 名
1 白齿泥炭藓	*Sphagnum girgensohnii* Russ.	22 羽藓	*Thuidium cymbifolium*（Doz. et Molk.）Bosch. et Lac.
2 毛壁泥炭藓	*Sphagnum imbricatum*（Hornsch.）Russ.	23 草黄湿原藓	*Calliergon stramineum*（Brid.）Kindb.
3 垂枝泥炭藓	*Sphagnum jensenii* Lindb.	24 钩枝镰刀藓	*Drepanocladus uncinatus*（Hedw.）Warnst.
4 中位泥炭藓	*Sphagnum magellanicum* Brid.	25 美喙藓	*Eurhynchium eustegium*（Besch.）Dix.
5 粗叶泥炭藓	*Sphagnum squarrosum* Pers.	26 小青藓	*Brachythecium pygmaeum* Tak.
6 拟白发藓	*Paraleucobryum enerve*（Thed.）Loesk.	27 毛青藓	*Tomentohypnum nitens* Loesk.
7 角齿藓	*Ceratodon purpureus*（Hedw.）Brid.	28 赤茎藓	*Pleurozium schreberi*（Brid.）Mitt.
8 长叶曲尾藓	*Dicranum elongatum* Schleich. ex Schwaegr.	29 拟金发藓	*Polytrichastrum formosum* Hedw.
9 格陵兰曲尾藓	*Dicranum groenlandicum* Brid.	30 毛梳藓	*Ptilium crista-castrens*（Hedw.）De Not.
10 东亚曲尾藓	*Dicranum japonicum* Mitt.	31 塔藓	*Hylocomium splendens*（Hedw.）B. S. G.
11 细叶曲尾藓	*Dicranum muehlenbeckii* B. S. G.	32 星塔藓	*Hylocomiastrum pyrenaicum*（Spruc.）Fl. ex Broth.
12 波叶曲尾藓	*Dicranum polysetum* Sw.	33 仰叶星塔藓	*Hylocomiastrum umbratum*（Hedw.）Fleisch.
13 丛枝砂藓	*Rhacomitrium fasciculare*（Hedw.）Brid.	34 垂枝藓	*Rhytidium rugosum*（Hedw.）Kindb.
14 东亚砂藓	*Rhacomitrium japonicum*	35 拟垂枝藓	*Rhytidiadelphus triquetrus*（Hedw.）Warnst.
15 长毛砂藓	*Rhacomitrium lanuginosum*（Hedw.）Brid.	36 羽状拟垂枝藓	*Rhytidiadelphus subpinnatus*（Lind.）Kop.
16 高山真藓	*Bryum alpinum* With.	37 高山异发藓短叶变种	*Polytrichastrum alpinum* var. *brevifolium*（R. Br.）Brid.
17 沼泽皱缩藓	*Aulacomnium palustre*（Hedw.）Schwegr.	38 疣小金发藓	*Pogonatum urnigerum*（Hedw.）Beauv.
18 大皱缩藓	*Aulacomnium turgidum*（Wahl.）Schwaegr.	39 大金发藓	*Polytrichum commune* Hedw.
19 树藓	*Pleuroziopsis ruthenica*（Weinm.）Kindb.	40 球蒴金发藓	*Polytrichum sphaerothecium*（Besch.）C. Mull.
20 山羽藓	*Abietinella abietina*（Hedw.）Fleisch.	41 直叶金发藓	*Polytrichum juniperinum* var. *strictum* Sm.
21 沼羽藓	*Helodium blandowii*（Web. et Mohr.）Warnst.	42 桧叶金发藓高山变种	*Polytrichum juniperinum* var. *alpinum* Schimp.

以表 7.3 的数据为基础,应用式(7.11)得到了 42 种藓类植物的生态位重叠值(表 7.4),以此为指标,分别应用主坐标排序、图论聚类及系统聚类分析方法,作出了反映 42 种地面藓类的种间生态关系的二维投影图(图 7.2)、最小生成树(图 7.3)和动态聚类图(图 7.4)。

表 7.3　长白山主要生态系统中 42 种藓类在 41 个样点中的盖度（1～21 样点）

种类	样点																				
	1	2	3	4	5	6	7	8	9	10	11	12	13	14	15	16	17	18	19	20	21
1	0	0	0	5.09	50.26	16.48	0	0	0	0	0	0	0	0	0	0	0	0	0	0	0
2	0	0	0	0	0	0	0	0	0	0	0	0	0	0	0	0	0	0	0	0	0
3	0	0	0	0	0	0	0	0	0	0	0	0	0	0	0	0	0	0	0	0	0
4	0	0	0	0	0	0	0	0	0	0	0	0	0	0	0	0	0	0	0	0	0
5	0	0	0	0	0	0.16	0	0	0.54	0	2.13	0.05	0	0	0.03	0.04	0	2.22	0.15	3.03	0
6	0	0	0	0	0	4.60	0	0	4.09	3.20	0	0.02	0	0	0.14	3.35	0	0	1.56	2.78	0
7	0	0	0	0	0	0	0.03	0	0	0	2.90	0.07	0	0	0.003	0.34	0	0.40	5.28	6.09	0
8	0	0	0	0	0	0	0	0	0.04	0	4.41	0.05	0	0	0	0	0	1.45	0	0	0
9	0	0	0	0	0	0	0	0.06	0	0	0	0	0	0	0	0	0	0	0	0	0
10	0.05	0.03	0	0	0	0	0	0	0	0	0	0	0.45	0	0	0	0	0	0	0	0
11	0	0	0	0	0	0.79	0	0	1.45	0	0	0.62	0	0	0.01	0	0.33	0.28	0.63	1.11	0
12	0	0	0	0	0	0	0	0	0	0.01	0.01	0	0	0.04	0	0.01	0	0	0	0	0
13	0	0	0	0	0	0	0	0	0.10	0.05	0.07	0	0	0	0	0.04	0	0.01	1.36	0.71	0
14	0	0	0	0	0	0	0	0	2.17	0	1.16	0	0	0	0	7.58	0	1.76	0	9.58	0
15	0	0	0	0	0	0	0	0	0.03	0	0	0	0	0	0	0	0	0.02	0	0	0
16	0	0	0	0	0	0	0	0	0	0	0	0	0	0	0	0	0	0	0	0	0
17	0	0	0	0	0	0	0	0	0	0	0	0	0	0	0	0	0	0	0	0	0
18	0	0	0	2.30	3.00	27.53	3.64	1.55	0	0	7.94	0	0	0	0	0.98	0	0	3.81	2.48	0
19	4.92	5.21	0	0	0	0	0	0	0	0	0	0	15.02	0	0	0	0	0	0	0	0
20	0	0	0	0	0	0	0	0	0	0	0	0.07	0	0	0.12	0	0.11	0	0.02	0	0
21	0	0	0	0	1.84	0	1.16	0	0	0	0	0	0	0	0	0	0	0	0	0	0
22	0.05	0.18	0.31	0	0	0	0	0	0	0	0	0	0.13	0	0	0	0	0	0	0	0
23	0	0	0	0	0.26	0	0.21	0	0.03	0.03	0.58	0.23	0.45	0.11	0	0	0	0	0	0	6.88
24	0	0	0	0	0	0.08	0	0.19	0	0	0	0	0.07	0.03	0	0	0.38	0.07	1.38	0	0
25	0	0	0	0	0	0	0.01	0.36	0	0	0	0	0.31	0.04	0	0	0.004	0	0	0	36.06
26	0.06	0	0.04	0	0	1.53	0.15	75.35	0	0	0	0	0	0	0	0	0.29	0	0	0	0
27	0	0	0	0	0	1.27	0	0	0	0	0	0	0	0	0	0	0	0	0	0	0
28	0	0	0	10.28	7.63	0	42.80	3.66	0	0	0	0	0	0	0	0	2.00	0	0.38	0	0
29	0	0	0	0	0	0	0	0	0	0	0	0	0	0	0	0	0	0	0	0	0
30	0	0	0	3.58	0	0	0	0	0	0	0.37	0.02	3.55	9.07	0.11	0	1.01	0.08	0.05	0	0.06
31	24.51	23.14	1.69	68.30	0	0	0	0	0	0	0.38	0	8.03	20.44	0	0	21.16	0	0	0	0
32	0	0	0	0	0	0	0	0	0	0	0	0	0	0	0	0	0	0	0	0	0.47
33	0	0	0	0	0	0	0	0	0	0	0	0	0	0	0	0	0	0	0	0	0
34	4.06	2.51	3.14	2.11	0	0	15.60	0	0.27	1.49	3.23	25.15	15.42	0.69	0	3.25	0	0	6.39	2.22	1.72
35	0	0	0	0	0	0	0.03	0	18.70	0	0	0	0.05	0	37.06	0	0	0	0	0	0
36	0	0	0	0	0	0	0	0	0	6.05	0	0	0	0	0	0	0	0.81	0	0	0
37	0	0	0	0	0	2.18	0	0	6.25	0	0	0	0	0	0	0	0	0	0	0	0
38	0	0	0	0	0	0	0	0	0.10	0	0	0	0	0	0	0	0	0	0	0	0
39	0	0	0	0	0	0	0	0	0	0	0	0	0	0	0	0.004	0	0	0	0.02	0
40	0	0	0	0	0	0	0	0	0	0	0	0	0	0	0	0	0	0	0	0	0.22
41	0	0	0	2.45	0	5.48	0	0	0	0	0	0	0	0	0	0	0	0	0	0	6.56
42	0	0	0	0	0	0	0	0	0	0	0	0	0	0	0	0	0	0	1.77	0	0

表 7.4　长白山主要生态系统中 42 种藓类在 41 个样点中的盖度(22～41 样点)

种类	22	23	24	25	26	27	28	29	30	31	32	33	34	35	36	37	38	39	40	41
1	0	0	0	0	0	0	0	0	0	0	0	0	0	0	0	35.47	0	6.33	0.85	0
2	0	0	0	0	0	0	0	0	0	0	0	0	0	0	0	0	0	0	0	11.65
3	0	0	0	0	0	0	0	0	0	0	0	0	0	0	0	4.43	0	0	0	1.18
4	0	0	0	0	0	0	0	0	0	0	0	0	0	0	0	0	0	0	0	9.18
5	0	0	0	0	0	0	0	0	0	0	0	0	0	0	0	0	3.17	0	0	0
6	0.05	0	0	0	0	0	0	0	5.71	0	0	0	0	0	0	0	0	0	0.06	1.73
7	0	0	0	0	0	0	0	0	0	0	0	0	0	0	0	0	0	0	0	0
8	0	0	0	0	0	0	0	0	0	0	0	0	0	0.31	0	0	0	0	0	0
9	0	0	0.004	0	0	0	0	0	0	0	0	0	0	0.03	0	0	0	0	0	0
10	0	0	0	0.01	0	0	0	0	0	0	0	0	0	0	0	0	0	0	0	0
11	0	0	0	0	0	0	0	0	0	0	0.12	0	0.29	0.12	0	0	0	9.24	0.18	5.87
12	0	0	0	0	0	0	0	0	0	0	0	0	0	0	0	0	0	0	1.44	0
13	0.40	0	0	0	0	0	0	0	1.79	0	0	0	0	0	13.34	0	0	0	0	0
14	0	0	0	0	0	0	0	0	0	7.80	0	0	0	0	0	0	0	0	0	0
15	0	0	0	0	0	0	0	0	0	0	0	0	0	0	0	0	0	0	0	0
16	0	0	3.37	0	0	0	0	0	13.50	0	0	0	0	0	0	0	0	0	0	0
17	0	0	0	0	10.83	0.46	0	0	0	1.16	0	0	0	0	33.77	13.31	55.38	13.26	1.73	40.38
18	0	0	0	0	0	0	0	0	0	0.39	0	0	0	0.004	0	0	0	0	0	0
19	0	0	0	0	0	0	0	0	0	0	0	0	0	0	0	0	0	0	0	0
20	0	0	0	0	0	0	0.05	0	0	0	0	0	0	0.02	0	0	0	0	0	0.07
21	0	0	0	0	0.19	0.03	0	0.02	0	0	0	0	0	0.02	0	0	0	0	0.14	0
22	0	0	0	0	0	0	0	0	0	0	0	0	0	0	0	4.24	0	0	0	0
23	0	0	0	0	0	0	0.004	0	0	0	0	0	0	0	0	0	0	0.01	0.54	0
24	0	0.34	0.01	0.61	0.05	0.01	0	0	0	25.18	0.06	0	1.70	4.26	0.1528	0	0	0	0	0
25	0	0	0.02	0.04	0.82	0	0	0	0	0	0.55	0	0.04	0.01	0	0	0	0	0	0
26	0	0.03	0	0	0	0	1.02	0.17	0	0	1.67	0	12.04	0	0	0	0	0	0	0
27	0	0	0.02	21.67	0	0	0	0	0	0	0	0	0	0	0.01	0.36	0	1.97	0.01	8.47
28	0	0.13	0	0	0	0	0	0	0	0	0.03	3.76	3.35	2.58	17.54	1.74	16.06	37.98	7.72	0.86
29	0	0	0	0	0	0	0	0	0	0.02	0	5.11	0	0	0	0	0	0	0	0
30	0	1.91	0.01	14.43	2.15	5.95	0.04	0	0	2.54	0.03	1.82	0	15.75	0	0	0	0	1.69	0.20
31	0	33.34	7.15	34.01	0.24	0.19	4.33	7.05	0	10.38	1.52	84.22	3.34	4.66	0	0	0	2.90	61.10	0
32	0	0	0.44	0	0	0.01	9.17	2.98	0	0	2.97	0	0.19	0	0	0	0	0	0	0
33	0	0	2.64	6.36	0	0	0	0	0	0	5.69	0	0	0	0	0	0	0	0	0
34	32.57	0	0	2.01	0	13.83	14.77	0	0	0	0	0	0.77	26.82	9.12	0	6.25	0	0	0
35	0	0	5.90	0	2.70	0.39	6.16	0	0.04	0.06	0	2.68	0	0	0	0	0	0	2.78	0
36	0	0	4.88	0.12	0.17	0	0	38.87	0	0	0.02	0	0	0	0	0	0	0	0.09	0
37	0	0	0.56	0.13	0	0	0	0	0	1.21	0	0	0	0	0	0	0	0	0	0
38	0	0	0	0	0	0	0	0	35.75	0.50	0	0	0	0	0	0	0	0	0	0
39	0	0	0	0	0	0	0	0	0	0	0	0	0	0	0	0	0	0	0	0
40	0	0	0	0	0	0	0	0	0	0	0	0	0	0	0.76	13.35	8.38	3.00	0.06	11.17
41	0	0	0	0	0	0	0	0	0	0	0	0	7.69	0	0	0	0	0	2.41	2.97
42	0	0	0	0	0	0	0	0	0	0	0.57	0	0	0.12	0	0	0	0	0	0

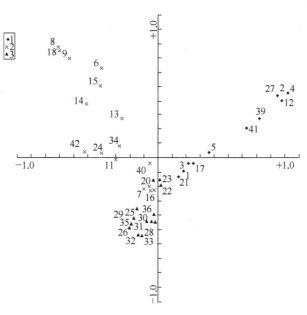

图 7.2　基于生态位重叠值的 42 种藓类种间生态关系的二维投影图

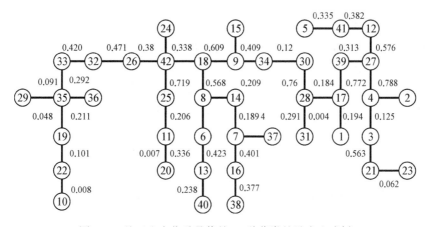

图 7.3　基于生态位重叠值的 42 种藓类的最小生成树

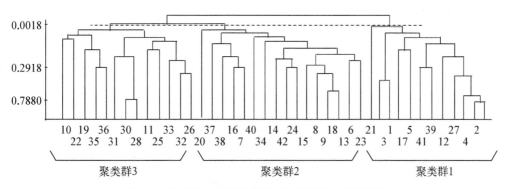

图 7.4　基于生态位重叠值的 42 种藓类动态聚类图

根据 42 种藓类在二维排序图中的位置,结合其生态分布特点,可将 42 种藓类分成如下三类。第 1 类包括白齿泥炭藓(1)、毛壁泥炭藓(2)、垂枝泥炭藓(3)、中位泥炭藓(4)、粗叶泥炭藓(5)、草黄湿原藓(23)、毛青藓(27)、波叶曲尾藓(12)、沼泽皱缩藓(17)、大金发藓(39)、沼羽藓(21)和直叶金发藓(41)12 种。这些藓类均位于落叶松——笃斯越桔沼泽地。第 2 类包括拟白发藓(6)、角齿藓(7)、长叶曲尾藓(8)、格陵兰曲尾藓(9)、细叶曲尾藓(11)、丛枝砂藓(13)、东亚砂藓(14)、长毛砂藓(15)、高山真藓(16)、大皱缩藓(18)、钩枝镰刀藓(24)、垂枝藓(34)、高山异发藓短叶变种(37)、疣小金发藓(38)、球蒴金发藓(40)和桧叶金发藓高山变种(42)等,除钩枝镰刀藓分布范围超出高山苔原,其余藓类主要位于高山苔原样点中。第 3 类包括树藓(19)、羽藓(22)、美喙藓(25)、小青藓(26)、赤茎藓(28)、拟金发藓(29)、毛梳藓(30)、塔藓(31)、星塔藓(32)、仰叶星塔藓(33)、拟垂枝藓(35)和山羽藓(20),它们主要位于云冷杉林到岳桦林及有关过渡林型林中。

长白山主要生态系统中 42 种藓类在 41 个样点中的盖度见表 7.3 和表 7.4。各种聚类分析均是以样本间的相似关系(或相异系数)为基础的,由于植物种间生态位重叠值矩阵是一个相似矩阵,所以,能够以生态位重叠值为指标,通过聚类分析的方法对植物进行生态学意义上的分类。以表 7.5 中 42 种藓类的生态位重叠值为基础,应用组平均法聚类策略,作出聚类树状图(图 7.4)。图 7.4 中明显地将 42 种藓类分成三类,与图 7.2 结果一致。

根据 Levins 公式计算得到 42 种藓类的生态位宽度见表 7.6。从表 7.6 中可以看出,塔藓(31)的生态位宽度最大,为 0.2651,表明该种具有最宽的生态适应范围。在长白山,塔藓主要分布于云冷杉林、岳桦林下,东坡落叶松林下塔藓也有较多分布,甚至在北坡的苔原带较低的海拔段,还能够见到其踪迹。生态位较宽的藓类有垂枝藓(34),为 0.1839,主要在高山苔原上,但也有分布在岳桦林下,甚至在落叶松沼泽地偶见有其分布。毛梳藓(30)、格陵兰曲尾藓(11)、沼泽皱缩藓(17)、拟垂枝藓(35)、树藓(19)、拟白发藓(6)的生态位宽度比较接近,分别为 0.1367、0.1336、0.1288、0.1278、0.1119 和 0.1093。其余种的生态位宽度均在 0.1 以下。

生态位是研究植物种间生态学关系的重要理论,生态位重叠值表达了植物种间在生态因子联系上的相似性。当前,研究种间生态位重叠值的报道很多,一般均使用矩阵来表示种类间的生态位重叠关系,当研究的对象众多时,这种表达方法直观性差(表 7.4)。

研究植物种间生态关系时,系统聚类及最小生成树法是常用的研究方法,这些方法的目的是通过运算将原始数据矩阵内含的种间或样本间的关系以动态聚类图及最小树直观的形式表达出来。聚类分析、最小生成树法均先要计算样本间的相似系数(或距离系数),建立相似矩阵(或相异矩阵),在此基础上再进行其他内容的运算。由于生态位重叠值矩阵是一个相似矩阵,所以,可以通过这些方法对生态位重叠值矩阵进行直观的表达。

种间生态关系二维投影从整体上反映了 42 种藓类间的生态位重叠关系,最小生成树侧重于表明哪些藓类种间具有最为相近的生态关系,系统聚类则能够以明显间断的形式直观地对藓类种类分组。本研究中使用这三种方法形式上与一般的排序、聚类或最小树法的结果相同,但是,由于这三种方法均直接以生态位重叠值矩阵为基础,使它们的结果具有确切的生态学意义。

表 7.5a　42 种藓类的生态位重叠值 (1)

种类	种类													
	1	2	3	4	5	6	7	8	9	10	11	12	13	14
2	0													
3	0.0228	0.1013												
4	0.0023	0.788	0.1256											
5	0.0658	0.0292	0	0.0186										
6	0	0.0292	0.0199	0.0292	0									
7	0.0003	0	0	0	0	0.0094								
8	0	0	0	0	0	0.4592	0.0005							
9	0	0	0	0	0	0.2327	0.0011	0.3789						
10	0.0041	0	0	0	0	0	0.0003	0	0					
11	0	0	0	0	0	0.0643	0	0.1453	0.0676	0.0298				
12	0.0473	0.4522	0.0909	0.4691	0.083	0.0292	0.0003	0.1516	0.0717	0	0			
13	0	0	0	0	0	0.3356	0.0244	0.3415	0.1945	0	0	0.0662		
14	0	0	0	0	0	0.119	0.1894	0.3109	0.4085	0	0.1179	0	0.0847	
15	0	0	0	0	0	0.2443	0.0402	0	0	0	0	0	0.1259	0.0546
16	0	0	0	0	0.0597	0.0004	0.4232	0	0.0004	0	0.0006	0	0.0003	0.1329
17	0.1941	0.0594	0.0171	0.0479	0	0.0088	0.0003	0	0	0.002	0.1014	0	0	0.0118
18	0	0	0	0	0	0.2906	0	0.5679	0.6094	0	0.0681	0	0.1068	0.2945
19	0	0	0	0	0	0	0.0016	0.0107	0	0	0	0	0	0
20	0	0	0	0	0	0.018	0	0	0.0041	0.0061	0	0.0054	0	0.0089
21	0.0393	0.006	0.5625	0.0075	0	0.0012	0.0003	0	0	0	0	0	0	0
22	0.0032	0	0	0	0	0	0	0.0088	0.0087	0.0752	0.0137	0.0232	0	0
23	0.0025	0	0	0	0	0.0003	0	0	0	0	0	0	0	0
24	0.0085	0	0	0.0007	0.0007	0.0369	0.0044	0.2396	0.1548	0.0069	0.1913	0.0086	0.0043	0.2653
25	0	0	0	0	0	0	0	0	0	0.0097	0.2059	0	0	0
26	0.0292	0	0	0	0	0	0.0001	0	0	0.0007	0.0607	0	0	0
27	0.0292	0.727	0.1205	0.772	0.1781	0.0292	0.0001	0	0	0.0019	0.0185	0.5755	0	0.0004
28	0.0181	0.0008	0.0016	0.001	0.0067	0.0042	0.0001	0.0009	0	0.0009	0	0.0074	0	0.0122
29	0	0	0	0	0	0	0	0	0	0	0	0	0.0003	0.0003
30	0.0072	0.0002	0.0002	0.0002	0	0.0012	0.0006	0.0008	0.0008	0.0012	0.0101	0.0038	0	0.0045
31	0.0026	0	0	0	0	0.0007	0.0001	0.0008	0.0007	0.0004	0.0054	0.0011	0.0000	0.002
32	0	0	0	0	0	0	0	0.0007	0	0.0019	0.0392	0	0	0

表 7.5b　42 种藓类的生态位重叠值 (2)

种类	类 1	2	3	4	5	6	7	8	9	10	11	12	13	14
33	0					0				0.0008	0.0192	0	0	0.0004
34	0.0055	0	0	0	0.0066	0.0524	0.0814	0.1203	0.2094	0.001	0.0209	0.0043	0.0226	0.0621
35	0.0005	0	0	0	0	0	0.0045	0	0	0.0032	0.0061	0.0005	0	0.0046
36	0	0	0	0	0	0.0099	0.4007	0	0	0.0022	0.0125	0	0.0252	0.0184
37	0	0	0	0	0	0	0.1594	0.0004	0.0015	0.001	0.0003	0	0	0.0042
38	0	0	0	0	0	0	0.0003	0	0	0	0	0	0	0.05
39	0.1092	0.3103	0.0931	0.261	0.2337	0.0292	0.066	0	0	0.0036	0	0.2186	0.2379	0
40						0.0658		0.003	0.0025	0.0207				0.0075
41	0.1298	0.1588	0.0631	0.1705	0.3354	0.0292	0.0003	0	0	0	0	0.3818	0	0
42	0	0	0	0	0	0.0264	0	0.2748	0.1883	0	0.1869	0	0	0.2394

表 7.5c　42 种藓类的生态位重叠值 (3)

种类	类 15	16	17	18	19	20	21	22	23	24	25	26	27	28
16	0.0004	0												
17		0	0.004											
18	0.2147	0	0											
19				0.0032	0	0								
20			0.0195		0	0								
21			0.0015		0.101	0.0081	0							
22			0.0012				0.0618	0						
23									0					
24	0.0127	0.0004	0.0184	0.2347	0.0114	0.0295		0.0161	0	0.0418				
25					0.0016	0.0011		0.003	0	0.1162	0.1555			
26					0.0033	0.0077		0.0026	0	0.0009		0		
27			0.0574				0.0219	0.0019	0.0002	0.0945	0.0039	0.0293	0.0031	
28			0.0437	0.0095	0.0003	0.0031	0.0024	0.0008	0.0002		0		0	
29			0.0002	0.0003	0	0	0	0	0	0.0003		0		0.0239

续 表

种类	15	16	17	18	19	20	21	22	23	24	25	26	27	28
30	0.0008	0	0.0103	0.0017	0.0017	0.0165	0.0001	0.0023	0	0.0633	0.0045	0.0081	0.0003	0.7691
31	0.0002	0	0.0028	0.0008	0.0275	0.009	0	0.0033	0	0.0226	0.0126	0.0404	0.0002	0.2907
32	0	0	0	0	0.017	0	0	0.0012	0	0.0335	0.1876	0.4705	0	0.0043
33	0.0733	0.0003	0.0004	0.0004	0.0458	0.0654	0	0.0006	0	0.0584	0.0836	0.2348	0	0.0536
34	0	0.003	0.0215	0.1696	0	0.0005	0	0.0009	0	0.0838	0.0019	0.0028	0.0001	0.1029
35	0.0424	0.0004	0.0005	0	0.2112	0	0	0.0289	0	0.0332	0.0106	0.0185	0	0.0273
36	0	0.3768	0.0118	0.0051	0.1987	0	0	0.0054	0	0.0296	0.0311	0.0084	0	0.0038
37	0.0703	0	0.0025	0.002	0	0	0.0597	0	0	0.038	0.004	0.0188	0	0.0057
38	0	0.0003	0.1835	0	0.0022	0	0	0.0036	0	0	0.0001	0	0	0.0001
39	0	0	0	0.0021	0	0	0	0	0	0.0017	0	0	0.3126	0.0175
40	0	0	0.087	0	0	0	0.0037	0.0161	0	0.0013	0	0	0.2715	0
41	0	0	0	0	0	0	0	0	0	0.0085	0	0	0	0.0101
42	0	0	0	0.2849	0	0.0035	0	0	0	0.3382	0.2808	0.3803	0	0.0334

表 7.5d 42 种藓类的生态位重叠值（4）

种类	29	30	31	32	33	34	35	36	37	38	39	40	41
30	0.0142												
31	0.0102	0.2555											
32	0	0.0053	0.0333										
33	0.0001	0.0641	0.0568	0.4198									
34	0	0.1195	0.0361	0.0035	0.0655								
35	0.0487	0.0217	0.0766	0.0162	0.0905	0.0062							
36	0.0004	0.0049	0.0163	0.0244	0.0672	0.0005	0.2918						
37	0.0001	0.0071	0.0018	0.0073	0.0104	0.0892	0.0119	0.0031					
38	0	0	0.001	0.0017	0.0022	0.0133	0.0033	0.0022	0				
39	0	0.0004	0.0003	0	0	0.0026	0.0003	0	0	0			
40	0	0	0	0	0	0.0095	0	0	0.1041	0	0.1686		
41	0	0.0079	0.0024	0	0	0	0.0005	0	0	0	0	0	
42	0	0.0025	0.0193	0.1861	0.0813	0.0531	0.015	0.0101	0	0	0	0	0

表 7.6   42 种藓类植物的生态位宽度

种 类	生态位宽度	种 类	生态位宽度	种 类	生态位宽度	种 类	生态位宽度
1	0.0775	12	0.0764	23	0.0244	34	0.1839
2	0.0244	13	0.0491	24	0.0648	35	0.1278
3	0.0365	14	0.1259	25	0.0537	36	0.0418
4	0.0252	15	0.0766	26	0.0443	37	0.0608
5	0.0472	16	0.0246	27	0.0476	38	0.0252
6	0.1093	17	0.1288	28	0.1876	39	0.0952
7	0.0715	18	0.0700	29	0.0246	40	0.0246
8	0.1050	19	0.1119	30	0.1367	41	0.0853
9	0.0886	20	0.0255	31	0.2651	42	0.0401
10	0.0800	21	0.0432	32	0.0499		
11	0.1336	22	0.0802	33	0.0727		

应用王刚的生态位重叠指数公式计算生态位重叠值要求计算样点的生态距离间隔，一般总是尽可能地将样地设置于环境因子有梯度变化的特定地段。在实际工作中，这种取样有一定难度，以群落梯度代替综合的生态因子梯度时，郭水良等(1998)提出以群落具有最大相异总值的样点作为始端样点，以此样点为参照，根据与其群落相似系数的大小，再对其余样点排列，使排列后的样点序列具有生态梯度变化,在此基础上，再计算样点的生态距离与生态距离间隔。本案例研究表明这种方法是可行的。

P-5 程序用于计算 Schoener、Pianka、Levins 和 Petraitis 生态位重叠值,以及 Shannon-Wiener、Levines 生态位宽度指数。

```
CLS
10 PRINT "SPECIES NUMBER，LINE"
12 INPUT M
14 PRINT "SITE NUMBER, COLUM"
16 INPUT N
18 DIM X(M, N), R(M, M), D(M), U(N)
OPEN "C:\QB\DATA.CSV" FOR INPUT AS ♯1
22 FOR I = 1 TO M：FOR J = 1 TO N
26 INPUT ♯1, X(I, J)
30 NEXT J：NEXT I
36 PRINT
CLOSE
OPEN "C:\QB\RESULT.TXT" FOR OUTPUT AS ♯1
PRINT "ORIGINAL MATRIX"：PRINT ♯1，"ORIGINAL MATRIX"
FOR I = 1 TO M：FOR J = 1 TO N
PRINT X(I, J)；：PRINT ♯1, X(I, J)；
NEXT J：PRINT：PRINT ♯1，：NEXT I
```

```
PRINT: PRINT #1,
38 FOR I = 1 TO M: D(I) = 0: FOR J = 1 TO N
44 D(I) = D(I) + X(I, J)
46 NEXT J: NEXT I
48 FOR I = 1 TO M: T = T + D(I): NEXT I
50 FOR J = 1 TO N
52 U(J) = 0
108 FOR I = 1 TO M
110 U(J) = U(J) + X(I, J)
112 NEXT I: NEXT J
120 FOR J = 1 TO N
122 U(J) = U(J) / T
124 NEXT J
126 FOR I = 1 TO M: FOR J = 1 TO N
130 X(I, J) = X(I, J) / D(I)
132 NEXT J: NEXT I
136 GOSUB 150: GOSUB 300
138 GOSUB 200: GOSUB 300
140 GOSUB 400: GOSUB 300
142 GOSUB 600
144 GOSUB 800: GOSUB 300
146 GOSUB 900
148 END
150 PRINT: PRINT "SCHOENER´ OVERLAP"
PRINT #1, : PRINT #1, "SCHOENER´ OVERLAP"
152 FOR I = 1 TO M: FOR J = 1 TO M
154 LET W = 0: W1 = 0
160 FOR K = 1 TO N
163 XI = X(I, K): XJ = X(J, K): W = W + ABS(XI − XJ)
169 NEXT K
170 W = W / 2: R(I, J) = 1 − W
178 NEXT J: NEXT I
180 RETURN
200 PRINT: PRINT "PIANKIA OVERLAP"
PRINT #1, : PRINT #1, "PIANKIA OVERLAP"
202 FOR I = 1 TO M: FOR J = 1 TO M
254 W = 0: Z = 0: T = 0
260 FOR K = 1 TO N
263 XI = X(I, K): XJ = X(J, K)
265 W = W + XI * XJ: Z = Z + XI * XI: T = T + XJ * XJ
269 NEXT K
272 LET H = SQR(Z * T)
274 LET R(I, J) = W / H
```

278 NEXT J: NEXT I

280 RETURN

300 FOR I = 1 TO M

304 FOR J = 1 TO M

306 PRINT INT(R(I, J) * 10000 + .5) / 10000;

PRINT ♯1, INT(R(I, J) * 10000 + .5) / 10000;

308 PRINT " ";: PRINT ♯1, " ";: NEXT J: PRINT: PRINT ♯1, : NEXT I

310 RETURN

400 PRINT: PRINT "PETRAITIS NICH OVERLAP"

PRINT ♯1, : PRINT ♯1, "PETRAITIS NICH OVERLAP"

405 FOR I = 1 TO M: FOR J = 1 TO M

415 WI = 0: WJ = 0: LET E = 0

425 FOR K = 1 TO N

430 XI = X(I, K): XJ = X(J, K)

435 WI = WI + XI * LOG(XI): WJ = WJ + XJ * LOG(XJ)

440 NEXT K

445 E = WI − WJ: H = EXP(E): LET R(I, J) = H

460 NEXT J: NEXT I

470 RETURN

600 REM ADJUSTED LEVINS, SHANNON WIENER NICHE BREADTH

610 FOR I = 1 TO M

615 B1(I) = 0: B2(I) = 0

620 FOR J = 1 TO N

625 B1(I) = B1(I) + X(I, J) ^ 2

627 B2(I) = B2(I) + X(I, J) * LOG(X(I, J))

630 NEXT J

635 B1(I) = B1(I) * N: B1(I) = 1 / B1(I): B2(I) = − B2(I)

641 NEXT I

642 RETURN

800 PRINT: PRINT "LEVINIS OVERLAP"

PRINT ♯1, : PRINT ♯1, "LEVINIS OVERLAP"

802 FOR I = 1 TO M

804 FOR J = 1 TO M

806 W = 0

808 FOR K = 1 TO N

810 XI = X(I, K)

812 XJ = X(J, K)

814 W = W + XI * XJ

816 NEXT K

818 R(I, J) = W * B1(I)

820 R(J, I) = W * B1(J)

822 NEXT J

824 NEXT I

826 RETURN

900 PRINT：PRINT "NICHE BREADTH"：PRINT ♯1，：PRINT ♯1，"NICHE BREADTH"

902 PRINT TAB(6)；"SPECIES"；TAB(18)；"LEVINS"；TAB(32)；"SHANNON"

PRINT ♯1，TAB(6)；"SPECIES"；TAB(18)；"LEVINS"；TAB(32)；"SHANNON"

904 FOR I＝1 TO M

906 PRINT TAB(6)；I；TAB(16)；B1(I)；TAB(30)；B2(I)

PRINT ♯1，TAB(6)；I；TAB(16)；B1(I)；TAB(30)；B2(I)

910 NEXT I

912 RETURN

对表 3.2 数据的运算结果如下。

Schoener' overlap

```
1    .8487  .5426  .8716  .6804
.8487  1    .4417  .7747  .6563
.5426  .4417  1    .6636  .6975
.8716  .7747  .6636  1    .7378
.6804  .6563  .6975  .7378  1
```

piankia overlap

```
1    .8999  .6593  .953   .7747
.8999  1    .3403  .7705  .7555
.6593  .3403  1    .8417  .7156
.953   .7705  .8417  1    .8151
.7747  .7555  .7156  .8151  1
```

Petraitis nich overlap

```
1    .9873  .765   1.0445  1.1004
1.0128  1    .7748  1.058   1.1145
1.3072  1.2907  1    1.3655  1.4384
.9574  .9452  .7324  1    1.0534
.9088  .8973  .6952  .9493  1
```

Levinis overlap

```
.1    .0909  .0868  .0945  .0724
.0891  .1    .0443  .0756  .0699
.0501  .0261  .1    .0634  .0508
.0961  .0785  .1118  .1    .0768
.0829  .0817  .1008  .0865  .1
```

niche breadth

species	levins	shannon
1	.7958301	2.158138
2	.7800484	2.145386
3	.4593827	1.890227
4	.8101262	2.201719
5	.9117212	2.253783

第八章
空间格局分析

第一节　空间格局的概念

广义地讲,植物的空间格局指其分布规律。生态学研究中,空间格局多数指植物种群在群落内的分布特点,是随机分布、均匀分布还是集群分布等,反映种群个体在水平空间的配置状况或分布状态,包含个体在水平空间上彼此间的相互关系,是种群生物学特性、种内与种间关系以及环境条件综合作用的结果,是种群空间属性的重要方面,也是种群的基本数量特征之一(宋永昌,2001)。

植物种群分布格局的形成,一方面取决于自身的生物学特性,另一方面与环境条件关系密切。空间格局研究,因研究对象不同而有不同意义。例如,研究杂草在农田中的分布类型,不仅为调查取样和实验设计、施药方式提供理论依据,也为杂草防除和预测作物产量损失提供适当的抽样方法和必要的取样面积,了解杂草在田间的分布规律、生活习性,种群扩散行为以及与环境间的关系。

格局分析是关于集群分布的规模、强度和纹理的研究。集群分布的种群个体通常聚集成大小不等的斑块镶嵌在一起或生境中,这种斑块的大小即格局的规模;斑块与斑块之间的空隙就是格局的纹理;强度则是在规模之上的斑块间个体疏密差异的程度。因此,种群格局规模、强度、纹理,即斑块性或镶嵌性,是种群等级集群的结果。种群格局的斑块性或镶嵌性也是了解群落结构的基础(兰国玉等,2003)。

第二节　分布格局类型的判定方法

分布格局类型的判定,一般先设立样带,在样带上设立连续的样方,样方要适当小一些。在低矮草地中一般为 $25 \sim 100$ cm^2,在高草地为 $100 \sim 625$ cm^2,在灌丛中为 $0.5 \sim 4$ m^2,在森林中为 $2 \sim 25$ m^2。

现以一组虚拟数据为例,以便解释以下的分析方法。在某一植物群落中,设立一个由小样方组成的样带,共有 152 个小样方,在每个小样方中记录某个种的个体数,得到原始数据,再依据原始数据统计不同个体数的样方频率,结果见表 8.1。植物种群分布类型的判定主要采取以下几种指数(张金屯,1995)。

表 8.1 不同个体数的频率

个体数	0	1	2	3	4	5	6	7	8	9	10
样方频率(样方数)	100	30	10	5	3	0	1	1	1	0	1

一、方差均值比

应用式(8.1)计算方差(V)和观测值的平均值(x')。

$$V = \frac{\sum_{j=1}^{n} x_j^2 - \left(\sum_{j=1}^{n} x_j\right)^2/n}{n-1}, \quad x' = \frac{\sum_{j=1}^{n} x_j}{n} \tag{8.1}$$

式中,V 为方差,x' 为平均值,n 为样带中连续样方数,x_j 表示第 j 个样方观察值。

方差均值比(V/x')又称偏离系数,以 V 代表方差,x' 代表平均值,方差/平均值为 1,表明种群分布完全符合泊松分布,呈随机分布;如果大于 1,趋向集群分布;如果小于 1,则趋向均匀分布。该值的显著性可以用 t 检验测定。

t 值计算公式为

$$t = \frac{V/x' - 1}{S}, \quad S = \sqrt{\frac{2}{n-1}} \tag{8.2}$$

式中,S 为标准误。

根据表 8.1 中的数据,计算得到 $V = 2.2203$,$x' = 0.7105$,$S = 0.1151$,$V/x' = 3.1248$,$t = 18.46$,结果表示假设的种呈明显的偏离泊松分布,呈集群分布。

二、χ^2 检验

χ^2 检验是检验不同个体数样方频率的观察值与预测值之间的差异性。

$$\chi^2 = \sum \frac{(观测值 - 预测值)^2}{预测值} \tag{8.3}$$

$$自由度 = 组数 - 2$$

观测值是指不同个体数出现频率的实测值,预测值用表 8.2 方法计算(张金屯,1995)。表 8.2 中,N 为样方总数,m 为平均值(x'),$e = 2.7183$。

表 8.2 进行 χ^2 检验的预测值计算方法

个体数	0	1	2	3	4	…
预测值	Ne^{-m}	Nme^{-m}	$(Nm^2e^{-m})/2!$	$(Nm^3e^{-m})/3!$	$(Nm^4e^{-m})/4!$	…

由于统计上的原因，预测值一般应该大于 5，个体数较多的样方频率不一定能够满足这一条件，可以将个体数目较多的样方的预测值相加。预测值大于 5 的样方数共有 3 个，其余 8 个合并成一组，计算四组，自由度＝4－2＝2，$\chi^2 = 30.8841$（表 8.3），假设个体是非随机分布的。

表 8.3　对表 8.1 数据进行 χ^2 检验的预测值计算结果

样方中的个体数	频率预测值公式	预测值	观察值	χ^2
0	Ne^{-m}	74.6906	100	8.5764
1	Nme^{-m}	53.0696	30	10.0285
2	$(Nm^2e^{-m})/2!$	18.8536	10	4.1577
3～10	$(Nm^3e^{-m})/3!$ ～$(Nm^{10}e^{-m})/10!$	5.3861	12	7.1217
合　计		152	152	30.8841

三、ψ 检验

ψ 检验又称 Meore 检验，该检验仅考虑前 3 个个体数组的频率，在本假设中为个体数 0、1 和 2 的样方数的频率。ψ 计算公式为

$$\psi = \frac{2n_0 n_2}{n_1^2} \tag{8.4}$$

式中，n_0、n_1、n_2 分别为含 0、1 和 2 个个体的样方数。$\psi = 1$，种群呈随机分布；$\psi > 1$，呈集群分布；$\psi < 1$，呈均匀分布。ψ 值通过 R 值来检验（表 8.4）。

$$R = \frac{n_0 + n_1 + n_2}{N} \times 100 \tag{8.5}$$

式中，N 为样方总数，用 R 和 N 值可以查得 ψ 值的显著性水平值。在本例中，$\psi = 2.2222$，$R = 92.1053$。从表 8.4 可以查得，0.05 的显著水平为 1.66，说明本种个体呈集群分布。

表 8.4　ψ 检验的显著性水准值（0.05 水平）

N	R				
	99	92	81	68	54
50	2.70	2.40	2.46	2.66	2.98
100	2.16	1.95	1.99	2.13	2.34
200	1.80	1.66	1.68	1.77	1.92
300	1.65	1.53	1.55	1.62	1.74
400	1.55	1.46	1.47	1.54	1.63
500	1.49	1.41	1.42	1.48	1.56

四、Morisita 指数

Morisita 指数计算公式为

$$I_\delta = n \times \frac{\sum\limits_{i=1}^{n} X_i(X_i-1)}{N(N-1)} \tag{8.6}$$

式中，N 为所有样方观察到的总个体数，n 为样方数，X_i 为第 i 样方中观察到的个体数。

$I_\delta = 1$ 时，种群呈随机分布；$I_\delta > 1$ 时，种群呈集群分布；$I_\delta < 1$ 时，种群呈均匀分布。I_δ 离开 1 到什么程度才算显著？可用式(8.7)进行 F 测定。

$$F = \frac{I_\delta(N-1)+n-N}{n-1} \tag{8.7}$$

本例中，$I_\delta = 3.998\,616$，$F = 3.124\,847$，种群呈现集群分布。

五、C_A 扩散指数

Cassie (1962)提出用 C_A 扩散指数来表示种群分布的聚集度

$$C_A = \frac{S^2 - \bar{x}}{\bar{x}^2} \tag{8.8}$$

式中，$C_A = 0$，为随机分布；$C_A < 0$，为均匀分布(其下限为 -1)；$C_A > 0$，为集群分布。大样本的 C_A 估算采用公式右侧。

六、平均拥挤度

Lloyd 提出了拥挤度的概念，即对于每个样方中的每个个体，挤在一起的平均其他个体数。

$$m = \frac{\sum\limits_{i=1}^{n} x_i(x_i-1)}{\sum\limits_{i=1}^{n} x_i} \tag{8.9}$$

式中，x_i 为第 i 个样方的个体数，n 为总样方数。

P-6 为部分随机性判别指标的计算程序。

```
10 REM P-6: TEST DISTRIBUTION PATTERN
20 CLS
30 INPUT "INPUT GROUP NUMBER"; B
40 DIM X1(B), X11(B), X2(B), Y(B), X0(B)
```

```
50 OPEN "C:\QB\DATA.CSV" FOR INPUT AS #1
60 FOR I = 1 TO B: INPUT #1, X1(I): NEXT I
70 FOR I = 1 TO B: INPUT #1, X2(I): NEXT I
80 CLOSE
90 OPEN "C:\QB\RESULT.TXT" FOR OUTPUT AS #1
100 PRINT: PRINT #1,
110 PRINT "ORIGINAL DATA": PRINT #1, "ORIGINAL DATA"
120 FOR I = 1 TO B: PRINT X1(I);: PRINT #1, X1(I);: NEXT I
130 PRINT: PRINT #1,
140 FOR I = 1 TO B: PRINT X2(I);: PRINT #1, X2(I);: NEXT I
150 PRINT: PRINT #1, : PRINT: PRINT #1,
160 FOR I = 1 TO B
170 N = N + X2(I): N0 = N0 + X1(I) * X2(I)
180 X11(I) = X1(I) * X1(I): NEXT I
190 FOR I = 1 TO B: W1 = W1 + X11(I) * X2(I)
200 W2 = W2 + X1(I) * X2(I): NEXT I
210 W2 = W2 * W2: V = (W1 - (W2 / N)) / (N - 1)
220 PRINT "V = "; V: PRINT #1, "V = "; V
230 PRINT "N = "; N: PRINT #1, "N = "; N: X = N0 / N
240 PRINT "X´ = "; X: PRINT #1, "X´ = "; X
250 FOR I = 1 TO B: A = A + X2(I) * (X1(I) - X) ^ 2: NEXT I
255 C = A / (N0 - 1): C = C / X: PRINT "C = "; C: PRINT #1, "C = "; C
270 S = SQR(2 / (N - 1)): K = V / X: T = (K - 1) / S
280 PRINT "V/X = "; K: PRINT #1, "V/X = "; K
290 PRINT "T = "; T: PRINT #1, "T = "; T
300 PRINT "S = "; S: PRINT #1, "S = "; S
310 M = X: H = EXP(-M): Y(1) = N * H: P = 1
320 FOR I = 2 TO B: P = (I - 1) * P: Y(I) = N * H * M ^ (I - 1) / P: NEXT I
330 FOR I = 1 TO B: X0(I) = ((X2(I) - Y(I)) ^ 2) / Y(I): NEXT I
340 FOR I = 1 TO B
350 IF Y(I) < 5 GOTO 380
360 F1 = F1 + ((X2(I) - Y(I)) ^ 2) / Y(I)
370 GOTO 400
380 F2 = F2 + Y(I)
390 F3 = F3 + X2(I)
400 NEXT I
410 F = ((F3 - F2) ^ 2) / F2: F4 = F + F1
420 PRINT "X^2 = "; F4: PRINT #1, "X^2 = "; F4
430 U = (2 * X2(1) * X2(3)) / X2(2) ^ 2
440 PRINT "U = "; U: PRINT #1, "U = "; U
450 R = ((X2(1) + X2(2) + X2(3)) / N) * 100
460 PRINT "R = "; R: PRINT #1, "R = "; R
```

470 J1 = 0；J2 = 0

480 FOR I = 1 TO B：J1 = J1 + X2(I) * X1(I) * ((X1(I) − 1))

490 J2 = J2 + X2(I) * X1(I)：NEXT I

500 J3 = J2 − 1；I = N * J1 / (J2 * J3)

510 PRINT "I = "；I；PRINT ♯1, "I = "；I

520 F = (I * (N0 − 1) + N − N0) / (N − 1)

530 PRINT "F = "；F；PRINT ♯1, "F = "；F

540 END

原始数据第一行由小到大输入样方的植物个体数,第二行输入与之相对应的样方数。对表 8.1 中数据的运算结果如下。

$$V = 2.220\ 286\ (方差)$$

$$N = 152\ (总的样方数)$$

$$x' = 0.710\ 526\ 3\ (平均数)$$

$$C_A = 4.409\ 831\ (C_A\ 扩散系数)$$

$$V/x' = 3.124\ 847\ (方差/均值比)$$

$$t = 18.462\ 95\ (t\ 值)$$

$$S = 0.115\ 087\ 1\ (标准误)$$

$$\chi^2 = 30.884\ 09\ (\chi^2\ 检验)$$

$$\psi = 2.222\ 222\ (\psi\ 检验值)$$

$$R = 92.105\ 26\ (R\ 值)$$

$$I_s = 3.998\ 616\ (Morisita\ 指数)$$

$$F = 3.124\ 847\ (Morisita\ 指数检验中的\ F\ 值)$$

第三节　格局分析方法

种群和群落格局分析的目的是判别斑块及间隙的大小,要求连续样方。一种是用由小样方组成的网格取样,另一种是用由连续小样方组成样带,后者是现代格局分析研究的主要取样方法。

格局分析中常用到盖度、个体数、密度、多度、生物量等数据。在环境因子数据中,微地形、土壤理化性质比较常用。

一、单种格局规模分析

以群落中的优势种或主要种类作为格局分析的对象。方法是以连续小样方的观测值为基础,对不同的区组进行方差分析,作出区组大小与均方(或方差)图。假设一个由 16 个小样方组成的连续样带调查得到某个种在 16 个小样方中的观测值,如图 8.1 所示。

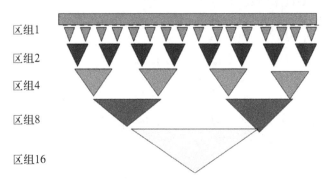

区组1

区组2

区组4

区组8

区组16

图 8.1 单种格局规模分析的区组方法

区组 1 是原始的 16 个小样方,区组 2 的值等于区组 1 中两相邻样方的值相加,区组 4 的值等于区组 2 中两相邻的样方组值之和,依此类推。区组大小是 2 的乘方。

以区组大小为横坐标,不同区组的均方(或方差)为纵坐标,作出区组—均方图,图上曲线的峰值所对应的区组大小代表着种的分布格局规模(张金屯,1995)。

双项轨迹方差法(two-termlocal variance)是其中的计算方法之一。

用双项轨迹方差法进行格局规模分析,首先对连续样方的观测数据计算不同区组的均方,假如有 100 个连续样方,则区组 1、2、3、…、50 的均方值 A_1、A_2、A_3、…、A_{50} 计算公式为

$$A_1 = \frac{\sum_{i=2}^{n} (X_{i-1} - X_i)^2}{2} \tag{8.10}$$

$$A_2 = \frac{\sum_{i=4}^{n} (X_{i-3} + X_{i-2} - X_{i-1} - X_i)^2}{4} \tag{8.11}$$

$$A_3 = \frac{\sum_{i=6}^{n} (X_{i-5} + X_{i-4} + X_{i-3} - X_{i-2} - X_{i-1} - X_i)^2}{6} \tag{8.12}$$

$$A_4 = \frac{\sum_{i=8}^{n} (X_{i-7} + X_{i-6} + X_{i-5} + X_{i-4} - X_{i-3} - X_{i-2} - X_{i-1} - X_i)^2}{8} \tag{8.13}$$

$$\vdots$$

$$A_{49} = \frac{\sum_{i=98}^{n} (X_{i-97} + X_{i-96} + \cdots + X_{i-50} + X_{i-49} - X_{i-48} - X_{i-47} - \cdots - X_{i-1} - X_i)^2}{98}$$

$$\tag{8.14}$$

$$A_{50} = \frac{(X_{i-99} + X_{i-98} + \cdots + X_{i-51} + X_{i-50} - X_{i-49} - X_{i-47} - \cdots - X_{i-1} - X_i)^2}{100}$$

$$(8.15)$$

式中，X_i 为观测值，n 为样方数。以区组大小作为横坐标，以均方值作为纵坐标可绘制出种群格局规模图。

P-7 为基于双项轨迹方差法进行格局规模分析的程度。

```
10 CLS
20 INPUT "number of samples"；m
30 N = m / 2
40 DIM x(m)，Y(N)，P(N)，q(N)
50 OPEN "c:\qb\data.csv" FOR INPUT AS ♯1
60 FOR i = 1 TO m：INPUT ♯1，x(i)：NEXT i
70 CLOSE
80 OPEN "c:\qb\result.txt" FOR OUTPUT AS ♯1
90 PRINT ♯1，
100 FOR i = 1 TO m
110 PRINT x(i)；：PRINT ♯1，x(i)；：NEXT i
120 PRINT：PRINT ♯1，：PRINT "Pattern Scale is as follows"
130 PRINT ♯1，"Pattern Scale is as follows"
140 PRINT：PRINT ♯1，
150 FOR j = 1 TO m / 2：r1 = 0：FOR i = 2 + f TO m
160 r1 = r1 + 1：FOR r = r1 TO i － j
170 P(j) = P(j) + x(r)：q(j) = q(j) + x(j + r)
180 NEXT r
190 Y(j) = Y(j) + (P(j) － q(j)) ^ 2
200 P(j) = 0：q(j) = 0：NEXT i
210 f = f + 2：Y(j) = Y(j) / (2 ＊ j)
220 Y(j) = Y(j) / (m － 2 ＊ j+1)：NEXT j
230 FOR i = 1 TO N：PRINT i；Y(i)：PRINT ♯1，i；Y(i)：NEXT i
240 END
```

郭水良等(2003)曾对浙江金华郊区的北美车前 8 个种群盖度进行了连续样方法调查（表8.5）。

表8.5　8个样点连续样方中的北美车前盖度数据

样点	样方序号																				盖　　　度/%
	1～20	28	0	0	0	15	0	4	0	30	0	4	0	0	0	0	0	0	2	10
	21～40	0	8	12	4	0	20	6	0	10	50	35	25	0	0	0	0	0	12	25	0
A	41～60	3	0	0	0	0	0	0	2	4	0	0	0	40	3	15	65	30	25	0	0
	61～80	2	0	0	2	0	0	0	40	28	0	3	0	0	0	0	0	0	2	25
	81～100	2	0	0	0	3	8	4	25	30	6	2	6	10	3	0	2	10	0	12	0

样点	样方序号					盖					度/%									
	1～20	25	93	95	70	40	15	5	8	15	32	27	38	15	10	95	98	65	35	10	15
	21～40	5	10	30	25	40	10	25	30	7	10	15	5	2	2	5	10	5	30	35	60
B	41～60	20	10	4	5	0	2	6	2	8	2	10	0	2	2	4	1	0	35	20	70
	61～80	45	20	20	25	15	25	45	35	4	0	40	20	35	25	40	18	5	15	16	12
	81～100	12	15	25	18	35	4	45	18	5	4	14	5	4	15	20	10	6	6	8	28
	1～20	25	20	45	25	20	15	25	25	70	75	65	60	50	55	75	60	50	75	100	75
	21～40	55	85	65	90	25	96	50	80	75	60	50	80	75	85	70	40	50	65	25	75
C	41～60	75	60	70	85	70	75	90	85	80	50	45	45	30	25	25	40	20	15	8
	61～80	18	10	30	20	40	85	95	92	65	85	60	40	65	70	40	28	65	70	40
	81～100	28	65	90	80	40	60	55	50	60	95	50	90	98	95	80	90	50	25	28	45
	1～20	4	5	25	55	50	25	8	8	20	10	30	50	50	50	20	0	15	10	2	3
	21～40	0	10	10	0	0	20	20	2	10	30	25	75	50	75	25	6	80	10	95	35
D	41～60	50	10	75	70	0	25	30	25	70	30	8	55	3	0	10	2	0	25	40	45
	61～80	40	1	55	90	50	40	50	45	50	50	60	50	40	25	60	95	80	80	25
	81～100	60	50	25	80	80	20	50	35	85	95	2	20	60	25	55	95	100	100	100	100

对表 8.5 中 A 种群数据进行的格局规模分析,结果见表 8.6。

表 8.6　对表 8.5 中 A 种群数据进行的格局规模分析结果

区组	均方值	区组	均方值	区组	均方值	区组	均方值	区组	均方值
1	103.3232	11	354.9781	21	185.6356	31	81.444 58	41	119.6579
2	169.7165	12	358.1104	22	156.1045	32	80.597 55	42	108.9419
3	218.2228	13	364.8072	23	134.6652	33	86.662 77	43	94.742 64
4	274.8898	14	361.1947	24	119.2382	34	99.498 66	44	91.937 06
5	315.8945	15	350.9925	25	101.9545	35	112.3797	45	97.888 89
6	341.1236	16	329.5204	26	92.313 19	36	119.2093	46	102.7126
7	339.9483	17	301.8328	27	95.495 67	37	123.8113	47	112.7325
8	337.5302	18	277.3056	28	105.1456	38	127.7805	48	125.7667
9	344.8333	19	251.3947	29	97.908 18	39	131.345	49	124.1224
10	350.8932	20	218.5664	30	81.908 54	40	127.3089	50	88.36

根据表 8.6 数据,作出图 8.2(a)～(d),总体上反映了 4 个北美车前种群的格局规模。尽管 4 个样点有不同的生境特点和种群定居历史,但在区组 3～5 的位置均有一个峰值,这说明在不同环境条件下,北美车前往往能够形成一个直径为 30～50 cm 的小斑块(包括小斑块的间隙)(郭水良等,2003)。

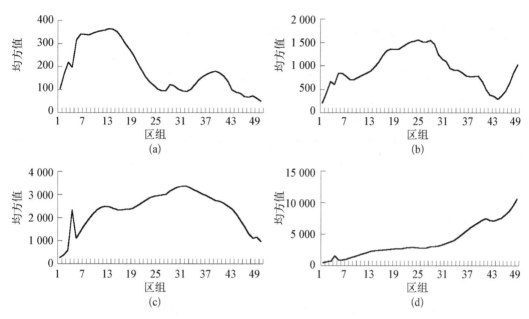

图 8.2　北美车前 4 个种群格局规模分析结果

8 个样点连续样方中的北美车前密度数据见表 8.7。

表 8.7　8 个样点连续样方中的北美车前密度数据

样点	样方序号	密度/(株/100 cm²)																		
A	1~20	3	0	0	0	1	0	1	0	1	0	1	0	0	0	0	0	0	0	1	2
	21~40	0	3	2	3	0	5	1	0	15	2	6	3	0	0	0	0	0	0	1	1	0
	41~60	1	0	0	0	0	0	0	1	1	0	0	0	1	1	1	4	1	3	0	0
	61~80	1	0	0	1	0	0	0	2	1	0	1	0	0	0	0	0	0	0	3	3
	81~100	2	0	0	0	1	3	1	3	3	1	2	4	7	1	0	1	2	0	2	0
B	1~20	30	78	28	30	17	6	12	7	18	25	30	72	18	17	80	30	28	21	5	12
	21~40	5	17	17	31	69	20	21	30	6	9	11	3	3	3	7	6	14	15	21	
	41~60	14	7	3	3	0	2	4	1	4	1	4	0	1	3	3	2	0	10	12	30
	61~80	15	5	8	8	6	14	11	6	2	0	28	8	19	13	23	9	2	7	9	7
	81~100	7	12	18	15	20	3	21	10	8	3	12	3	4	5	9	9	8	8	14	32
C	1~20	12	9	22	6	11	15	11	9	42	45	22	28	26	29	88	44	23	95	104	186
	21~40	46	57	41	71	20	86	40	61	66	86	46	118	130	150	114	83	83	83	51	86
	41~60	85	54	59	43	29	37	52	59	135	212	74	40	59	31	16	11	20	8	3	3
	61~80	8	6	28	29	33	73	71	160	136	54	147	108	43	100	72	38	17	46	62	34
	81~100	17	46	62	75	34	64	91	77	46	58	44	75	100	132	65	58	33	23	32	23
D	1~20	1	2	8	12	11	5	1	0	2	3	14	16	6	10	2	0	2	3	0	0
	21~40	1	1	1	0	0	2	2	0	1	3	4	12	8	32	5	1	27	4	55	14
	41~60	24	2	36	25	0	8	7	10	26	13	2	20	0	0	0	0	7	8	27	
	61~80	12	5	42	70	44	28	20	20	16	36	58	36	45	30	23	35	127	125	130	26
	81~100	42	30	16	75	30	7	14	34	120	120	1	8	32	6	30	135	320	240	240	240

二、种群分布格局的斑块间隙、斑块大小分析

种群分布格局的斑块间隙、斑块大小分析方法如下(张金屯,1995)。

第一步：数据测定和排列。

假设有一个由 n 个连续小样方组成的样带,用 a_1, a_2, a_3, $\cdots$, a_n 表示各样方中的观测值(盖度、密度等),首先要求根据观测值的大小将样方用其序数号表示,即用一组正整数 1, 2, 3, $\cdots$, n 表示。例如,有以下观测值

$$0.6, 0.9, 0.5, 0.4, 0.5, 0.1$$

现按顺序换成正整数 2,1,3,5,4,6。

第二步：寻找谷数。

以正整数序数为基础,对于斑块间隙,从第 i 个样方开始 $(1 \leqslant i \leqslant n-k)$ 找出"k—谷"数,这里 k 是一个样方数,"谷"是最小值。例如,当 $k=2$ 时,一个"2—谷"就是指有两个相邻的样方,其序数值都小于两侧样方的值;当 $k=3$ 时,一个"3—谷"指有 3 个相连样方的序数值都小于它们两侧的样方的序数值。例如,下面的样方序号值中,就有两个"3—谷"。

$$13, 9, \mathbf{4}, \mathbf{1}, \mathbf{3}, 8, 11, 12, 7, \mathbf{2}, \mathbf{5}, \mathbf{6}, 10, 14$$

对于一个确定的 k,用 m_k 表示"k—谷"的数目,以上的"3—谷"的数目表示为 $m_3 = 2$。

第三步：计算斑块间隙指数 W_k。

$$W_k = \frac{m_k - E_{mk}}{\sqrt{V_{mk}}} \tag{8.16}$$

式中,m_k 为在 n 个连续样方中,两侧样方序号均大于连续 k 个样方序号$(100 > k \geqslant 2)$的数目,E_{mk} 和 V_{mk} 计算公式为

$$E_{mk} = \frac{2n}{(k+1)(k+2)} \tag{8.17}$$

$$V_{mk} = \frac{2nk(4k^2 + 5k - 3)}{(k+1)(k+2)^2(2k+1)(2k+3)} \tag{8.18}$$

通过计算,以 k 值作为横坐标,W_k 作为纵坐标,作出反映植物种群斑块间隙的曲线。

郭水良等(2003)基于表 8.6 中北美车前 8 个种群分别在 100 个连续样方密度数据下,作出了图 8.3 的斑块间隙曲线。

第四步：计算斑块大小指数 Y_k。

以正整数序数为基础,对于斑块大小,从第 i 个样方开始 $(1 \leqslant i \leqslant n-k)$ 找出"k—峰"数,这里 k 是一个样方数,"峰"是最大值。例如,当 $k=2$ 时,一个"2—峰"就是指有两个相邻的样方,其序数值都大于两侧样方的值;当 $k=3$ 时,一个"3—峰"指有 3 个相连的样方

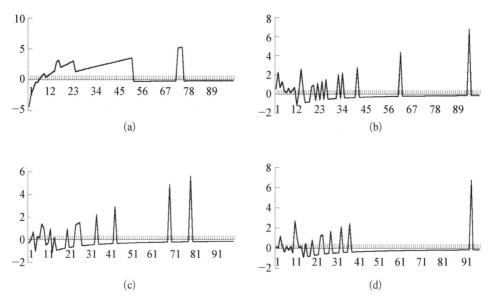

图 8.3 基于盖度指标的北美车前斑块间隙

的值都大于它们两侧样方的值。例如,下面的样方序号值中,就有 3 个"3—峰"。

13, 9, 4, 1, 3, **8, 11, 12,** 7, 2, 5, **6, 10, 14**

对于一个确定的 k,用 U_k 表示"k—峰"的数目,以上的"3—峰"的数目表示为 $U_3 = 3$。用于计算斑块间隙相同的公式计算斑块大小。

$$Y_k = \frac{U_k - E_{uk}}{\sqrt{V_{uk}}} \tag{8.19}$$

式中,uk 为在 n 个连续样方中,两侧样方序号均小于连续 k 个样方序号($100 > k \geqslant 2$)的数目,E_{uk} 和 V_{uk} 计算公式为

$$E_{uk} = \frac{2n}{(k+1)(k+2)}, \quad V_{uk} = \frac{2nk(4k^2 + 5k - 3)}{(k+1)(k+2)^2(2k+1)(2k+3)} \tag{8.20}$$

通过计算,以 k 值作为横坐标,Y_k 作为纵坐标,分别作出反映植物种群斑块大小的曲线如图 8.4 所示。

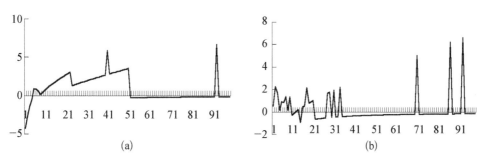

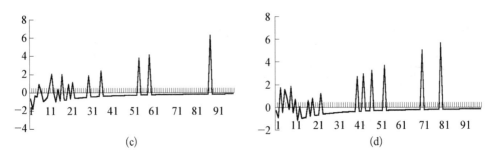

图 8.4　基于密度指标的北美车前斑块大小

第九章

群落数量分类方法

第一节　分类的目的和意义

数量分析的目的是使类群间的事物尽量地相异，从而直观地展示类群间的共性与个性。索卡尔与史尼斯的《数量分类学原理》的出版，标志着数量分类学的诞生。数量分类学被广泛应用于生物学的众多分支学科。

关于植物群落，长期以来存在着以 Clements 为代表的观点，即认为群落是具有明确边界的离散单位，或者说是自然界的一个基本组织单位，就像人体是实体单位一样。自然界存在许多优势植被类型的事实加深了人们的这一印象。有些植物群落之间的边界，如阔叶林和大草原之间的边界，只有极少的物种能够跨越，而大多数物种都分布于群落边界的一侧或另一侧。植物群落的数量分类就是基于群落是间断的这一观点。群落数量的分类方法有很多，但是，目前的分类方法几乎都是不重叠的、内在的，其中最主要的是等级聚合分类和等级划分两类方法。

第二节　相似系数和相异系数

分类是以对象间的相似性为基础的，目的是使同一组对象间的相似性尽可能大，而不同组对象间的相似性尽可能小。研究对象间相似系数（similarity）或相异系数（dissimilarity）即距离（distance）是后续分类处理的基础。阳含熙等（1981）和张金屯（1995）等介绍了不同类型的相似或距离系数公式。

一、仅适合二元数据的相似关系

对于种存在与否的二元数据，两个样方 j、k 之间的相似性可以通过以下参数计算。a 为两个样方共有种数；b 为存在于样方 j 中但不存在于样方 k 中的种数；c 为存在于样方

k 中但不存在于样方 j 中的种数；d 为两个样方中都不存在的种数。a、b、c、d 的值可以由两个样方的 $2×2$ 联表获得，如下所示。r_{jk} 代表二样方 j、k 间的相似系数。

		样方 j		
		出现	不出现	
样方 k	出现	a	b	$a+b$
	不出现	c	d	$c+d$
		$a+c$	$b+d$	$a+b+c+d$

上列方式与适合二元数据的种间相关 $2×2$ 联表相似，只是对象不同。应用以上 a、b、c、d 四个数来计算样方 j 和 k 的相似性。计测的方法有几十种，徐克学归纳出了以下 26 种主要的方法。

（1）Russell 和 Rao 系数

$$S_{rr} = \frac{a}{a+b+c+d} \tag{9.1}$$

（2）Sokal 和 Sneath 系数（1）

$$S_{s1} = \frac{a}{a+2(b+c)} \tag{9.2}$$

（3）Jaccard 系数

$$S_j = \frac{a}{a+b+c} \tag{9.3}$$

（4）Czekanowsi 系数（即 Sørensen 系数）

$$S_c = \frac{2a}{2a+b+c} \tag{9.4}$$

（5）Rogers 和 Tanimoto 系数

$$S_{rt} = \frac{a+d}{a+2b+2c+d} \tag{9.5}$$

（6）Sokal 和 Michener 系数

$$S_{sm} = \frac{a+d}{a+b+c+d} \tag{9.6}$$

（7）Sokal 和 Sneath 系数（2）

$$S_{s2} = \frac{(2a+d)}{2a+b+c+2d} \tag{9.7}$$

（8）作者不详（1）

$$S = \frac{ad}{ad + bc} \tag{9.8}$$

（9）作者不详（2）

$$S = \frac{2a}{2a + ab + ac + bc} \tag{9.9}$$

（10）Kulczynski 系数（1）

$$S_{k1} = \frac{a}{2}\left(\frac{1}{a+b} + \frac{1}{a+c}\right) \tag{9.10}$$

（11）Sokal 和 Sneath 系数（3）

$$S_{s3} = \frac{1}{4}\left(\frac{a}{a+b} + \frac{a}{a+c} + \frac{d}{d+b} + \frac{d}{d+c}\right) \tag{9.11}$$

（12）Ochiai 系数

$$S_o = \frac{a}{\sqrt{(a+b)(a+c)}} \tag{9.12}$$

（13）Sokal 和 Sneath 系数（4）

$$S_{s4} = \frac{ad}{\sqrt{(a+b)(a+c)(d+b)(d+c)}} \tag{9.13}$$

（14）作者不详（3）

$$S = \frac{1}{2} + \frac{ad - bc}{2\sqrt{(a+b)(a+c)(d+b)(d+c)}} \tag{9.14}$$

（15）Guifford 系数

$$S_g = \frac{ad - bc}{\sqrt{(a+b)(a+c)(d+b)(d+c)}} \tag{9.15}$$

（16）Mcconnaughy 系数

$$S_m = \frac{a^2 - bc}{(a+b)(a+c)} \tag{9.16}$$

（17）Hamann 系数

$$S_h = \frac{a + d - b - c}{a + b + c + d} \tag{9.17}$$

（18）Yule 和 Kendall 系数

$$S_{yk} = \frac{ad - bc}{ad + bc} \tag{9.18}$$

(19) Sokal 和 Sneath 系数(5)

$$S_{s5} = \frac{a + d}{b + c} \tag{9.19}$$

(20) Kulczynski 系数(2)

$$S_{k2} = \frac{a}{b + c} \tag{9.20}$$

(21) Sokal 和 Sneath 系数(6)

$$S_{s6} = \frac{2a}{ab + ac + bc} \tag{9.21}$$

(22) Watson 系数

$$S_w = \frac{b + c}{2a + b + c} \tag{9.22}$$

(23) 作者不详(4)

$$S = \frac{b + c}{a + b + c + d} \tag{9.23}$$

(24) Fager 和 McGowan 系数

$$S_{fm} = \frac{a}{\sqrt{(a + b)(a + c)}} - \frac{1}{2\sqrt{a + b}} \tag{9.24}$$

(25) X^2 系数

$$X^2 = \frac{(ad - bc)^2 (a + b + c + d)}{(a + b)(c + d)(a + c)(b + d)} \tag{9.25}$$

(26) 均方系数

$$V^2 = \frac{(ad - bc)^2}{(a + b)(c + d)(a + c)(b + d)} \tag{9.26}$$

以上各种相似系数在具体应用时,应该根据研究的对象和问题的性质选择。除了应用植被生态学,在植物数量分类学、生物地理学、植物区系学研究中也有广泛的应用价值。

二、适用于二元数据和数量数据的相似关系

从原始数据矩阵 $\boldsymbol{X} = \{x_{ij}\}$ 出发,x_{ij} 与 x_{ik} 分别代表第 i 个种在第 j 个和第 k 个样方

中的观测值,同样用 r_{jk} 代表样方 j 和 k 间的相似系数,而用 d_{jk} 表示两样方间的相异系数。

（1）欧氏距离

$$d_{jk} = \sqrt{\sum_{i=1}^{m} (x_{ij} - x_{ik})^2} \tag{9.27}$$

式中, $i = 1, 2, \cdots, m$, m 为种数; $j = k = 1, 2, \cdots, n$, n 为样方数,下同。

（2）Bray-Curtis 距离

$$d_{jk} = \frac{\sum_{i=1}^{m} |x_{ij} - x_{ik}|}{\sum_{i=1}^{m} (x_{ij} + x_{ik})} \tag{9.28}$$

（3）绝对值距离

$$d_{jk} = \sum_{i=1}^{m} |x_{ij} - x_{ik}| \tag{9.29}$$

（4）Orloci 距离

$$d_{jk} = \sqrt{\sum_{i=1}^{m} \left[\frac{x_{ij}}{\sqrt{\sum_{i=1}^{m} x_{ij}^2}} - \frac{x_{ik}}{\sqrt{\sum_{i=1}^{m} x_{ik}^2}} \right]} \tag{9.30}$$

（5）夹角余弦系数

$$r_{jk} = \frac{\sum_{i=1}^{m} x_{ij} x_{ik}}{\sqrt{\sum_{i=1}^{m} x_{ij}^2 \sum_{i=1}^{m} x_{ik}^2}} \tag{9.31}$$

（6）相关系数

$$r_{jk} = \frac{\sum_{i=1}^{m} (x_{ij} - \bar{x}_j)(x_{ik} - \bar{x}_k)}{\sqrt{\sum_{i=1}^{m} (x_{ij} - \bar{x}_j)^2 \sum_{i=1}^{m} (x_{ik} - \bar{x}_k)^2}} \tag{9.32}$$

（7）方差—协方差

$$r_{jk} = \frac{1}{n-1} \sum_{i=1}^{m} (x_{ij} - \bar{x}_j)(x_{ik} - \bar{x}_k) \tag{9.33}$$

（8）Ball 相似系数

$$r_{jk} = \frac{\sum\limits_{i=1}^{m} x_{ij} x_{ik}}{\sum\limits_{i=1}^{m} x_{ij}^2 + \sum\limits_{i=1}^{m} x_{ik}^2 - \sum\limits_{i=1}^{m} x_{ij} x_{ik}} \tag{9.34}$$

(9) 百分比相似系数

$$r_{jk} = 200 \times \frac{\sum\limits_{i=1}^{m} \min(x_{ij}, x_{ik})}{\sum\limits_{i=1}^{m} x_{ij} + \sum\limits_{i=1}^{m} x_{ik}} \tag{9.35}$$

第三节　等级聚类方法

一、等级聚类的一般步骤

等级聚类的一般步骤如下。

(1) 计算样方间相异系数矩阵 D，建立相异系数矩阵。

(2) 选相异系数最小的两个样方 A 和 B，首先合并为一组。

(3) 再计算该样方组 $A+B$ 与其他样方或样方组间的距离。用模型

$$D_{CA+B} = \alpha_A D_{CA} + \alpha_B D_{CB} + \beta D_{AB} + \gamma \mid D_{CA} - D_{CB} \mid \tag{9.36}$$

式中，D_{CA+B} 是样方组 $A+B$ 和样方 C 间的距离，D_{AB}、D_{CA} 和 D_{CB} 分别是样方 A 与 B、C 与 A 以及 C 与 B 之间的距离系数；α_A、α_B、β 和 γ 是常数，不同的取值方法称为聚类策略，可分为最近邻体法、最远邻体法、中值法、形心法、组平均法、离差平方和法与可变聚合法等。

(4) 回到(2)，选距离最小的两个样方或两个样方组，或一个样方和一个样方组进行合并。重复以上计算过程，直到所有的样方合并为一组。

表 9.1 数据矩阵代表 6 个样方 3 个种的一组模拟数据（阳含熙等，1981），用于说明等级聚类方法。

表 9.1　6 个样方 3 个种的一组模拟数据

种　类	样　方					
	1	2	3	4	5	6
1	2	5	2	1	0	3
2	0	1	4	3	1	2
3	3	4	1	0	0	2

以表 9.1 数据为基础，选择欧氏距离公式，计算样方间的距离系数，建立距离系数矩阵（表 9.2）。在此基础上，采用最近邻体法进行聚类分析。

表9.2　6个样方欧氏距离系数

样　方	样		方			
	1	2	3	4	5	6
1	0	3.317	4.472	4.359	3.742	2.449
2		0	5.196	6.000	6.403	3.000
3			0	**1.732**	3.742	2.449
4				0	2.236	3.000
5					0	3.742
6						0

最近邻体法(nearest neighbor)又称单一连接法(single linkage clustering)。该方法将一个样方和一个样方组间的距离定义为该样方与该组中最近的一个样方间的距离。两个样方组间的距离定义为两个组中最近的两个样方间的距离,相当于取系数值

$$\alpha_A = \frac{1}{2}, \quad \alpha_B = \frac{1}{2}, \quad \beta = 0, \quad \gamma = -\frac{1}{2}$$

即

$$D_{CA+B} = \frac{1}{2}D_{CA} + \frac{1}{2}D_{CB} - \frac{1}{2} \mid D_{CA} - D_{CB} \mid$$

在上述的欧氏距离矩阵中,样方3和4的距离系数最小,现将这两个样方合并为一组,记为3′,然后重新计算 D_{13}'、D_{23}'、D_{53}'、D_{63}'。

例如

$$D_{13}' = \frac{1}{2} \times 4.472 + \frac{1}{2} \times 4.359 - \frac{1}{2} \times (4.472 - 4.359) = 4.359$$

这一值是 D_{13} 和 D_{14} 的较小者(最近邻体)。

同理,通过计算得到 D_{23}'、D_{53}'、D_{63}' 分别为5.196、2.236和2.449,形成新的(6-1)×(6-1)的数据矩阵(表9.3)。

表9.3　按最近邻体法计算得到的5×5数据矩阵

样　方	1	2	3′	5	6
1	0	3.317	4.359	3.742	2.449
2		0	5.196	6.403	3.000
3′			0	2.236	2.449
5				0	3.742
6					0

由于表中 $D_{3'5} = 2.236$ 为最小,所以第二次合并组3′与样方5,并记为3″,即 $D_{3''1} = 0.5 \times 4.359 + 0.5 \times 3.742 - 0.5 \times | 4.359 - 3.742 | = 3.742$,同样,得到 $D_{3''2}$、$D_{3''6}$ 值分别为5.196和2.449,见表9.4。

表 9.4　按最近邻体法计算得到的 4×4 数据矩阵

样　　方	1	2	3″	6
1	0	3.317	3.742	2.449
2		0	5.196	3.000
3″			0	2.449
6				0

表 9.4 中,样方 1 与 6 的距离系数为 2.449,为最小,样方组 3″ 与样方 6 也为 2.449。在这里,按顺序号先对样方 1 与 6 合并,记为 1‴,对样方组 3″ 与样方 6 暂不合并。

$D_{1″2} = 0.5 \times 3.317 + 0.5 \times 3.000 - 0.5 \times |3.317 - 3.000| = 3.000$。同样,得到 $D_{3″1″}$ 为 2.449,见表 9.5。

表 9.5　按最近邻体法计算得到的 3×3 数据矩阵

样　　方	1‴	2	3″
1‴	0	3.000	2.449
2		0	5.196
3″			0

表中,样方组 1‴ 与样方组 3″ 距离最小,欧氏距离系数为 2.449,将这两组合并得到 1^{IV},最后计算样方组 1^{IV} 与样方 2 的相似距离为

$D_{1^{IV}2} = 0.5 \times 3.000 + 0.5 \times 5.196 - 0.5 \times |5.196 - 3.000| = 3.000$。最后合并 2 和 1^{IV},所得结果见表 9.6。

表 9.6　按最近邻体法计算得到的 2×2 数据矩阵

样　　方	1^{IV}	2
1^{IV}	0	3.000
2		0

根据以上合并顺序和距离系数,作出图 9.1。

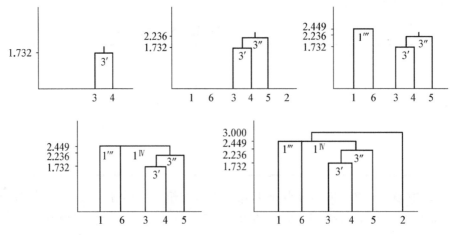

图 9.1　6 个样方的最近邻体法聚合树状图

除了最近邻体法聚类策略,还有其他 6 种聚类策略。

1. 最远邻体法

最远邻体法(furthest neighbor)又称完全连接法(complete linkage clustering)。该方法与最近邻体法相反,它把某样方与一样方组间的距离定义为该样方与该组中最远一个样方间的距离;两个样方组间的距离定义为这两个组中最远的两样方间的距离。

该策略要求系数

$$\alpha_A = \alpha_B = \frac{1}{2}, \quad \beta = 0, \quad \gamma = \frac{1}{2}$$

即

$$D_{CA+B} = \frac{1}{2}D_{CA} + \frac{1}{2}D_{CB} + \frac{1}{2} \mid D_{CA} - D_{CB} \mid$$

2. 中值法

中值(mid-value clustering),又称中线法(median)。当两个样方合并时,中值法将新形成的组置于两个样方的中间(中点),并把这个新组当作一个新样方。重复此过程,实际上每一步的聚合都是两个样方的合并,该方法结果较为合理。这一聚合策略相当于取

$$\alpha_A = \alpha_B = \frac{1}{2}, \quad \beta = -\frac{1}{4}, \quad \gamma = 0$$

即

$$D_{CA+B} = \frac{1}{2}D_{CA} + \frac{1}{2}D_{CB} - \frac{1}{4}D_{AB}$$

3. 形心法

形心法(centroid)将两个样方组间的距离定义为两个组形心间的距离。组形心指组内所有样方间距离的平均。

该方法的系数与将要合并的两个样方组所含的样方数有关,即

$$\alpha_A = \frac{n_A}{n_A + n_B}, \quad \alpha_B = \frac{n_B}{n_A + n_B}, \quad \beta = -\frac{n_A n_B}{(n_A + n_B)^2}, \quad \gamma = 0$$

式中,n_A 和 n_B 分别是样方组 A 与 B 所含的样方数,则式(9.36)就可写为

$$D_{CA+B} = \frac{n_A}{n_A + n_B}D_{CA} + \frac{n_B}{n_A + n_B}D_{CB} - \frac{n_A n_B}{(n_A + n_B)^2}D_{AB}$$

4. 组平均法

组平均法(group averaging)由 Sokal 和 Michener 提出,又称平均连接法(average linking clustering)。两个样方组间的距离取其两个组间所有可能的样方对距离的平均值。

$$\alpha_A = \frac{n_A}{n_A + n_B}, \quad \alpha_B = \frac{n_B}{n_A + n_B}, \quad \beta = \gamma = 0$$

即

$$D_{CA+B} = \frac{n_A}{n_A + n_B} D_{CA} + \frac{n_B}{n_A + n_B} D_{CB}$$

5. 离差平方和法

Ward 于 1963 年提出了离差平方和法(Ward's method),该方法将两个样方组间的距离定义为这两个组合并后所带来的离差平方和的增加量。

该聚合策略要求取系数

$$\alpha_A = \frac{n_C + n_A}{n_C + n_A + n_B}, \quad \alpha_B = \frac{n_C + n_B}{n_C + n_A + n_B}, \quad \beta = \frac{n_C}{n_A + n_B + n_C}, \quad \gamma = 0$$

即

$$D_{CA+B} = \frac{n_C + n_A}{n_C + n_A + n_B} D_{CA} + \frac{n_C + n_B}{n_C + n_A + n_B} D_{CB} - \frac{n_C}{n_A + n_B + n_C} D_{AB}$$

式中,n_A、n_B、n_C 分别代表样方组 A、B、C 所含的样方数。

6. 可变聚合法

可变聚合法(flexible clustering)没有自己固定的聚合策略,它是 Lance 和 Williams 于 1967 年在研究式(9.36)时从代数的角度规定的一种方法。

该方法主要是式(9.36)中的系数可以变化,并具有关系

$$\alpha_A = \alpha_B, \quad \beta < 1, \quad \alpha_A + \alpha_B + \beta = 1, \quad \gamma = 0$$

即

$$D_{CA+B} = \frac{1}{2}(1-\beta) D_{CA} + \frac{1}{2}(1-\beta) D_{CB} - \beta D_{AB}$$

二、应用 PCORD 软件进行聚类分析

PCORD for Windows 4.0 是 McCune 和 Mefford 于 1999 年开发的一种生态数据多变量分析软件,它的 Windows 界面提供了方便使用的鼠标操作和窗口式的输出方式。除了用于交换数据和处理文件,PCORD 还提供了许多普通统计软件不能提供的命令和聚类方法技术。表 9.7 是一组模拟数据,用于应用 PCORD 进行聚类分析操作步骤的说明。

表 9.7　一组包括 8 个样方 10 个种类的模拟数据

种　类	样　　　方							
	A1	A2	A3	A4	A5	A6	A7	A8
SP1	79	60	86	44	61	71	25	100
SP2	87	100	75	69	100	81	25	75
SP3	81	51	72	67	49	88	25	75

续 表

种 类	样 方							
	A1	A2	A3	A4	A5	A6	A7	A8
SP4	69	31	75	86	34	74	25	100
SP5	56	44	64	83	63	66	25	75
SP6	53	19	71	80	27	62	100	100
SP7	47	15	58	71	22	68	50	75
SP8	59	26	63	90	33	77	75	100
SP9	63	22	79	86	25	66	50	75
SP10	50	13	72	85	18	59	25	100

有三种方法将数据导入 PCORD。

方法 1：在 Excel 中完成以下表格的数据输入，Q 表示数量数据，共有 8 个样方，10 个种类(表 9.8)。

表 9.8 一组模拟数据用于聚类分析

10	species							
8	site							
	Q	Q	Q	Q	Q	Q	Q	Q
	A1	A2	A3	A4	A5	A6	A7	A8
S1	79	60	86	44	61	71	25	100
S2	87	100	75	69	100	81	25	75
S3	81	51	72	67	49	88	25	75
S4	69	31	75	86	34	74	25	100
S5	56	44	64	83	63	66	25	75
S6	53	19	71	80	27	62	100	100
S7	47	15	58	71	22	68	50	75
S8	59	26	63	90	33	77	75	100
S9	63	22	79	86	25	66	50	75
S10	50	13	72	85	18	59	25	100

将表 9.8 中的数据表格转换成文字方式，逗号为半角(ASCⅡ码格式)，保存在记事本中，形成 data.txt 文件。

通过表格转换成文字的方式，将以上表格转换成如下格式。

10, species,,,,,,,
8, character,,,,,,,
, Q, Q, Q, Q, Q, Q, Q, Q
, C1, C2, C3, C4, C5, C6, C7, C8
S1, 79, 60, 86, 44, 61, 71, 25, 100

S2，87，100，75，69，100，81，25，75

S3，81，51，72，67，49，88，25，75

S4，69，31，75，86，34，74，25，100

S5，56，44，64，83，63，66，25，75

S6，53，19，71，80，27，62，100，100

S7，47，15，58，71，22，68，50，75

S8，59，26，63，90，33，77，75，100

S9，63，22，79，86，25，66，50，75

S10，50，13，72，85，18，59，25，100

　　打开 PCORD 主菜单，选择 Import Matrix 后，在 File Format 中选择 Comma-Separated-Values (Spreadsheet)（图 9.2）。确定后，提示要输入的文件名，只要选择就可以了。

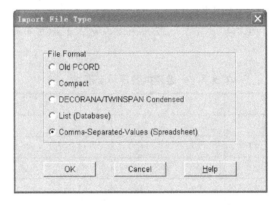

图 9.2　PCORD 数据输入格式说明图

　　方法 2：将电子表格中的表 9.4 另存为 data. csv 格式，再打开 PCORD 主菜单，选择 Import Matrix 后，在 File Format 中同样选择 Comma-Separated-Values (Spreadsheet)格式，确认后选择要输入的文件即可。

　　方法 3：将电子表格中表 9.4 另存为 data. wk1 格式，再打开 PCORD 主菜单，选择 File→Open→Main Matrix 导入. wk1 文件。注意，这种方法只有在 Office 2003 及以下版本中的 Excel 可行。在 Office 2007 版本中的 Excel 无法另存为. wk1 格式。

　　如果需要对数据进行编辑，在主菜单 EDIT 中，选择 End Editing Matrix。

　　PCORD 提供了四种数据标准化功能，是否需要标准化，则需要根据数据的类型决定。数据标准化时，选择 Modify Data 菜单，选择 Standardization，在 Standardization 中再选择所需要的转换方式，选择时，屏幕会提示转换所采用的数学公式，如 $X = X_p$。

　　数据的行列转置：一般的数据以列为样方、行为种类进行数据录入，应用 PCORD 进行聚类分析时，以行（种类）为对象进行聚类分析，如果需要以列（样地、群落）为对象进行聚类分析，则要在 Modify Data 菜单中，选择 Tranpose Main Matrix，可以进行数据的行列转置。

　　数据的删减：在 Modify Data 菜单中，也可以选择 Delete 进行行、列的删除工作，或者乘以或加上某个数。

进行聚类分析时,在主菜单选择 Groups→Cluster Analysis→在 Distance Measure 中有 7 个距离或相似性系数,本例中选择 Euclidean(Pythagorean)（欧氏距离）→在 Group Linkage Method 中有 8 个选项,选择其中之一,同时选择 Include Cluster Information with the Dendrogram(图 9.3)→OK。数据运算后,提示输入结果文件名保存 Descriptive Title for Results。

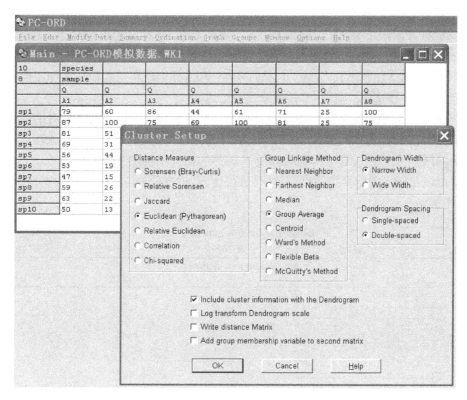

图 9.3　PCORD 进行聚类分析时的参数选择

完成运算后,在主菜单上选择 Graph→Cluster Dendrogram,结果见图 9.4。

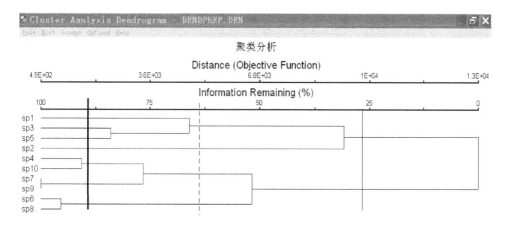

图 9.4　应用欧氏距离,基于离差平方和法对表 9.7 数据进行聚类分析的结果

聚类图的编辑：在主菜单上选择 Options-Preferences，在 Format 下可以对字体大小、类型、聚类图的背景颜色、聚类图是水平排列还是垂直排列、所要显示的信息等进行编辑；在 Style 下可以对聚类树状图"树枝"间距进行调整；在 Font 下可以对字体进行调整。

图 9.4 中，距离系数 Distance（Objective Function）反映了不同种类间的相异程度，聚类信息反映了分组的客观程度。按一定的分组阈值，可以将 10 个种分成不同的组，在实线下，10 个种分成两个组，组 1 包括种 4、6、7、8、9 和 10；组 2 包括种 1、2、3、5。如果分组的要求更严格一些，在虚线处，则 10 个种被分成四组，组 1 包括种 6 和 8，组 2 包括 4、7、9 和 10，组 3 仅包括种 2，组 4 包括种 1、3 和 5；如果距离系数很小的种才能作为同一组处理，如在粗黑线处，则 10 个种被分成 6 个组。

分类时，样本间的系数选择类型较多，也有多种聚合策略。不同的选择对结果也有重大影响。例如，本组模拟数据中，如果选择最近邻体法等其他五种聚类策略进行聚类分析，得到的结果见图 9～图 9.9，其他四类聚类图的拓扑结构明显不同于图 9.5。在实际操作中，可以比较不同的聚类策略，对结果进行比较，根据野外群落的定性观察，再选择合适的聚类策略。

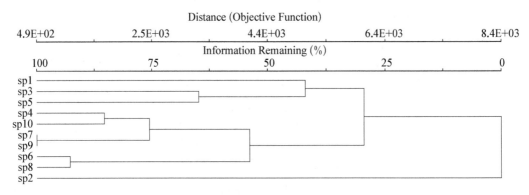

图 9.5　基于最近邻体法得到的聚类图

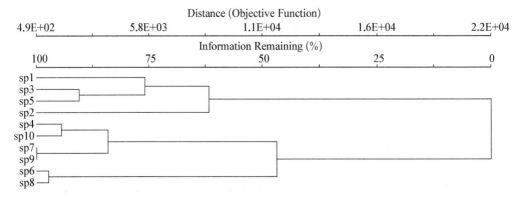

图 9.6　基于最远邻体法得到的聚类图

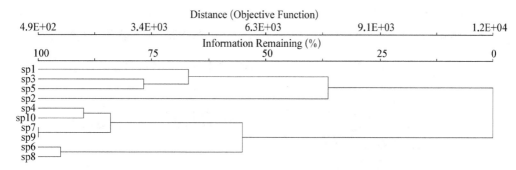

图 9.7 基于中值法得到的聚类图

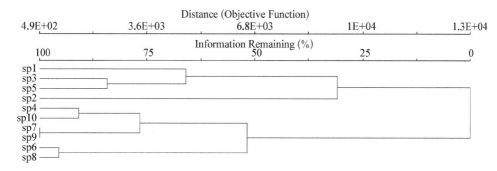

图 9.8 基于组平均法到的聚类图

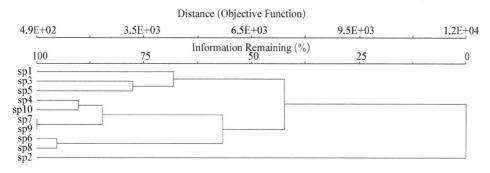

图 9.9 基于形心法到的聚类图

PCORD 提供的距离系数(或相似系数),有的适用二元数据,如 Jaccard 系数。

PCORD 生成的图形,可以复制到文档中编辑;也可以把用来生成图形的结果数据复制出来,用专门的绘图软件去重新绘图。

三、应用 PAST 软件进行聚类分析

应用 PAST 2.17 软件也可很方便地进行聚类分析,操作步骤如下。

运行 PAST 2.17→将原始数据复制到 PAST 数据框中→主菜单下选择 Edit→再选择 Rename row 更改行的标识符号,选择 Rename column 更改列的标识符号→选择 Edit mode(去除小勾)→选择数据区域→在主菜单中选择 Multivar→Cluster analysis→选择相应

的相异或相似系数、聚类策略即可生成聚类图(图9.10)→鼠标单击聚类图区域,会弹出一个Graph preference窗口,允许对图形中的字体类型、大小、树状图线的粗细等进行编辑。

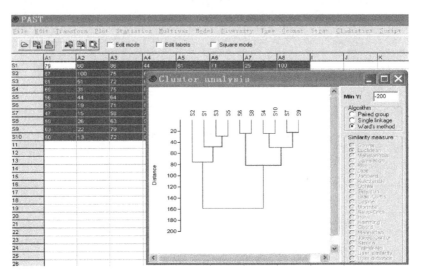

图 9.10　应用 PAST 2.17 对表 9.7 中数据行为对象的聚类分析结果

生成的图片可以直接复制到文档中进行编辑。也可以同时对样方和种类进行聚类分析,在同一图上展示原始数据、种类聚类图和样方的聚类图见图9.11。

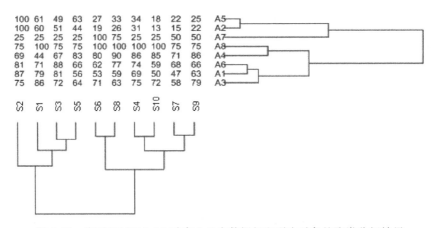

图 9.11　应用 PAST 2.17 对表 9.7 中数据行和列为对象的聚类分析结果

PAST 2.17 提供了三种聚类策略和 24 种相异或相似系数。

如果不选择 Two-Way,则 PAST 对数据的行(种)进行聚类,如果要对样方(群落)进行聚类,需要在 Edit 菜单中选择 Transpose 进行行—列转置。勾选 Edit label,可以对行和列的标识符号进行编辑。

四、应用 SPSS 进行聚类分析

SPSS 11.0 也具有聚类分析功能。应用 SPSS 软件进行聚类分析步骤如下。

启动 SPSS 软件→按行为实体(种类)、列为属性(样方)输入原始数据→激活数据→选择菜单 Analyze-Classifuy-Hierarchical Cluster→将数据输入 Variables 框中,并选择是进行实体聚类(Case)还是属性聚类(Variable)→选择 Method——Cluster method(如离差平方和法)→选择实体间的距离(Interval),如平方根欧氏距离→选择是否要进行标准化处理(Standardization)→选择 Continue 继续→选择 Plots→激活 Dendrogram(树状图)→选择树状图形排法(Vertical or Horizontal,垂直或水平)→选择 OK 进行运算。

SPSS 提供了如下选项。

(1) None:不进行标准化。

(2) Z Scores:对数据进行 Z 转换,转换后的数据均值为 0,标准离差为 1。

(3) Range - 1 to 1:将数据转换到 -1~1。

(4) Maximum magnitude of 1:最大值标准化。

(5) Mean of 1:将数据除以均值。

(6) Standard deviation of 1:将数据除以标准离差。

(7) Transform measures 方框:设置转换度量的方法。

(8) Absolute values 复选框:选择此项,对距离值取绝对值。

(9) Change sign 复选框:实现相似性和距离系数间的转换。

(10) Rescale to 0~1 复选框:选择此项,将距离值按比例缩放到 0~1。

标准化时,首先减去最小距离,然后除以极差。应用 SPSS 11.0 对表 9.7 中数据聚类分析的参数选择如图 9.12 所示,结果如图 9.13 所示。

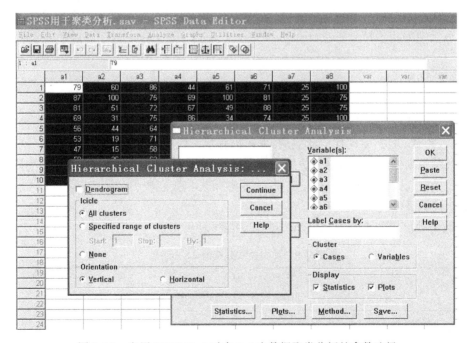

图 9.12 应用 SPSS 11.0 对表 9.7 中数据聚类分析的参数选择

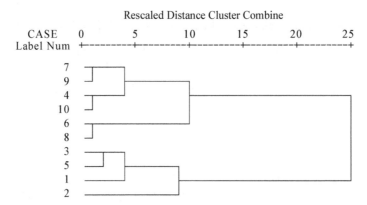

图 9.13 应用 SPSS 11.0 对表 9.7 数据聚类分析结果

第四节 等级划分法

等级划分法(hierarchical divisive)是从 N 个样点的整体集合开始,由上向下逐次划分。首先按一定的方式将样点集合划分成两个样点组,使两样点组间的相异性最大,从而保证每组样点内部的相似性最大。分成两个样点组后,又以同样方式再在每个样点组中分成两个相异性最大的组,如此下去,直至单个样方达到一定的相似程度。

等级划分法分为单元划分法和多元划分法。单元划分法适合二元数据,但有些情况下,该类方法并不合适,如对农田杂草群落的分类。多元划分法有平方和减量法、排序轴分类法以及双向指示种分析法(two-indicator species analysis,TWINSPAN)三种。

一、单元划分法

单元划分法仅适用于二元数据,每一次对群落的划分均仅以某一种的存在与否作为标准,此方法在 20 世纪 70 年代广泛应用,现在仍有学者使用。单元划分法有关联分析法、组分析法和信息划分法。关联分析法提出得较早,应用广泛,在种类丰富的群落分类研究中,令人满意。在人们不熟悉的植被研究中,也非常有效。单元划分的操作步骤如下。

(1)计算种间关联系数矩阵。

将两个种出现与否的观测值填入 2×2 联表(表 9.9)。

表 9.9 种间关联分析的 2×2 联表

		种 k		
		出现的样方	不出现的样方数	
种 j	出现的样方种	a	b	$a+b$
	不出现的样方	c	d	$c+d$
		$a+c$	$b+d$	$a+b+c+d$

其中,a 表示两个样方共有的种数;b 表示存在于样方 j 中但不存在于样方 k 中的种数;c 表示存在于样方 k 中但不存在于样方 j 中的种数;d 表示两个样方中均没有出现的种数。

用 X^2 系数(式(9.37))或均方系数 $V^2 = X^2/N$ 表征两个种的关联程度,建立种间关联系数矩阵。

$$X^2 = \frac{(ad-bc)^2(a+b+c+d)}{(a+b)(c+d)(a+c)(b+d)}, \quad V^2 = X^2/N \tag{9.37}$$

式中,a、b、c、d 是两个种 2×2 联表中的数值;N 为样方总数。

(2) 决定临界种(critical species),并据此对样方进行划分。

按式(9.38)对关联矩阵求行或列的和

$$C_i = \sum_{i=1}^{p} C_{ij} \quad (i = 1, 2, \cdots, p) \tag{9.38}$$

式中,C_i 表示整个样方组中种 i 和其他种的总关联。选择 C_i 值为最大的种作为临界种,根据临界种的存在与否,将样方组划分成两个样方组。

(3) 回到(1),对以上得到的两个样方组进行再划分。

对每个新样方组的再划分需要重新计算每个新组的种间关联系数,构建关联系数矩阵,重复以上步骤,直到新得到的样方组内的种间关联系数全为 0,也就是处于显著水准以下,这样得到的若干样方组认为是同质的。

以表 9.10 中的数据作为例子介绍关联分析步骤。

表 9.10　用于介绍单元划分法的模拟数据

种　类	样　　　　　方						
	1	2	3	4	5	6	7
1	1	1	1	0	0	1	1
2	1	0	0	0	1	1	0
3	0	1	0	1	1	0	0
4	1	1	1	1	0	1	1
5	0	0	0	1	1	1	0
6	1	0	0	1	1	1	0

现对其进行分类。

第一步,计算关联系数矩阵。

例如

$$X^2(1, 2) = \frac{(2\times1-3\times1)^2\times(2+4+1)}{5\times2\times3\times4} = 0.06$$

选用 0.1 显著性水准(临界值为 2.706),$X^2(1, 2)$ 的值小于该临界值,应记为 0。再如

$$X^2(1, 3) = \frac{(0 - 2 \times 4)^2 \times 7}{120} = 3.733$$

该值大于临界值,所以有

$$C_{13} = X_{13}^2/N = 3.73/7 = 0.5333$$

分别计算,得关联矩阵

$$
\begin{bmatrix}
1 & 2 & 3 & 4 & 5 & 6 \\
0 & 0 & 0.5333 & 0.4167 & 0.5333 & 0 \\
0 & 0 & 0 & 0 & 0 & 0.5625 \\
0.5333 & 0 & 0 & 0 & 0 & 0 \\
0.4167 & 0 & 0 & 0 & 0 & 0 \\
0.5333 & 0 & 0 & 0 & 0 & 0.5625 \\
0 & 0.5625 & 0 & 0 & 0.5625 & 0
\end{bmatrix}
$$

第二步,分别计算行和 C_i。

例如

$$C_1 = 0 + 0 + 0.5333 + 0.4167 + 0.5333 + 0 = 1.48$$

同法计算得

$$C_2 = 0.5625, \quad C_3 = 0.5333, \quad C_4 = 0.4167, \quad C_5 = 1.0958, \quad C_6 = 1.125$$

可见,C_1 最大,故选种 1 为临界种。据此,7 个样方被分为两组 {1, 2, 3, 6, 7} 和 {4, 5}。

第三步,回到第一步,对以上得到的两个样方组进行再分划。根据所确立的显著性水准(0.1),样方组 {4, 5} 不能再分划。对样方组 {1, 2, 3, 6, 7} 进行再分划。最后 7 个样方被分为三组:{1, 6},{2, 3, 7},{4, 5}。

结果如图 9.14 所示,图中每次划分都标明临界种。"+"表示含该临界种;"—"表示不含该种;方块中的数字表示分组中的样方数。

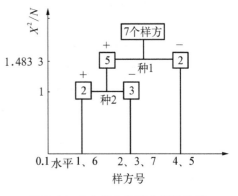

图 9.14　7 个样方关联分析树状图

二、双向指示种分析法

与单元划分法相对应的是多元划分法,后者以整个数据矩阵为基础,结果应该优于单元划分法,其中的双向指示种分析法最为重要和常用。

1. 方法简介

双向指示种分析法首先对数据进行对应分析排序,得到第一排序轴,再以排序轴为基础进行分类,双向指示种分析法可对样点和种类同时进行分类,具体步骤如下。

（1）以排序轴为基础进行预分组，求出坐标轴形心，即平均值。

$$Y = \frac{\sum\limits_{j=1}^{N} y_j}{N}$$

式中，y_j 为第 j 个样点的排序轴标值。以排序轴的形心为界，将样方分为正负两组，负组 $A_1(y_j \leqslant Y)$，正组 $A_2(y_j > Y)$。

（2）指示种选取。

选取处于排序轴两端的种作为指示种。种类的指示意义用一指示值（indicator-value）来衡量。

$$D(i) = \left| \frac{n_1(i)}{N_1} - \frac{n_2(i)}{N_2} \right| \quad (i = 1, 2, 3, \cdots, P)$$

式中，$D(i)$ 是指示种 i 的指示值；N_1 和 N_2 是 A_1、A_2 两组的样方数；$n_1(i)$ 是种 i 在 A_1 中出现的样点数；$n_2(i)$ 是种 i 在 A_2 中出现的样点数。

当 $D(i) = 1$ 时，种 i 是完全的指示种；当 $D(i) = 0$ 时，种 i 没有指示意义。

选择 $D(i)$ 最大的几个种作为指示种。

（3）计算样点的指示分（indicator-scores）。

对选出的指示种，根据其中正组、负组中出现的情况，分别称为负指示种与正指示种。当 $n_1(i)/N_1 > n_2(i)/N_2$ 时，种 i 为负指示种，当 $n_1(i)/N_1 < n_2(i)/N_2$ 时，种 i 为正指示种。在样点中，根据含指示种的情况给予计分。若每含一个指示种，得 1 分，若含一个负指示种，得 -1 分，将所有分数相加，得 Z_j 值。

（4）按指示分将样点分组。

选择一个合适的指示阈值，根据指示分的大小，将样点组分成正负两组，并使所分的两组与排序坐标轴所分的两组的吻合程度最高。

（5）对预分组进行调整。

如果两次所分的组不一致，要进行调整。以排序轴形心为中心，向两侧扩展，划出一个较窄的中心带，处于中心带内的错误分类，可以进行人为调整。

（6）再重复上述过程，直到组内样方数下降到一规定值。在进行再划分时，对将要分划的组需要重新计算排序坐标。

（7）用与样点分类相同的方法进行种类的分类。

2. 应用 PCORD 进行双向指示种分析

双向指示种分析不能够直接分析多度数据，该方法基于 0、1 两类数据进行运算。在 PCORD 软件中，双向指示种分析法通过构建反映多度等级的"假种 Pseudospecies"来处理原始矩阵中的多度数据。PCORD 中的"假种切割水平 Pseudospecies Cut Levels"用于确定多度等级。假如原始数据盖度为 0～100%，首先需要对原始数据分成几个盖度等级（PCORD 软件中最大等级为 5），在这一数据案例中，等级划分水平为 0、2、5、10 和 20 比较合适。双向指示种分析法中，假种的切割等级划分对于数据分析极为重要。如果是一个最大值标准化处理的数据（为 0～1），可以将切割水平定为 0、0.02、0.05、0.1 和 0.2。

运行 PCORD→输入数据→主菜单中选择 Groups→TWINSPAN→选择"Pseudospecies Cut Levels"→OK。双向指示种分析中的参数选择见图 9.15,结果形式见图 9.16。

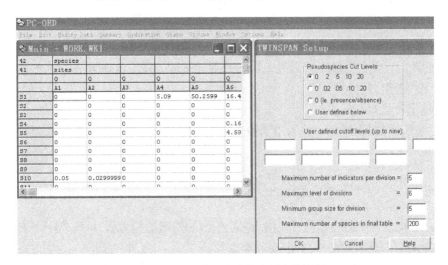

图 9.15 双向指示种分析中的参数选择

```
                    111222335335 455234512344  1112234455524335 12445 11234
                    134646808915406299785463268022713512978069713755044518793 23

12  brRice  3324424443334 33 34 G1 3221232221122--1-2 6222 12211121--11-    1
13  Banana  33124423244444434-2-24243312132414212342 8344 2423324221112   011
 8  Bagels  222323222-23434 2333 2221-12--3131143--2123 4133 2332-----311   011
 5  Brocli  3324233323334 4234223443434312424223344 4324 433332223-22       011
14  Carob   1--11--2-2111-1222-31---11----1--1--1-1 G2 -2-4121-----         0101
 1  Grnola  342244124243224323234424-341-1112-11111--1 4 1222221-4111        0101
16  Lobstr  1--11--1-12-2212-1111---121-1--1-1--1-1 1-2221-1111              0100
11  whRice  11-132-21122234-222223--34443222222221222 4323 124244223222      0100
 4  Beans   4334242342334322332323223423222242124344 434 2224432322222       0100
 3  Milk    44444444444324444444444444-44244324444 4 44444444444344444      0100
15  Burger  22112---1--1-2422222222232212222222-3 3343 43 433142333         001
 7  Cola    11-1111-1-1112-14-34444142-3222--441444-4422 42424444434 4        001
 6  Chips   22-212112-23233122343132-12--212222124223144442 42 G3 1441       001
 2  Steak   11-12-1-11---2221-21223122222221221221222334 332 252--13222      001
10  TV-din  --------11--1---4-33----21-----21------1-1221 2121---1112         000
 9  Pickle  214222-2--1323222122-2121222-22-12--22121142342 13342 41141      000

          000000000000000000000000000000000001 11111111111111111
          000000000000000001111111111111111111000011111111111
          00000000000000011110000011111111111111111001100000011111
          000000000000000111        00000111111111111111
```

图 9.16 双向指示种分析的结果形式

程序运行后,输出一以种类为行、样点为列的矩阵,矩阵上方是样点号,下面是所分的类型,其中"0"代表一次划分所得的一个组,"1"代表另一组,矩阵的左边是种名或种号,右边是它们所分的类型,矩阵中心是每个种在各样点中的等级值。上面的例子中,16 个物种被分成 G1、G2 和 G3 三个生态组。

郭水良等(2001)对长白山地面 41 个样点中 42 种藓类植物的盖度数据进行了双向指示种分析,结果将 42 种藓类植物分成四组类群,分布于长白山东坡海拔 960~1270 m 的落叶松—笃斯越桔沼泽地、海拔 1900~2600 m 的高山苔原、海拔 900~1750 m 的云冷杉林下和岳桦林下。

41个样点也被分成4个样点组,分别对应于落叶松—沼泽、高山苔原、暗针叶林和岳桦林或岳桦—落叶松林,如图9.17所示。

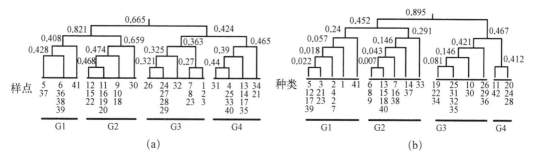

图 9.17 应用双向指示种分析法对长白山地面藓类植物群落分类结果

第五节 非等级分类方法

非等级分类方法的结果只能给出所分的组及各组所含的样方,而不能用树状图来表示各组间的联系。

一、相似分类法

相似性分类以相似系数为基础,建立相似矩阵,选一个适当阈值,相似系数大于或等于该阈值的样方合并为一组。

二、相异分类法

以相异系数(距离)为基础,与上面的相似分类相似,先计算距离矩阵,再选一距离阈值,距离系数小于或等于该值的样方合并为一组。表9.11是一组相异系数矩阵,假定阈值为0.33,则6个样方被分为3组:{1,2,3}、{4,5}和{6}。划分阈值的选择需要从生态意义上考虑。

表 9.11 6 个样方的相异系数矩阵

样方＼样方	1	2	3	4	5
2	0.47				
3	0.17	0.33			
4	0.70	0.50	0.60		
5	0.73	0.53	0.63	0.13	
6	0.40	0.60	0.40	0.50	0.47

三、图论聚类法

图论聚类法(graph clustering)用连通图表示,该方法的步骤如下。

计算样点的相似系数,构成相似矩阵。从任意一个样点 A 开始,找出与其相似系数最大的样点 B,将 A 与 B 连成一边,并标上相似系数。再找与 A 相似系数第二大的样点 C,此时应该检查与 C 相似系数最大的样点是否是 A,如果是 A,则将 A 与 C 相连。接着进一步找出与 A 相似系数第三大的样点,如果与 C 相似系数最大的不是 A 而是其他样点 D,则 C 与 D 相连。重复上述步骤,将所有样点连通。在连通过程中,若出现回路,应该除去较小相似系数所对应的那一条边;若出现某一样点为与其他两个样点相似系数相同的情况,则可以连通任意其中的一个样点。

如果以相似系数为基础,则生成最大树(相邻样点间的相似系数最大)。如果以相异系数为基础,则生成最小树(相邻样点距离最小)。

P-8 是图论聚类法的程序,基于欧氏距离系数。

```
10 CLS
20 REM P-8 PROGRAM FOR GRAPH CLUSTER ANALYSIS
30 REM CONSTRUCTION OF MINIMUM SPANNIG TREE(MST)
40 PRINT "M(SPECIES NUMBER, LINE) = ";
50 INPUT M
60 PRINT "N(N(SITE NUMBER, COLUM) = ";
70 INPUT N
80 IF N>M THEN E = N ELSE E = M
90 DIM X(E, E), D(E, E), L(E)
100 OPEN "C:\QB\DATA.CSV" FOR INPUT AS #1
110 FOR I = 1 TO M
120 FOR J = 1 TO N
130 INPUT #1, X(I, J)
140 NEXT J
150 NEXT I
160 CLOSE
170 OPEN "C:\QB\RESULT.TXT" FOR OUTPUT AS #1
180 PRINT "ORIGINAL MATRIX": PRINT #1, "ORIGINAL MATRIX"
190 PRINT: PRINT #1,
200 FOR I = 1 TO M: FOR J = 1 TO N
210 PRINT X(I, J);: PRINT #1, X(I, J);
220 NEXT: PRINT: PRINT #1, : NEXT I
230 PRINT: PRINT #1,
240 PRINT "THE AVERAGE EUCLIDEAN DISTANCE MATRIX:"
250 PRINT #1, "THE AVERAGE EUCLIDEAN DISTANCE MATRIX:"
260 PRINT: PRINT #1,
```

```
270 FOR I = 1 TO M: FOR J = 1 TO M: D(I, J) = 0
280 FOR K = 1 TO N
290 D(I, J) = D(I, J) + (X(I, K) - X(J, K)) * (X(I, K) - X(J, K))
300 NEXT K: D(I, J) = SQR(D(I, J) / N)
310 PRINT INT(D(I, J) * 10000 + .5) / 10000; " ";
320 PRINT #1, INT(D(I, J) * 10000 + .5) / 10000; " ";
330 NEXT J: PRINT: PRINT #1, : NEXT I
340 MIN = D(1, 2)
350 MAX = 0: FOR I = 1 TO M - 1: FOR J = I + 1 TO M
360 IF D(I, J) > MIN THEN 380
370 MIN = D(I, J): N1 = I: N2 = J
380 IF D(I, J) < MAX THEN 400
390 MAX = D(I, J)
400 NEXT J
410 NEXT I: X(1, 1) = N1: X(1, 2) = N2
420 L(1) = MIN: D(N1, N2) = MAX: D(N2, N1) = MAX
430 PRINT: PRINT #1,
440 PRINT "NO.", "EDGE", "LENGTH": PRINT 1, "OUT("; N1; ")--OUT("; N2; ")";
450 PRINT INT(L(1) * 10000 + .5) / 10000
460 PRINT #1, "NO.", "EDGE", "LENGTH"
470 PRINT #1, 1, "OUT("; N1; ")--OUT("; N2; ")";
480 PRINT #1, INT(L(1) * 10000 + .5) / 10000
490 SL = L(1): FOR I = 2 TO M - 1
500 MIN = MAX: FOR J = 1 TO I
510 FOR K = 1 TO M
520 IF K = X(I - 1, J) THEN 550
530 IF D(X(I - 1, J), K) > MIN THEN 550
540 MIN = D(X(I - 1, J), K): S = K: R = X(I - 1, J)
550 NEXT K
560 X(I, J) = X(I - 1, J): NEXT J
570 X(I, I + 1) = S: FOR K = 1 TO I + 1: FOR J = 1 TO I + 1
580 D(X(I, K), X(I, J)) = MAX
590 NEXT J: NEXT K
600 L(I) = INT(MIN * 10000 + .5) / 10000
610 PRINT I, "OUT("; R; ")--OUT("; S; ");"; L(I)
620 PRINT #1, I, "OUT("; R; ")--OUT("; S; ");"; L(I)
630 SL = SL + L(I): NEXT I
640 PRINT "SL(SUM OF LENGTHS) = "; SL: PRINT "ML(MEAN OF LENGTHS) = "; SL / (M - 1)
650 PRINT #1, "SL(SUM OF LENGTHS) = "; SL: PRINT #1, "ML(MEAN OF LENGTHS) = ";
SL / (M - 1)
660 END
```

对表 9.7 数据进行运算结果如下。

THE AVERAGE EUCLIDEAN DISTANCE MATRIX：

0	24.1247	15.2807	21.1069	20.7485	36.6401	30.2944	30.6615	27.5772	29.4109
24.1247	0	25.2488	36.0624	27.4044	49.7418	44.7158	42.5367	40.9878	46.1465
15.2807	25.2488	0	15.6525	14.4655	34.2564	23.5	25.5465	20.1866	25.387
21.1069	36.0624	15.6525	0	15.8035	27.9955	18.3167	18.6916	13.8203	12.1244
20.7485	27.4044	14.4655	15.8035	0	32.1209	20.6519	23.7934	18.8282	21.691
36.6401	49.7418	34.2564	27.9955	32.1209	0	20.8806	11.9111	20.4756	26.8933
30.2944	44.7158	23.5	18.3167	20.6519	20.8806	0	16.2134	11.0905	14.7986
30.6615	42.5367	25.5465	18.6916	23.7934	11.9111	16.2134	0	14.7436	20.6307
27.5772	40.9878	20.1866	13.8203	18.8282	20.4756	11.0905	14.7436	0	14.3527
29.4109	46.1465	25.387	12.1244	21.691	26.8933	14.7986	20.6307	14.3527	0

NO.	EDGE	LENGTH
1	OUT(7)－－OUT(9)	11.0905
2	OUT(9)－－OUT(4)：13.8203
3	OUT(4)－－OUT(10)：12.1244
4	OUT(9)－－OUT(8)：14.7436
5	OUT(8)－－OUT(6)：11.9111
6	OUT(4)－－OUT(3)：15.6525
7	OUT(3)－－OUT(5)：14.4655
8	OUT(3)－－OUT(1)：15.2807
9	OUT(1)－－OUT(2)：24.1247

SL(SUM OF LENGTHS)=133.2133

ML(MEAN OF LENGTHS)=14.80148

根据分类对象间的关系，作出相应的最小生成树(图 9.18)。

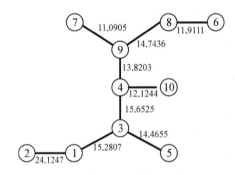

图 9.18　基于表 9.7 数据的 10 种植物生态关系的最小生成树

第十章

排　序

第一节　排序概述

　　群落生态学中的排序,是指将样点在二维或三维空间进行排列,并使样点的空间位置尽可能地反映样点在植物种类组成和发生上的相似性。通过对数据的正分析与逆分析,排序能够反映出群落类型之间、植物种类之间的相互关系,也使排序轴能够反映一定的生态梯度,从而能够解释植被或植物种的分布与环境因子间的关系。生态学上的排序方法有加权平均、梯度分析、连续带分析、极点排序、对应分析、主成分分析、主坐标分析、相互平均、除趋势对应分析、典范对应分析、除趋势典范对应分析、典范相关分析、无度量多维标定排序等。

　　不同的排序方法对原始数据有不同的要求。像极点排序、主成分分析、主坐标分析需要原始数据呈线性关系,即植物种类的分布随着某一环境因子的变化而呈线性变化。但是,在多数情况下,植物分布与环境间的关系不是线性,而是非线性关系。非线性模型一般是指二次曲线模型,比较重要的是高斯模型。高斯模型是正态曲线,含义是某个植物的个体数目随某个环境因子值的增大而增大,但当环境因子增大到某一值时,植物种的数目达到最大值,此时的环境因子就是最适值,随后,当环境因子值再增大时,植物种的个体数目逐渐减少,最后为零。除趋势对应分析、典范对应分析、无度量多维标定排序基于高斯模型。

　　由于排序的结果能够客观地反映群落间的关系,所以它可以与分类方法结合使用。目前,人们在研究植物群落类型和环境的关系时,先用聚类分析、双向指示种分析等方法对所要研究的植物群落进行分类,然后再在排序图上分析群落的界限,反映出各植物群落之间连续变化的关系。

　　排序的结果一般用直观的排序图表示,排序图通常只能表现出三维坐标。因此排序的一个重要内容是降低维数,减少坐标轴的数目,但降低维数往往会损失信息。一个好的排序方法应该由降低维数引起的信息损失尽量少,即发生最小的畸变,也就是说它的低维排序轴包含大量的生态信息。

第二节 极点排序

一、方法简介

极点排序(polar ordination)是 20 世纪 50 年代中期由 Bray 和 Curtis(1957)创立的。该排序方法计算简单、结果直观,便于理解,在群落生态学研究中发挥过重要作用,其计算步骤如下。

第一步,计算研究对象(样方)间的相异系数矩阵,可以用欧氏距离、Bray-Curtis 距离、绝对值距离。如果是计算相似系数,则将之转换成相似系数。

第二步,选择 x 轴的端点,选择相异系数最大的两个样方作为第一排序轴的端点,其中一个坐标值记为 0,另一坐标值等于二端样方间的距离系数。

第三步,按式(10.1)和式(10.2)计算其他样方在 x 轴上的坐标值和对 x 轴的偏离值。

$$x_c = \frac{D_{ab}^2 + D_{ac}^2 - D_{bc}^2}{2 \times D_{ab}} \tag{10.1}$$

$$h = \sqrt{D_{ac}^2 - x_c^2} \tag{10.2}$$

图 10.1 中,a 和 b 是两个端点样方,第 3 个样方 c 在 x 轴上的坐标值为 x_c。

图中,a、b 为 x 轴的两个端点;D_{ab} 为两端点样方 a、b 间的距离;D_{ac} 和 D_{bc} 分别为样方 c 与样方 a 及样方 b 之间的相异系数;h 为样方 c 对 x 轴的偏离值。

第四步,选择 y 轴的端点,首先选与 x 轴的偏离值最大的样方作为 y 轴的一个端点,以使 y 轴尽量与 x 轴垂直。然后选第二个端点,使其与 y 轴上的第一个端点间的相异系数最大。

第五步,同样方法计算其他样方在 y 轴上的坐标值。

第六步,用 x 轴和 y 轴组成排序图。

阳含熙等(1981)用一例子(表 10.1)计算,来说明极点排序的方法。

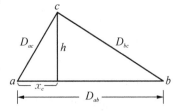

图 10.1 极点排序中,端点以外样方在 x 轴上的坐标值和与 x 偏离值的计算方法

表 10.1 7 个种在 6 个样方中的多度

种 \ 样方	1	2	3	4	5	6
1	10	0	8	0	1	8
2	8	4	5	0	0	7
3	6	6	7	3	3	1
4	4	10	5	4	2	0

续 表

种\样方	1	2	3	4	5	6
5	2	7	5	5	6	4
6	0	3	0	8	10	8
7	0	0	0	10	8	2

第一步,计算两样方间的 Bray-Curtis 相异系数,建立相异系数矩阵。为了表达方便,这里所得系数值均扩大 100 倍。如样方 1 和 2 之间的相异系数为

$$D_{12} = \frac{|10-0|+|8-4|+|6-6|+|4-10|+|2-7|+|0-3|+|0-0|}{(10+0)+(8+4)+(6+6)+(4+10)+(2+7)+(0+3)+(0+0)} \times 100 = 47$$

同样方法计算得 6 个样方的相异系数(表 10.2)。

表 10.2　6 个样方的相异系数

样方\样方	1	2	3	4	5
2	47				
3	17	33			
4	70	50	60		
5	**73**	53	63	13	
6	40	60	40	50	47

第二步,选择 x 轴的端点。由表 10.2 可知,样方 1 和样方 5 相异系数最大,为 73,所以选择这两个样方为 x 轴的两个端点,坐标值分别记为 0 和 73。

第三步,依式(10.1)和式(10.2)计算其他样方的坐标值与偏离值。如样方 2 在 x 轴上的坐标值为

$$x_2 = \frac{73^2 + 47^2 - 53^2}{2 \times 73} \approx 32$$

x 轴的偏离值为

$$h_2 = \sqrt{47^2 - 32^2} \approx 34$$

计算结果可以列入表 10.3。

表 10.3　极点排序坐标计算表

样　方	x 轴坐标	对 x 轴的偏离值 h	y 轴坐标
1	0	0	3.5
2	32	34	0
3	11	13	26
4	69	12	30
5	73	0	35
6	32	24	60

第四步，选 y 轴端点。从表 9.4 可知，样方 2 与 x 轴偏离值最大，选其为 y 轴 0 点；样方 6 与样方 2 的距离系数最大(60)，样方 6 是第二端点的理想选择。

第五步，用式(9.5)计算其他样方在 y 轴上的坐标值。例如

$$y_1 = \frac{60^2 + 47^2 - 40^2}{2 \times 60} = 35$$

经过上述计算，将结果填入表 10.3 中。最后用 x 轴和 y 轴组成排序图(图 10.2)。

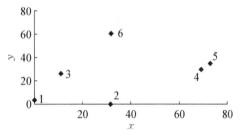

图 10.2　6 个样方的二维极点排序图

第六步，排序效果检验。

极点排序往往只求前两个排序轴，其结果能否很好地反映各样方(林分)间的关系需要进行检验，检验方法是以排序坐标为基础求出各样方间的欧氏距离，然后再计算欧氏距离和样方间相异系数(表 10.4)的相关性，如果两者相关系数在 0.9 以上，则认为排序较好地拟合了原始数据所含的信息(阳含熙等，1981)。以上述数据为例，按如下步骤进行排序效果的检验。

按各样方在 x、y 两坐标轴的值，计算排序图中各样方间的欧氏距离。

$$D_{12} = \left[(0 - 0.32)^2 + (0.35 - 0)^2 \right]^{1/2} = 0.47$$

$$D_{13} = \left[(0 - 0.11)^2 + (0.35 - 026)^2 \right]^{1/2} = 0.14$$

同理，计算排序图中其余样方组间的距离系数。

极点排序效果检验的相关分析计算见表 10.4。

表 10.4　极点排序效果检验的相关分析计算表

样方对	排序图 欧氏距离 x	原数据表 相异系数 y	交叉积 xy	欧氏距离平方 x^2	相异系数平方 y^2
12	0.47	0.47	0.2209	0.2209	0.2209
13	0.14	0.17	0.0238	0.0196	0.0289
14	0.69	0.70	0.4830	0.4761	0.4900
15	0.73	0.73	0.5329	0.5329	0.5329
16	0.41	0.40	0.1640	0.1681	0.1600
23	0.33	0.33	0.1089	0.1089	0.1089
24	0.48	0.50	0.2400	0.2304	0.2500
25	0.54	0.53	0.2862	0.2916	0.2809
26	0.60	0.60	0.3600	0.3600	0.3600
34	0.58	0.60	0.3480	0.3364	0.3600
35	0.63	0.63	0.3969	0.3969	0.3969
36	0.40	0.40	0.1600	0.1600	0.1600
45	0.06	0.13	0.0078	0.0036	0.0169
46	0.48	0.50	0.2400	0.2304	0.2500
56	0.48	0.47	0.2256	0.2304	0.2209
合　计	7.02	7.16	3.7980	3.7662	3.8372

在本例中，$n = 6 \times (6-1)/2 = 15$，根据表中数值，计算 r 值为

$$r = \frac{\sum xy - \dfrac{\sum x \cdot \sum y}{n}}{\sqrt{\left[\sum x^2 - \dfrac{(\sum x)^2}{n}\right]}\sqrt{\left[\sum y^2 - \dfrac{(\sum y)^2}{n}\right]}} \tag{10.3}$$

$$r = \frac{3.798\,0 - \dfrac{7.02 \times 7.16}{15}}{\sqrt{\left(3.766\,2 - \dfrac{7.02^2}{15}\right)}\sqrt{\left(3.837\,2 - \dfrac{7.16^2}{15}\right)}} = 0.9955\,(P < 0.001)$$

极点排序由于计算简单，形象直观，在 20 世纪 50 年代后期得到广泛应用，到 60 年代，这种方法逐渐被数学上较为严格的主成分分析法所代替。但是，近年来的研究表明，极点排序仍不失为一种可供应用、适应性较强、相对有效的排序技术。由于其具有人为选择排序轴的特点，更能适应非线性的数据。

在极点排序中，对端点对象的选择，会直接影响图形的格局，但是如何选择端点，不同学者的观点不同。拉德维格等认为必须建立一个选择标准，但用什么作为标准，还不能统一。郭水良等(1999)认为，在所有可能的排序格局中，应该以具有最大相关性检验值 R 的排序作为选择标准，利用计算机的优势，人们已经能够运行各种"不断摸索"的选择端点对排序结果进行迅速的检验，求出最大 R 值，确定端点对象。

二、应用 PCORD 进行极点排序

1. 一般操作步骤

运行 PCORD for Windows 4.0→输入原始数据→主菜单中选择 Ordination→选择 Bray-Curtis→选择相似性测定方法→选择端点选择方法(可选择 Bray-Curtis Original)→排序轴选择 3(图 10.3)→OK→在主菜单中选择 Graph→Graph Ordination→选择 Sample Scatterplot→选择第 1-2、1-3 或 2-3 进行图形展示(图 10.4)→从 Edit 中选择 Copy 将图形复制，粘贴到 Word 文档中→选择 Options，出现 Preference，可以对图形进行编辑，包括字体大小、排序对象符号、排序图的呈现类型等(图 10.5)。

2. 应用 SPSS 11.0 对排序结果进行三维表达

PCORD 也同时给出了前三个轴上的排序坐标值(图 10.6)→将之复制到 Word 文件→转换成表格→再复制到 SPSS 中→在 SPSS 主菜单中选择 Graphs→Scatter→选择 3-D，在 Scatterplot 窗口中选择 Define(图 10.7)→出现 Simple Scatterplot 窗口→将 var00001、var00002 和 var00003 分别输入 x、y 和 z 框中(图 10.8)→OK→出现三维坐标轴上排序图形→将鼠标移到三维排序图内→单击鼠标左键，出现 Chart1(图 10.9)→在 Chart1 窗口中选择菜单 Chart→Options→出现 3-D Scatterplot Options，将 Case Labels 选择 on，将 Spikes 选择 Floor(图 10.8)→OK(出现结果图 10.10)。

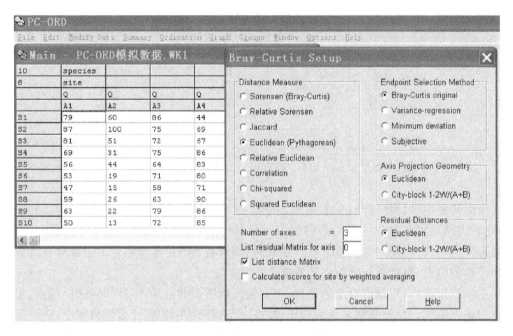

图 10.3　用 PCORD 进行极点排序的参数选择

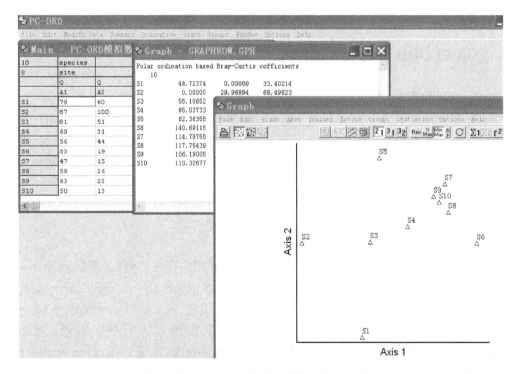

图 10.4　用 PCORD 进行极点排序的结果展示

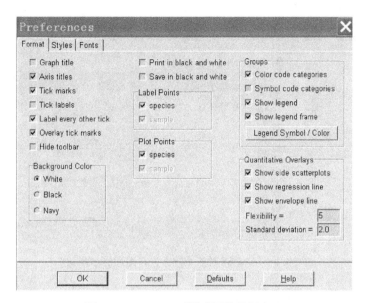

图 10.5 PCORD 对排序图的编辑窗口

Graph - GRAPHROW.GPH

POLAR ORDINATION
10

S1	91.96741	40.91538	50.70150
S2	140.69115	69.74242	14.76164
S3	85.58463	35.18272	16.75000
S4	55.65382	15.97160	11.69596
S5	78.32759	30.17351	2.92006
S6	0.00000	69.74242	14.76164
S7	25.89359	27.08893	11.11674
S8	22.93676	54.52156	0.00000
S9	34.50110	31.05153	9.27722
S10	30.36437	0.00000	14.76164

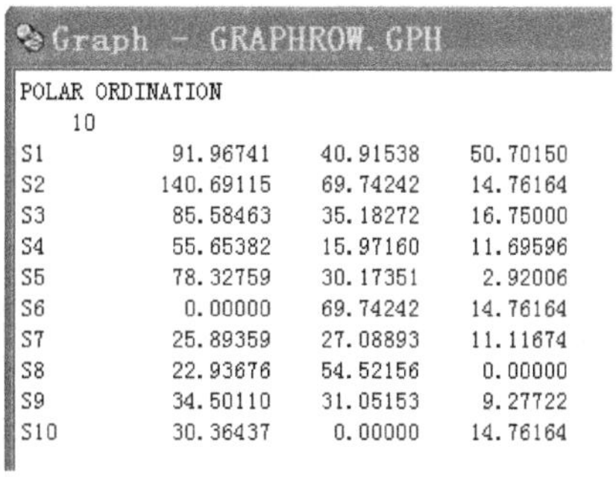

图 10.6 PCORD 对表 9.7 进行极点排序得到的三维坐标值

Untitled - SPSS Data Editor

	var00001	var00002	var00003
1	48.72	.00	33.40
2	.00	29.97	68.50
3	55.11	30.34	33.38
4	85.04	35.21	14.75
5	62.36	57.08	33.40
6	140.69	29.97	68.50
7	114.80	48.81	28.68
8	117.75	39.88	54.90
9	106.19	44.89	31.96
10	110.33	43.09	.00

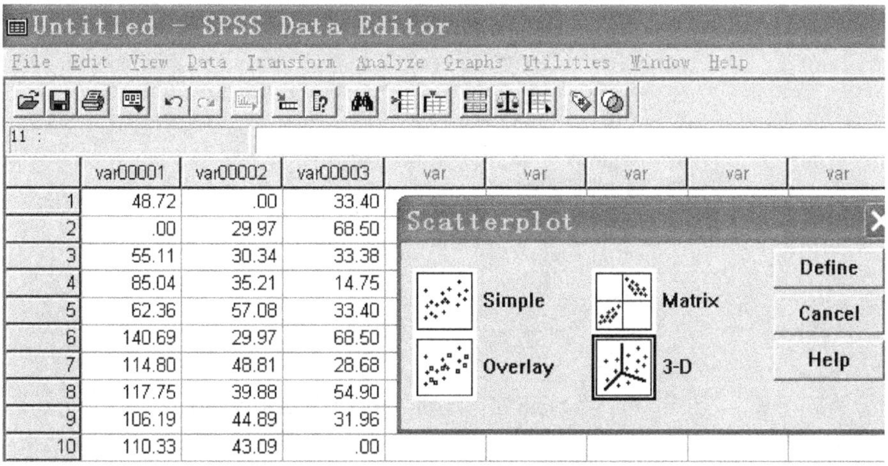

图 10.7 用 SPSS 对三维数据进行图形展示步骤 1

图 10.8　用 SPSS 对三维数据进行图形展示步骤 2

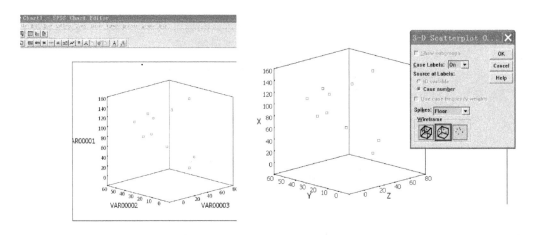

图 10.9　用 SPSS 对三维数据进行图形展示步骤 3

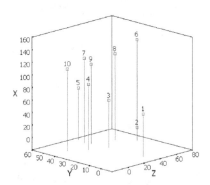

图 10.10　用 SPSS 对三维数据进行图形展示的结果

第三节　主成分分析

一、主成分分析概述

为了全面系统地分析和研究问题,必须考虑许多指标,这些指标能够从不同的侧面反映所研究对象的特征。但是指标过多,会增加分析复杂性。原始变量能不能减少为有代表性的少数几个新变量,用它来代表原来的指标呢?

人们一般希望变量个数较少而得到较多反映研究对象间关系的信息。在很多情形下,变量之间有一定的相关性,即两个变量反映对象间关系的信息有一定重叠。主成分分析(principal component analysis,PCA)是对原先提出的所有变量,将重复的变量(关系紧密的变量)删去多余,建立尽可能少的新变量,使得这些新变量是两两不相关的,而且这些新变量在反映对象的信息方面尽可能保持原有的信息,即在大量属性数据中,找出几个主要方面(即主成分),从而使一个多属性的复杂问题转化为比较简单的问题。

主成分分析是对多维属性空间进行压缩,在较低维的主成分空间中对对象进行排序,同时对属性依其在主成分上的负荷量的大小进行排序,保留原始数据的信息最多。与极点排序相比,主成分分析为不需要选择端点的排序方法,有严密的数学推理。

二、主成分分析的原理

为了解释方便,首先在二维空间中讨论主成分的几何意义。设有 n 个样品,每个样品有两个观测属性(称为变量 x_1 和 x_2)。在由变量 x_1 和 x_2 所确定的二维平面中,n 个样本点所散布的情况为椭圆状(图 10.11(a))。

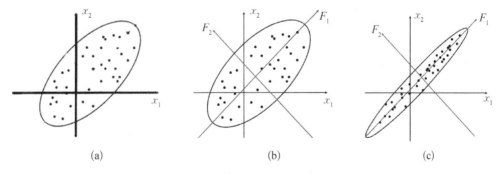

(a)	(b)	(c)

图 10.11　二维数据解释主成分分析的原理

在椭圆中,当坐标轴和椭圆形的长短轴平行时,那么长轴上的变量就描述数据的主要变化,而短轴上的变量描述数据的次要变化。但是,通常情况下,坐标轴与椭圆的长短轴不平行。从图 10.11(a)中可以看出,这 n 个样本点无论沿 x_1 轴方向,还是 x_2 轴方向都有较大的离散性,其离散的程度可以分别用观测变量 x_1 的方差和 x_2 的方差定量地表示。显然,如果只考虑 x_1 和 x_2 中的任何一个轴上的变量,那么包含在原始数据中的信息将会有较大的损失。

如果将 x_1 轴和 x_2 轴先平移,再同时按逆时针方向旋转角度 θ,则得到新的坐标轴 F_1 和 F_2(图 10.11(b)),与原坐标的关系见式(10.4)。对于每一个样本,在 F_1 和 F_2 轴上有对应的新变量。

旋转的目的是使得 n 个样本点在 F_1 轴方向上的数据离散程度最大,即 F_1 轴上的数据方差最大,变量 F_1 代表原始数据的绝大部分信息,即使不考虑新变量 F_2,损失的信息也不是很多。

如果长轴变量代表数据包括的大部分信息,那么就用该变量代替原来的两个变量,舍去次要的一维,降维就完成了。椭圆的长短轴相差得越大,降维效果也就越好(图 10.11(c))。

多维变量的情况和二维的类似,也有高维的椭球体,只不过无法直观地表示而已。首先要将高维椭球的主轴找出来,再用代表大多数数据信息的最长的几个轴作为新变量,这样主成分分析就基本完成了。

对于二维数据,新的两个排序轴 F_1、F_2 与原来的 x_1、x_2 轴的关系为

$$\begin{cases} F_1 = x_1 \cos\theta + x_2 \sin\theta \\ F_2 = -x_1 \sin\theta + x_2 \cos\theta \end{cases} \tag{10.4}$$

根据旋转变换公式为

$$\begin{bmatrix} F_1 \\ F_2 \end{bmatrix} = \begin{bmatrix} \cos\theta & \sin\theta \\ -\sin\theta & \cos\theta \end{bmatrix} \begin{bmatrix} x_1 \\ x_2 \end{bmatrix} = \boldsymbol{U}'x \tag{10.5}$$

式中,$\boldsymbol{U}$ 是正交矩阵,即

$$\boldsymbol{U}' = \boldsymbol{U}^{-1}, \quad \boldsymbol{U}'\boldsymbol{U} = \boldsymbol{E} \tag{10.6}$$

F_1 和 F_2 除了可以对包含在 x_1 与 x_2 中的信息起着浓缩作用,还有不相关的性质,这就使研究复杂问题时避免了信息重叠所带来的虚假性。

在新的二维平面(F_1 和 F_2)上,各样本点的方差大部分归结在 F_1 轴上,而 F_2 轴上的方差小。F_1 和 F_2 称为原始变量 x_1 与 x_2 的综合变量,F_1 称为第一主成分,F_2 称为第二主成分。通过这种变换,就简化了数据系统结构,通过第一主成分就反映了原始数据的主要变化。

二维椭圆有两个主轴,三维椭球有三个主轴,有几个变量(属性),就有几个主轴。选择越少的主成分,降维效果越好。什么是选择标准? 就是这些被选出的主成分所代表的主轴长度之和占主轴长度总和的大部分,一般为 85%,但是在具体的研究中,应视实际情况而定。

如果将上述二维情况推广到 $p(p \leqslant m)$ 维空间,原始变量为 x_1,x_2,x_3,$\cdots$,x_m;新形成的变量指标为 F_1,F_2,F_3,$\cdots$,F_p,则有如下关系

$$\begin{cases} F_1 = l_{11}x_1 + l_{12}x_2 + \cdots + l_{1p}x_p \\ F_1 = l_{21}x_1 + l_{22}x_2 + \cdots + l_{2p}x_p \\ \qquad\qquad\qquad \vdots \\ F_m = l_{m1}x_1 + l_{m2}x_2 + \cdots + l_{mp}x_p \end{cases} \tag{10.7}$$

数学上，新的综合变量就是将原来的变量进行线性组合。但是，这种组合如果不加以限制，则可以有很多，应该如何选择呢？如果将选取的第一个线性组合，即第一个综合变量记为 F_1，自然希望它尽可能多地反映原来变量的信息，这里"信息"用方差来测量，即 $\text{var}(F_1)$ 越大，表示 F_1 包含的信息越多。因此，在所有的线性组合中所选取的 F 中，F_1 应该是方差最大的，称为第一主成分。如果第一主成分不足以代表原来 p 个变量的信息，再考虑选取 F_2，即第二个线性组合。为了有效地反映原来信息，F_1 已有的信息就不需要再出现在 F_2 中，用数学语言表达就是要求 $\text{cov}(F_1,F_2)=0$，F_2 称为第二主成分。依此类推，可以构造出第 3、4、$\cdots$、p 个主成分。主成分分析就是设法将原来众多有一定相关性的变量（$x_i,\ i=1,2,3,\cdots,p$），重新组合为一组新的相互无关的综合变量（$F_i,\ i=1,2,3,\cdots m,\ m\leqslant p$）来代替原来的变量。

主成分分析的主要任务是确定原变量 $x_j(j=1,2,3,\cdots,p)$ 在各主成分 $F_i(i=1,2,3,\cdots,m)$ 上的系数 l_{ij}。l_{ij} 的确定原则为：各主成分相互无关；F_1 是 $x_1,x_2,\cdots,x_p$ 的一切线性组合中的方差最大者；F_2 是与 F_1 不相关的 $x_1,x_2,\cdots,x_p$ 的所有线性组合中的方差最大者。

三、计算步骤

主成分分析的步骤如下。

（1）对原始数据标准化：常用的标准化是对属性中心化或离差标准化。中心化后的矩阵为 $\boldsymbol{X}=\{X_{ij}\}$。

（2）计算属性（指标）间的内积矩阵 $\boldsymbol{S}=\boldsymbol{X}\boldsymbol{X}^{\mathrm{T}}$

（3）求内积矩阵 $\boldsymbol{S}$ 的特征根

$$|\boldsymbol{S}-\lambda\boldsymbol{I}|=\begin{bmatrix}(S_{11}-\lambda) & S_{12} & \cdots & S_{1p}\\ S_{21} & (S_{22}-\lambda) & \cdots & S_{2p}\\ \vdots & \vdots & & \vdots\\ S_{p1} & S_{p2} & \cdots & (S_{pp}-\lambda)\end{bmatrix}=0 \tag{10.8}$$

根据 $\boldsymbol{S}$ 矩阵的特征方程可以解得 p 个特征根，并依大小排列 $\lambda_1\geqslant\lambda_2\geqslant\cdots\geqslant\lambda_p$。

（4）求特征根所对应的特征向量。

同样，根据 $\boldsymbol{S}$ 矩阵的特征方程，第 i 个特征根和第 i 个特征向量的关系为

$$(\boldsymbol{S}-\lambda\boldsymbol{I})\boldsymbol{U}_i=\begin{bmatrix}(S_{11}-\lambda_i) & S_{12} & \cdots & S_{1p}\\ S_{12} & (S_{22}-\lambda_i) & \cdots & S_{2p}\\ \vdots & \vdots & & \vdots\\ S_{p1} & S_{p2} & \cdots & (S_{pp}-\lambda_i)\end{bmatrix}\begin{bmatrix}U_{1i}\\ U_{2i}\\ \vdots\\ U_{pi}\end{bmatrix}=\begin{bmatrix}0\\ 0\\ \vdots\\ 0\end{bmatrix} \tag{10.9}$$

解该方程可以得到特征向量 $\boldsymbol{U}_i$，重复多次可得出 p 个特征向量，并将该特征向量作为一个行向量构成矩阵 $\boldsymbol{U}$。

$$\boldsymbol{U} = \begin{bmatrix} U_{11} & U_{12} & \cdots & U_{1p} \\ U_{21} & U_{22} & \cdots & U_{2p} \\ \vdots & \vdots & & \vdots \\ U_{p1} & U_{p2} & \cdots & U_{pp} \end{bmatrix} \qquad\qquad (10.10)$$

（5）求排序坐标矩阵 $\boldsymbol{Y}$。

根据 $\boldsymbol{Y} = \boldsymbol{UX}$，可求出 N 个样方 p 个分量的坐标。

一般来说，只需要计算前 2 或 3 个主要分量，以利于结果图形表示。K 个主成分贡献率为其特征根占所主成分特征根之和的百分数

$$I_i = \lambda_i \Big/ \sum_{i=1}^{p} \lambda_i \qquad\qquad (10.11)$$

前 K 个主成分累计为

$$\sum_{i=1}^{k} \lambda_i \Big/ \sum_{i=1}^{p} \lambda_i \qquad\qquad (10.12)$$

（6）求属性的负荷量。

虽然所有的属性在排序中共同起作用，但各个属性的贡献是不等的，这可以用负荷量（loading）表示，即

$$l_{ij} = \sqrt{\lambda_j} U_{ji} \qquad\qquad (10.13)$$

式中 $i, j = 1, 2, \cdots, p$，l_{ij} 是第 i 个属性（种）对第 j 个主分量的负荷量。

下面以 6 个样方 2 个种的数据来说明主成分分析的步骤（阳含熙等，1981）。

原始数据矩阵 $\boldsymbol{Z}$

$$\boldsymbol{Z} = \begin{bmatrix} 5 & 6 & 4 & 6 & 0 & 3 \\ 11 & 8 & 7 & 6 & 2 & 2 \end{bmatrix}$$

（1）对种类中心化后，得到中心化后的数据。

$$\boldsymbol{X} = \begin{bmatrix} 1 & 2 & 0 & 2 & -4 & -1 \\ 5 & 2 & 1 & 0 & -4 & -4 \end{bmatrix}$$

（2）计算内积矩阵 $\boldsymbol{S}$。

$$\boldsymbol{S} = \boldsymbol{XX}^{\mathrm{T}} = \begin{bmatrix} 1 & 2 & 0 & 2 & -4 & -1 \\ 5 & 2 & 1 & 0 & -4 & -4 \end{bmatrix} \begin{bmatrix} 1 & 5 \\ 2 & 2 \\ 0 & 1 \\ 2 & 0 \\ -4 & -4 \\ -1 & -4 \end{bmatrix} = \begin{bmatrix} 26 & 29 \\ 29 & 62 \end{bmatrix}$$

（3）求 S 的特征根。

$$| S - \lambda I | = \begin{bmatrix} 26 - \lambda & 29 \\ 29 & 62 - \lambda \end{bmatrix} = \lambda^2 - 88\lambda + 771 = 0$$

解得 $\lambda_1 = 78.13, \lambda_2 = 9.78$。

（4）求 S 的特征向量。

$$| S - \lambda I | U_1 = \begin{bmatrix} 26 - 78.13 & 29 \\ 29 & 62 - 78.13 \end{bmatrix} \begin{bmatrix} U_{11} \\ U_{12} \end{bmatrix} = \begin{bmatrix} 0 \\ 0 \end{bmatrix}$$

$$| S - \lambda I | U_2 = \begin{bmatrix} 26 - 9.87 & 29 \\ 29 & 62 - 9.87 \end{bmatrix} \begin{bmatrix} U_{21} \\ U_{22} \end{bmatrix} = \begin{bmatrix} 0 \\ 0 \end{bmatrix}$$

展开两个联立方程，得

$$\begin{cases} -52.13U_{11} + 29U_{12} = 0 \\ 29U_{11} - 16.13U_{12} = 0 \end{cases}, \quad \begin{cases} 16.13U_{21} + 29U_{22} = 0 \\ 29U_{21} + 52.13U_{22} = 0 \end{cases}$$

分别解联立方程得特征向量的分量比为

$$U_{11}/U_{12} = 29/52.13, \quad U_{21}/U_{22} = -52.13/29$$

根据正交矩阵特点，$U_{11}^2 + U_{12}^2 = 1$，$U_{21}^2 + U_{22}^2 = 1$，可解得特征向量矩阵

$$U = \begin{bmatrix} 0.486 & 0.875 \\ -0.875 & 0.486 \end{bmatrix}$$

（5）求排序坐标（即 6 个样方在旋转后的新的坐标值）

$$Y = UX = \begin{bmatrix} 0.486 & 0.875 \\ -0.875 & 0.486 \end{bmatrix} \begin{bmatrix} 1 & 2 & 0 & 2 & -4 & -1 \\ 5 & 2 & 1 & 0 & -4 & -4 \end{bmatrix}$$

$$= \begin{bmatrix} 4.86 & 2.72 & 0.87 & 0.97 & -5.44 & -3.98 \\ 1.55 & -0.78 & 0.49 & -1.75 & 1.56 & -1.07 \end{bmatrix}$$

基于新坐标值进行排序的结果见图 10.12。

在本例中，第一、二主成分的特征根分别是 78.13 和 9.78，第一主成分的信息量占总信息量的 $78.13/(78.13+9.78) \times 100\% = 88.78\%$。

主成分是原来属性的线性组合，虽然第一主成分最多地反映了整个原先数据的信息，但是它本身是原来各属性的综合效应，并不是原来某一属性的作用。可以考虑其特征向量 (U_{11}, U_{12}) 中两个元素的数值大小来反映原来两个属性对第一主成分作用的大小。因为 U_{11} 和 U_{12} 是主成分与原来两坐标轴夹角的余弦，

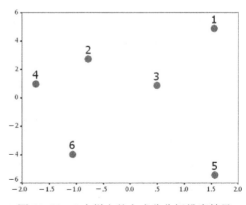

图 10.12 6 个样方的主成分分析排序结果

其数值为 0~1，数值越大，说明与该轴（某主成分）越接近，这个属性对该主成分的作用越大。在本例中，第一主成分的特征向量是(0.486，0.875)，可见属性 2 对第一主成分的作用较大；第二主成分的特征向量为(−0.875，0486)，说明第一属性对它的作用较大，负号表示两者数量值变化的趋势相反(阳含熙等，1981)

四、应用 SPSS 11.0 进行主成分分析

步骤如下。

(1) 输入数据。

(2) 选择 Analyze→Data Reduce→Factor。

(3) 将数据输入 Variable 框中。

(4) 选择 Extraction、Eigenvalues Over 单选按钮，默认值为 1，在此可选择 0.6；Number of Factors 框选择 3（即前三个主成分）。

(5) 在 Factor Analysis 对话框中选择 Descriptives，打开 Descriptives 对话框，选择 Correlation Matrix、KMO 和 Bartlett's Test 复选项，单击 Continue，回到 Factor Analysis 对话框中。

(6) 在 Factor Analysis 对话框中选择 Extract 按钮，打开 Factor Analysis：Extract 对话框，选择 Display 的两个复选框，单击 Continue，回到 Factor Analysis 对话框中。

(7) 在 Factor Analysis 对话框中选择 Rotation 对话框，选择 Varimax，然后选择 Display 方框中的两个复选框。选择 Continue，回到 Factor Analysis 对话框中，选择 OK。

注：当原始数据取值范围变化很大或者量纲变量时，协方差矩阵变化很大。一般情况下，主成分分析是基于相关系数矩阵的。

主要结果如表 10.5 所示。

表 10.5 KMO 和 Bartlett 测定

Kaiser-Meyer-Olkin Measure of Sampling Adequacy.		.518
Bartlett's Test of Sphericity	Approx. Chi-Square	69.594
	df	28
	Sig.	.000

主成分的目标是对有明显相关性的数据进行降维。如果原始数据之间相关性弱，则主成分分析的降维效果就差。因此数据结构对主成分分析效果有明显影响。KMO 和 Bartlett 两个复选项就是用于检测原始数据是否适用于主成分分析。

Bartlett 球形体检验输出包括了 X^2 统计量的值(Approx. Chi-Square)、相应的自由度(df)和显著性值(Sig.)。如果显著性值小于 0.05，则认为主成分分析是有效的。X^2 检验值越大，变量之间的相关性越强，数据越适合于主成分分析法来降维。

KMO 的值为 0~1，那么该值越大，数据越适合于主成分分析。一般认为 KMO 值大于 0.5，数据就适合进行主成分分析(表 10.5)。

原始数据适合主成分分析方法的程度：KMO>0.9，很好；0.8~0.9，良好；0.7~0.8，中等；0.6~0.7，一般；0.5~0.6，不好；KMO<00.5，不被接收。

8 个样方数据的相关系数矩阵见表 10.6。

表 10.6　8 个样方数据的相关系数矩阵

Correlation Matrix

		A1	A2	A3	A4	A5	A6	A7	A8
Correlatio	A1	1.000	.863	.628	-.554	.757	.770	-.478	-.181
	A2	.863	1.000	.385	-.537	.976	.620	-.471	-.326
	A3	.628	.385	1.000	-.476	.273	.064	-.314	.245
	A4	-.554	-.537	-.476	1.000	-.468	-.291	.336	.069
	A5	.757	.976	.273	-.468	1.000	.529	-.447	-.356
	A6	.770	.620	.064	-.291	.529	1.000	-.287	-.307
	A7	-.478	-.471	-.314	.336	-.447	-.287	1.000	.299
	A8	-.181	-.326	.245	.069	-.356	-.307	.299	1.000

表 10.7 反映了前 8 个主成分的信息百分比。

表 10.7　反映了前 8 个主成分的信息百分比

Total Variance Explained

Componer	Initial Eigenvalues			xtraction Sums of Squared Loading		
	Total	% of Variance	Cumulative %	Total	% of Variance	Cumulative %
1	4.239	52.991	52.991	4.239	52.991	52.991
2	1.433	17.917	70.908	1.433	17.917	70.908
3	.816	10.202	81.109	.816	10.202	81.109
4	.595	7.435	88.544	.595	7.435	88.544
5	.504	6.296	94.840			
6	.405	5.061	99.901			
7	215E-03	9.018E-02	99.991			
8	366E-04	9.207E-03	100.000			

Extraction Method: Principal Component Analysis.

8 个样方在前四个主成分上的得分值见表 10.8。

表 10.8　8 个样方在前四个主成分上的得分值

Component Matrix[a]

	Component			
	1	2	3	4
A1	.946	.137	.197	.168
A2	.945	-8.60E-02	.102	-.107
A3	.513	.752	-.129	.116
A4	-.655	-.346	.129	.513
A5	.880	-.169	6.150E-02	-.169
A6	.705	-.316	.454	.278
A7	-.610	4.220E-02	.647	-.378
A8	-.343	.769	.325	.173

　　如何来理解这三个主成分。主成分是原始变量的线性组合。这里每一列代表一个主成分作为原来变量线性组合的系数。例如,第一主成分作为 10 个种类原先变量的线性组合,系数分别为 0.946、0.945、0.513、−0.655、0.880、0.880、0.705、−0.610 和−0.343。

　　如果用 x_1、x_2、x_3、x_4、x_5、x_6、x_7 和 x_8 表示原先的 8 个变量,而用 y_1、y_2、y_3 表示第一、二和第三个主成分。那么原先的 8 个变量和前三个主成分的关系为

$$x_1 = 0.946 \times y_1 + 0.137 \times y_2 + 0.197 \times y_3$$
$$x_2 = 0.945 \times y_1 - 0.086 \times y_2 + 0.102 \times y_3$$
$$x_3 = 0.513 \times y_1 + 0.752 \times y_2 - 0.129 \times y_3$$

$$x_4 = -0.655 \times y_1 - 0.346 \times y_2 + 0.129 \times y_3$$
$$x_5 = 0.880 \times y_1 - 0.169 \times y_2 + 0.0615 \times y_3$$
$$x_6 = 0.705 \times y_1 - 0.316 \times y_2 + 0.454 \times y_3$$
$$x_7 = -0.610 \times y_1 - 0.0422 \times y_2 + 0.647 \times y_3$$
$$x_8 = -0.343 \times y_1 - 0.769 \times y_2 + 0.325 \times y_3$$

这些系数称为主成分负荷(loading),即在这些主成分上的得分值,作排序图时,为坐标值。

图 10.13 中横坐标为主成分序号,纵坐标为各主成分对应的特征值,根据点间连线坡度的陡缓程度,可以比较清楚地看出前三个主成分的重要程度,前三个因子的特征值之和占了总方差的 74% 以上,其他因子相对来讲次要一些。三维排序结果见图 10.14。

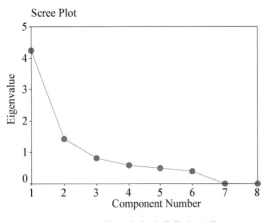

图 10.13　反映前 8 个主成分信息百分比

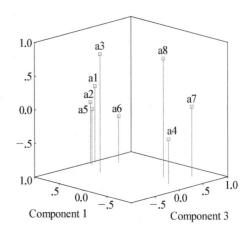

图 10.14　8 个样方在前三个主成分上的
三维排序散点图

五、应用 PAST 2.17 进行主成分分析

运行 PAST 2.17,将原始数据复制到数据框中→不选择 Edit mode(去除小勾)→如果需要更改行或列的标识符,则选择 PAST 默认的标识符,通过 Edit,也可修改行或列的标识符号(另存格式为. dat 的数据文件)→选择数据区域→在主菜单中选择 Multivar→Principal components → 出现 Principal components 的界面,选择相关系数矩阵 Correlation matrix(或协方差矩阵 Var covar)→ 显示出 8 个主成分上的特征值(Eigenvalue)及方差百分比(% variance)→View scatter,出现前两个主成分上的二维散点图,再选择 Row labes,将显示行的标识符(图 10.15)→如果再选择 Min span tree,则在前两个主成分二维散点排序的基础上,构建 10 个种生态相似关系的最小生成树(图 10.16),如果选择 Convex hulls,则在排序图上出现(图 10.17)。

至于选择相关系数矩阵还是协方差矩阵,还是根据前三个主成分上的方差百分率大小决定,以该值大者为选择依据。

PAST 中的数据和图片,可以通过 Copy data 或者 Copy graph 工具复制到剪贴板上,粘贴到 Word 等文档中,或再通过图片编辑软件进行处理。

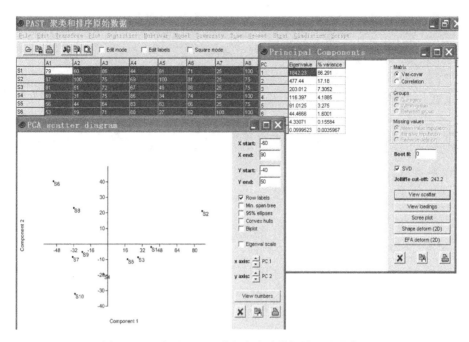

图 10.15　应用 PAST 进行主成分分析界面的示意图

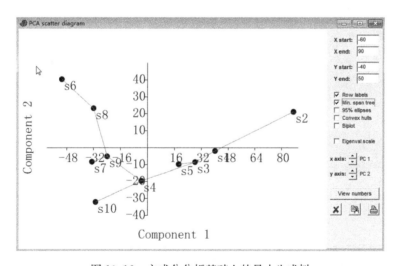

图 10.16　主成分分析基础上的最小生成树

　　点击 PCA scatter diagram 中的排序窗口,会出现图形编辑窗口(Graph preference),可以对字体大小、标识符号等元素进行编辑(图 10.17)。

　　在 PCA scatter diagram 窗口中,通过 x 轴和 y 轴上、下键选择需要进行排序显示的两个主成分,即可以生成第 1、2、3、4、…、8 个主成分两两组合的二维排序图。一般情况下,只选择第 1-2、1-3 或 2-3 主成分上的二维排序图,因为前三者包括了信息的绝大部分。通过选择 Biplot,建立种类、样方的双序排序图(图 10.18)。

　　在 PCA scatter diagram 窗口选择 View numbers,则显示 10 个种类在前 8 个排序轴

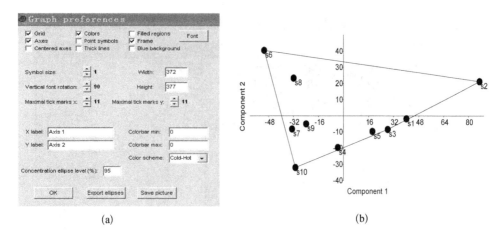

(a)   (b)

图 10.17　PAST 的图形编辑窗口(a)和 10 个种的二维排序图(最小凸包多边形)(b)

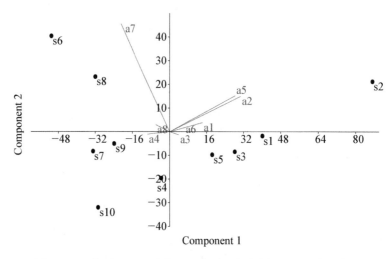

图 10.18　应用 PAST 对表 9.7 进行主成分分析后的双序排序图

上的得分值(图 10.19),据此应用 SPSS 作出三维排序图(参考第四小节有关三维排序图的生成方法)。

PCA scores	Axis 1	Axis 2	Axis 3	Axis 4	Axis 5	Axis 6	Axis 7	Axis 8
S1	40.141	-1.8182	30.843	-8.4926	-8.5284	0.2431	1.4044	0.19972
S2	87.189	21.186	-9.5239	5.8182	-1.0525	2.0536	-3.0368	-0.039451
S3	28.249	-8.4608	-1.2371	-12.034	16.344	-4.4243	0.86918	-0.067178
S4	-3.5995	-19.616	7.9549	13.901	8.9298	-1.4414	0.67259	-0.53522
S5	18.46	-9.7089	-21.11	5.1611	-13.001	-0.37824	3.7836	-0.0089792
S6	-50.945	40.46	7.1089	-0.30808	-4.9193	3.5215	0.16181	-0.3959
S7	-32.929	-8.2367	-11.519	-18.414	-6.3312	-6.9996	-1.9558	-0.14003
S8	-31.913	23.234	-1.2135	10.137	7.0909	-8.8241	0.56129	0.53577
S9	-23.888	-5.037	-7.3254	-5.8239	8.2748	15.296	0.36125	0.25601
S10	-30.764	-32.002	6.0225	10.055	-6.8067	0.95369	-2.8216	0.19527

图 10.19　10 个种类在 8 个主成分上的得分值

在 Principal component 窗口→选择 View loadings→在相关系数矩阵或协方差矩阵中选择一个→View number，会得到 8 个样方在前 8 个主成分（排序轴）上的信息负荷量，并以图的形式展示出来。PCA loadings 窗口显示出前 6 个主成分的信息量（图 10.20）。

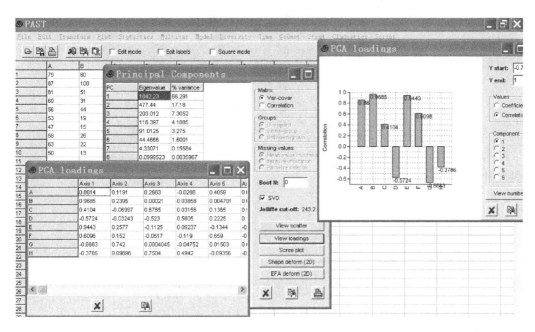

图 10.20　8 个样方在 8 个主成分上的负荷量

如果需要对样方进行主成分分析，则选择主菜单 Edit→Transpose 对行、列数据转置，其余操作步骤与前面的相同。

六、应用 PCORD 进行主成分分析

运行 PCORD → 导入样方—种类分布的数据文件 → 在主菜单中选择 Ordination → PCA → 在 Principal Components Analysis 窗口中，出现 Cross-Products Matrix 的选项，按默认选项为 Correlation，可以选择 List the Cross-Products Matrix→ 提示输入 Descriptive Title for Results，即输入一文件名，保存 PCA 运算结果→OK→出现 graphrow. gph 文件，显示出 10 个种在前六个主成分上的得分值、前六个也给出了主成分分析的结果文件 result. txt，包括前 6 个主成分的特征值（Eigenvalue）和信息百分比（% of Variance）、累计信息百分比、8 个样点在前 6 个主成分上的特征向量（Eigenvectors）、10 个种类在前 6 个主成分上的得分值（坐标值）、基于前三个主成分上的排序值，应用 SPSS 软件生成三维排序图。

应用 PCORD 4.0 对表 9.7 中数据进行主成分分析的结果如下。

VARIANCE EXTRACTED, FIRST 8 AXES

AXIS	Eigenvalue	% of Variance	Cum.% of Var.	Broken-stick Eigenvalue
1	4.239	52.991	52.991	2.718
2	1.433	17.917	70.908	1.718
3	0.816	10.202	81.109	1.218
4	0.595	7.435	88.544	0.885
5	0.504	6.296	94.840	0.635
6	0.405	5.061	99.901	0.435
7	0.007	0.090	99.991	0.268
8	0.001	0.009	100.000	0.125

FIRST 6 EIGENVECTORS （特征向量）

Eigenvector site	1	2	3	4	5	6
A1	-0.4593	0.1143	0.2176	-0.2178	0.0681	-0.2072
A2	-0.4588	-0.0718	0.1134	0.1391	-0.3731	0.1008
A3	-0.2492	0.6284	-0.1430	-0.1506	-0.0824	-0.5815
A4	0.3181	-0.2886	0.1426	-0.6650	-0.5464	-0.2317
A5	-0.4275	-0.1411	0.0681	0.2188	-0.5366	0.2013
A6	-0.3422	-0.2638	0.5023	-0.3600	0.4867	0.0585
A7	0.2962	0.0352	0.7160	0.4907	-0.0935	-0.3855
A8	0.1664	0.6426	0.3597	-0.2237	-0.1316	0.6021

COORDINATES (SCORES) OF species

species	Axis (Component)					
	1	2	3	4	5	6
1 S1	-2.4900	2.4643	-0.3800	0.8301	0.4639	0.3571
2 S2	-3.9544	-0.8444	0.3869	0.2389	-1.0337	-0.0373
3 S3	-2.1971	-0.8768	0.3754	-0.5298	1.3030	-0.2541
4 S4	0.1061	0.7097	0.0880	-1.4518	-0.0232	0.2763
5 S5	0.0794	-1.4688	-1.0092	0.2481	-0.8791	0.3900
6 S6	2.3514	0.9337	1.1870	1.0382	-0.4501	-0.4078
7 S7	1.7540	-1.4740	-0.5902	0.9941	0.9954	0.3657
8 S8	1.5103	-0.4392	1.7664	-0.4450	-0.0319	0.4861
9 S9	0.7917	0.0589	-0.6307	-0.2860	-0.0542	-1.6833
10 S10	2.0485	0.9365	-1.1936	-0.6368	-0.2900	0.5072

PCORD 并没有给出各样方在 6 个主成分上的负荷量,可以根据式(10.13)计算。虽然所有的样方在种类排序中共同起作用,但各个样方的贡献是不等的,这可以用负荷量表示。在本例中,8 个样方在 6 个主成分上的负荷量见表 10.9。

表 10.9 8 个样方在前 6 个主成分上的负荷量

第 1 主成分	第 2 主成分	第 3 主成分	第 4 主成分	第 5 主成分	第 6 主成分
−0.956	0.238	0.453	−0.453	0.142	−0.431
−0.549	−0.086	0.136	0.167	−0.447	0.121
−0.225	0.568	−0.129	−0.136	−0.074	−0.525
0.245	−0.223	0.110	−0.513	−0.421	−0.179
−0.303	−0.100	0.048	0.155	−0.381	0.143
−0.218	−0.168	0.320	−0.229	0.310	0.037
0.025	0.003	0.060	0.041	−0.008	−0.032
0.005	0.020	0.011	−0.007	−0.004	0.019

在主菜单中选择 Graph→Graph Ordination→选择 Sample Scatterplot→选择第 1-2、1-3 或 2-3 进行图形展示 →从 Edit 中选择 Copy 将图形复制、粘贴到 Word 文档中(图 10.21)。图形编辑等操作同极点排序章节。

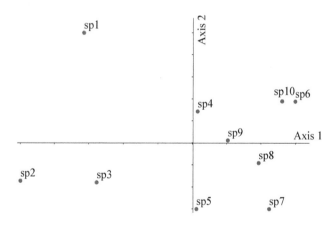

图 10.21 应用 PCORD 对表 9.7 中数据进行主成分分析的二维排序散点图

第四节 主坐标分析

一、方法介绍

主坐标分析(principal coordinates analysis,PCoA,或者 principal axes analysis,PAA)是 Gower(1966,1967)建立的一种排序方法。主坐标排序的原理与主成分分析相同,只是主坐标分析可以用各种距离系数衡量研究对象间的相似关系,该排序方法实际上是主成分分析的一种普通化。阳含熙等(1981)也详细介绍了该方法的原理和计算方法。

PCORD、PAST、Canoco 等生态学专业软件中具有主坐标排序的功能。

二、应用 PAST 进行主坐标排序

　　运行 PAST 2.17→读入原始数据文件→ Edit mode(去除小勾)→选择数据区域→主
菜单中选择 Multivar→Principal coordinates →出现 Principal coordinates 的窗口→选择
相似性或相异性计算公式(共有 26 种方法,本例中选择 Euclidean)→在本窗口中还提供
了数据的指数变换(exponent transformation),默认为 2,选择高的指数,在消除排序中的
"马蹄形"有一定作用→View scatter →Row labels,出现图 10.22 中的排序结果→Min.
span tree,生成主坐标排序基础上的最小生成树→选择 X axis 或 Y axis,在第 1、2、3 坐标
轴之间进行选择,分别生成第 1 - 2、2 - 3 或 1 - 3 二维排序图→单击图形区域→出现
Graph preferences 窗口,对生成的图形进行编辑。

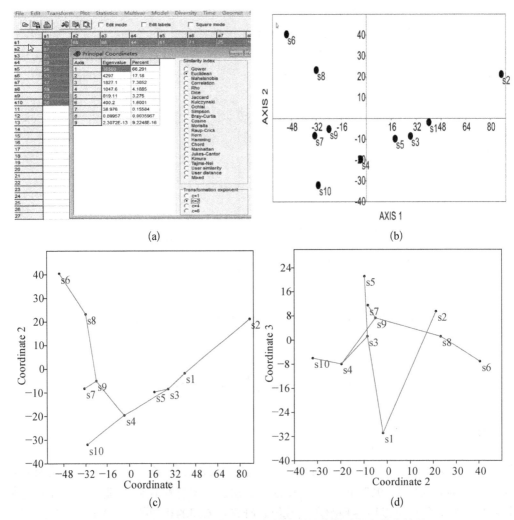

图 10.22　应用 PAST 进行主坐标排序时的参数选择和排序结果

第五节 对应分析和除趋势对应分析

一、对应分析

1. 方法介绍

对应分析(correspondence analysis，CA)又称互平均法(reciprocal averaging，RA)，这类方法能够同时对实体与属性进行排序。在植物群落学研究中，能够同时对样方与种类进行排序。Hill(1973)提出了一套算法进行对应分析，张金屯(1995)详细介绍了这一方法。

(1) 任意给定一组种类(m 个)排序初值 y_i，限定最大值为 100，最小值为 0，$i=1$，2，3，…，m。

(2) 求样方(n 个)排序值 $z_j(j=1$，2，3，…，n) 等于种类排序初值的加权平均，即

$$z_j = \sum_{i=1}^{m} x_{ij} y_i \Big/ \sum_{i=1}^{m} x_{ij} \tag{10.14}$$

由式(10.14)得到一组样方的排序值，并用式(10.15)进行调整，使得 Z_j 最大值为 100，最小值为 0。

$$z_j = 100 \times \frac{z_j - \min z_j}{\max z_j - \min z_j} \tag{10.15}$$

(3) 将样方排序值 Z_j 进行加权平均，求得种类的排序新值 y'_i，即

$$y'_i = \sum_{j=1}^{n} x_{ij} z_j \Big/ \sum_{j=1}^{n} x_{ij} \tag{10.16}$$

仍对所得结果进行调整，使得种类排序值 y'_i 的坐标值最大值为 100，最小值为 0。

(4) 以新得到的种类排序值为基础，回到(2)，重复迭代，直到二次结果基本一致。最终得到 n 个样方 m 个种类在对应分析第一排序轴上的坐标值。

(5) 求第二排序轴。第二排序轴与第一排序轴必须是正交的，因此，计算时需考虑第一排序轴的坐标值，以确保二者垂直相交。

选择第一排序轴迭代过程中接近稳定的一组，使第二排序轴迭代收敛速度加快。假如选取一组种类排序初值，记作 y_i^*($i=1$，2，3，…，m)。首先对这一组种类进行正交化，以使第一、二排序轴垂直，方法如下。

① 计算第一排序轴坐标值的形心

$$\bar{y} = \sum_{i=1}^{m} r_i y_i \Big/ \sum_{i=1}^{m} r_i \tag{10.17}$$

式中，r_i 为原始数据矩阵行的和，y_i 为第一轴的排序值。

② 求矫正系数

$$\mu = \sum_{i=1}^{m} r_i \times (y_i - \bar{y}) \times y_i^* \bigg/ \sum_{i=1}^{m} r_i \times (y_i - \bar{y}) \times y_i \qquad (10.18)$$

③ 矫正第二排序轴的初始值

$$y_i(0) = y_i^* - \mu \times y_i \qquad (10.19)$$

由 $y_i(0)$（$i = 1, 2, 3, \cdots, m$）即可进行以上的(2)与(3)的计算，重复迭代，求得第二排序轴的值。

对应分析模型是基于非线性的，使用也较为普遍。但是，对应分析的严重不足是，第二排序轴在许多情况下是第一排序轴的二次变形，即"弓形效应"或"马蹄形效应"，样方在第二排序轴上的坐标与第一排序轴上的坐标是二次曲线关系，这是正交化的结果。

2. 应用模拟数据说明计算步骤

表 10.10 是一组包括 8 个样方 6 个种的二元数据，以此来说明对应分析的步骤（Hill, 1973；阳含熙等，1981；张金屯，1995）。

表 10.10　8 个样方 6 个种的二元数据

种＼样方	1	2	3	4	5	6	7	8	r_i
1	1	0	0	1	1	0	0	1	4
2	0	1	1	0	0	1	0	1	4
3	1	1	0	0	0	1	1	0	4
4	1	1	1	1	1	0	0	1	6
5	1	1	0	1	0	0	0	1	4
6	1	0	0	0	1	0	0	0	2
C_j	5	4	2	3	3	2	1	4	24

第一步，任意给出 6 个种的初始值

$$y = (100, 0, 100, 0, 100, 0)$$

第二步，求样方排序值（式(10.14)），例如

$$z_1 = \frac{100 \times 1 + 0 \times 0 + 100 \times 1 + 0 \times 1 + 100 \times 1 + 0 \times 1}{1 + 0 + 1 + 1 + 1 + 1} = 60$$

同法求得 $z_2 \sim z_8$，得

$$z = (60, 50, 0, 7.33, 3.50, 100, 50)$$

z_j 的最大值和最小值正好是 100 和 0，无需调整。

第三步，求种类排序新值（式(10.16)）。例如

$$y_1' = \frac{60 \times 1 + 50 \times 0 + 0 \times 0 + 66.7 \times 1 + 33.3 \times 1 + 50 \times 0 + 100 \times 0 + 50 \times 1}{1 + 0 + 0 + 1 + 1 + 0 + 0 + 1} = 52.5$$

同法求得 $y'_2 \sim y'_8$ 得

$$y' = (52.5, 37.5, 65, 43, 3, 56.7, 46.7)$$

其中,最大值为 65,最小值为 37.5,需用式(10.15)进行调整,例如

$$y'^{(a)}_1 = 100 \times \frac{52.5 - 37.5}{65 - 37.5} = 55$$

依次计算,最后得

$$y'^{(a)} = (55, 0, 100, 21, 70, 33)$$

第四步,回到第二步,对 $y'^{(a)}$ 加权平均再求样方排序新值,重复迭代,最后得到基本稳定的种类排序(第 15 次迭代结果)和样方排序(第 14 次结果)的坐标值。

$$y = (16, 53.3, 66.3, 27.3, 29.5, 12.5)$$
$$z = (33.4, 59, 52, 22.3, 11.7, 88, 100, 39.8)$$

调整标度后,6 个种在第一排序坐标依次为

$$7, 76, 100, 28, 32, 3$$

8 个样方的第一排序坐标为

$$25, 54, 46, 12, 0, 86, 100, 27$$

它们的特征值分别为

$$\lambda_{1种} = \frac{66.3 - 12.5}{100} = 0.538, \quad \lambda_{1样方} = \frac{100 - 11.7}{100} = 0.883$$

第五步,求第二排序轴。选取种类在第二轴上的排序初始值,这里取第一轴的第 8 次迭代结果

$$y^* = (2, 67, 100, 21, 25, 0)$$

对 y^* 进行正交化,应用式(10.17)求 $\bar{y}$

$$\bar{y} = \frac{4 \times 7 + 4 \times 76 + 4 \times 100 + 6 \times 28 + 4 \times 32 + 2 \times 0}{1 + 4 + 4 + 6 + 4 + 2} = 48.95$$

再应用式(10.18)计算 μ

$$\begin{aligned}
\mu = &[4 \times (7 - 42.83) \times 2 + 4 \times (76 - 42.83) \times 67 + 4 \times \\
&(100 - 42.83) \times 100 + 6 \times (28 - 42.83) \times 21 + 4 \times \\
&(32 - 42.83) \times 21 + 2 \times (0 - 42.83) \times 0]/[4 \times \\
&(7 - 42.83) \times 7 + 4 \times (76 - 42.83) \times 76 + 4 \times \\
&(100 - 42.83) \times 100 + 6 \times (28 - 42.83) \times 28 + 4 \times \\
&(32 - 42.83) \times 32 + 2 \times (0 - 42.83) \times 0] = 1.016
\end{aligned}$$

矫正初始值,例如

$$y_1^{(0)} = 2 - 1.016 \times 7 = -5.1$$

同法计算得

$$y^{(0)} = (-5.1, -10.2, -1.6, -7.4, -7.5, 0)$$

用式(10.15)调整标度得

$$y = (50, 0, 85, 8, 27, 100)$$

然后再从第二步开始,进行加权平均,求得样方的坐标,重复迭代至稳定,由于第二排序轴的初始值选得比较好,迭代三次就比较稳定,得

$$y = (43.8, 22.5, 58.2, 34, 3, 36, 62)$$

$$z = (61.6, 38.5, 15, 39.3, 61.3, 45, 90, 29.5)$$

调整标度后得如下结果。

6个种在第二排序轴上的坐标为

$$54, 0, 90, 30, 34, 100$$

8个样方在其第二排序轴上的坐标为

$$62, 31, 0, 32, 62, 40, 100, 19$$

它们的特征值分别为

$$\lambda_{2种} = 0.395, \quad \lambda_{2样方} = 0.75$$

用前两个排序轴可以分别绘出样方和种类的二维排序图(图10.23)。

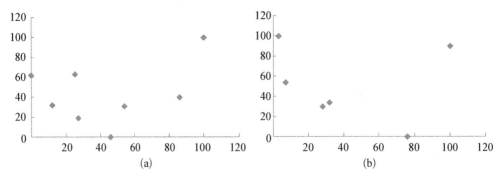

图 10.23 对应分析 8 个样方(a)和 6 个种类的二维排序图(b)

二、除趋势对应分析

在对应分析中,由于第二排序轴对第一排序轴的依赖性而经常出现拱形或马蹄形点状分布格局,因此减少了第二维的信息量,群落间相对距离被歪曲,特别是第1排序轴两

端群落间距离缩小而中间群落间距离加大"弓形效应",因此排序空间未能真实地反映植物种类组成的变化规律。以表 10.11 数据为例,应用 PAST 2.17 进行对应分析,得到图 10.24(a),"弓形效应"强烈。

表 10.11　一组 20 种在 20 个样点中分布有无的模拟数据

种类	样　点																			
	1	2	3	4	5	6	7	8	9	10	11	12	13	14	15	16	17	18	19	20
S1	1	1	1	0	0	0	0	0	0	0	0	0	0	0	0	0	0	0	0	0
S2	1	1	1	1	0	0	0	0	0	0	0	0	0	0	0	0	0	0	0	0
S3	1	1	1	1	1	0	0	0	0	0	0	0	0	0	0	0	0	0	0	0
S4	0	1	1	1	1	1	0	0	0	0	0	0	0	0	0	0	0	0	0	0
S5	0	0	1	1	1	1	1	0	0	0	0	0	0	0	0	0	0	0	0	0
S6	0	0	0	1	1	1	1	1	0	0	0	0	0	0	0	0	0	0	0	0
S7	0	0	0	0	1	1	1	1	1	0	0	0	0	0	0	0	0	0	0	0
S8	0	0	0	0	0	1	1	1	1	1	0	0	0	0	0	0	0	0	0	0
S9	0	0	0	0	0	0	1	1	1	1	1	0	0	0	0	0	0	0	0	0
S10	0	0	0	0	0	0	0	1	1	1	1	1	0	0	0	0	0	0	0	0
S11	0	0	0	0	0	0	0	0	1	1	1	1	1	0	0	0	0	0	0	0
S12	0	0	0	0	0	0	0	0	0	1	1	1	1	1	0	0	0	0	0	0
S13	0	0	0	0	0	0	0	0	0	0	1	1	1	1	1	0	0	0	0	0
S14	0	0	0	0	0	0	0	0	0	0	0	1	1	1	1	1	0	0	0	0
S15	0	0	0	0	0	0	0	0	0	0	0	0	1	1	1	1	1	0	0	0
S16	0	0	0	0	0	0	0	0	0	0	0	0	0	1	1	1	1	1	0	0
S17	0	0	0	0	0	0	0	0	0	0	0	0	0	0	1	1	1	1	1	0
S18	0	0	0	0	0	0	0	0	0	0	0	0	0	0	0	1	1	1	1	1
S19	0	0	0	0	0	0	0	0	0	0	0	0	0	0	0	0	1	1	1	1
S20	0	0	0	0	0	0	0	0	0	0	0	0	0	0	0	0	0	1	1	1

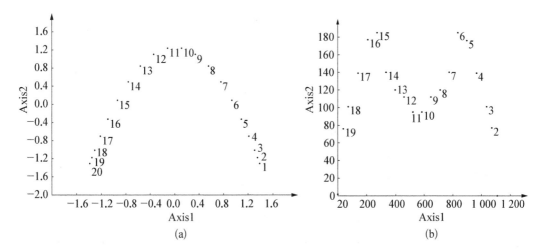

图 10.24　用 PAST 2.17 对表 10.11 数据进行对应分析(a)和除趋势对应分析(b)的结果

为克服对应分析的"弓形效应"，Hill(1980)提出了除趋势对应分析(detrended correspondence analysis，DCA)，除趋势对应分析是以对应分析为基础发展起来的、基于非线性模型的排序方法。"弓形效应"仅影响第二排序轴，不影响第一排序轴，除趋势对应分析的基本原理是将第一排序轴分成一系列区间，在每一区间内将平均数定为零而对第二排序轴的坐标值进行调整，从而克服"弓形效应"，提高排序精度。Hill(1979)应用FORTRAN语言编制了进行除趋势对应分析的软件 DECORANA。后来流行的 PCORD for Windows 4.0、PAST 2.17、Canoco for Windows 4.5 等生态学软件均包含除趋势对应分析的功能，使得该排序方法在目前群落排序研究中得到了广泛的应用。其基本步骤如下。

(1) 任意选定一组样方排序初始值；

(2) 求种类的排序值 $y_i(i = 1, 2, 3, \cdots, m)$，其数值为样方初始值的加权平均；

(3) 计算样方排序新值 $z_j(j = 1, 2, 3, \cdots, n)$；

(4) 对 y_i 进行标准化；

(5) 以标准化后样方排序值为基础回到(2)重复迭代，得到稳定值；

(6) 求第二排序轴。

先选一组样方排序初始值，再计算种类排序值，然后再计算样方新值。除趋势就是将第一排序轴分成数个区间，在每一区间内对第二排序轴的排序值分别进行中心化，用经过除趋势处理的样方排序值，再进行加权平均求种类排序新值，其后步骤同第一排序轴。

除趋势对应分析能够较客观地反映群落生态关系，自 20 世纪 80 年代以来，一直受到广大生态学工作者的厚爱。

三、应用 PAST 进行对应分析和除趋势对应分析

1. 应用 PAST 进行对应分析

以表 9.7 的数据为例说明该软件的应用。

运行 PAST 2.17，将原始数据复制到数据框→Edit mode 复选框中(去除小勾)→修改行列标记符→选择数据区域→在主菜单中选择 Multivar→Correspondence→出现 Correspondence Analysis 窗口→显示出 7 个主成分上的特征值(Eigenvalue)及方差百分比(% variance)(图 10.25)→View scatter→出现前两个主成分上的二维散点图→选择 Rows 和 Row labes，将显示行为对象的排序和相应的标识符(图 10.25)→通过 x axis 和 y axis 上的箭头选择需要哪两个主成分组合进行二维排序。对应分析同时给出了种类和样方在前几个主成分上的得分值(即前几个排序轴上的坐标值)(图 10.26)。

PAST 中其他参数的选择类似于第二小节中的主成分分析。对表 9.7 的数据进行对应分析得到的排序结果见图 10.27 和图 10.28。

2. 应用 PAST 进行除趋势对应分析

过程与应用 PAST 进行对应分析基本相似，只是在数据导入后，在主菜单 Multivar 下选择 Detrended Correspondence。进行除趋势对应分析时，通过上、下键对第一排序轴划分的区间 Segment 数进行设置，默认情况下为 26。

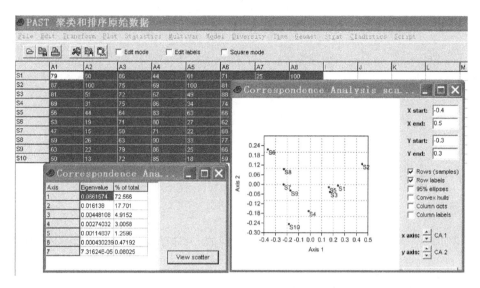

图 10.25　基于 PAST 的对应分析排序图和主成分上的特征值及贡献率

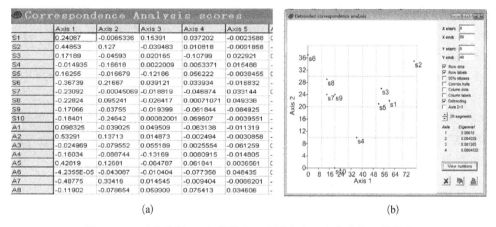

(a) (b)

图 10.26　对应分析 10 个种类和 8 个样方在 7 个主成分上的得分

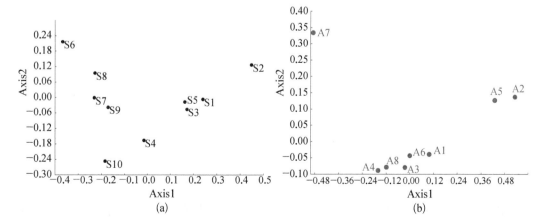

(a) (b)

图 10.27　对表 9.7 的数据进行对应分析的二维排序图((a)为种类,(b)为样方)

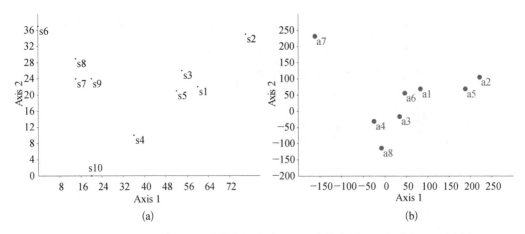

图 10.28　对表 9.7 的数据进行除趋势对应分析的二维排序图((a)为种类,(b)为样方)

四、应用 PCORD 进行对应分析和除趋势对应分析

运行 PCORD→导入数据→主菜单中选择 Ordination→选择 CA(对应分析)→在 CA setup 窗口中 Downweight rare species 默认不勾选→OK→生成种类和样方在前三个排序轴上的坐标值。

图形编辑的操作步骤同极点排序,只是在 Options→Preference 中,对应分析中可以同时选择种类和样方,或选择其中一项。

应用 PCORD 进行除趋势对应分析的操作步骤与对应分析相同,只是在 Ordination 菜单下选择 DCA(DECORANA),在 DCA Setup 窗口中选择 Rescale asix,Number of segments 选默认参数为 26。

应用 PCORD 对表 9.7 的数据进行对应分析和除趋势对应分析的结果见图 10.29 和图 10.30。排序结果也可以同样应用 SPSS 11.0 进行三维排序。

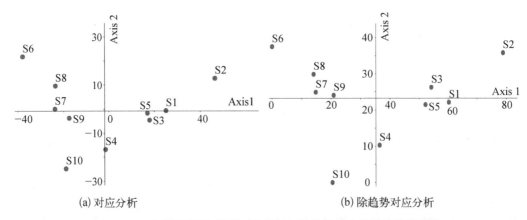

图 10.29　应用 PCORD 进行对应分析和除趋势对应分析种类排序图

郭水良等(1999)应用除趋势对应分析对长白山不同森林类型腐木生苔藓植物分布进行了研究。以样点中腐木生苔藓植物盖度为指标,对主要腐木生苔藓种类进行除趋势对

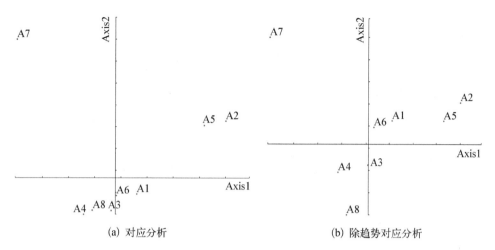

(a) 对应分析　　　　　　　　　　(b) 除趋势对应分析

图 10.30　应用 PCORD 进行对应分析和除趋势对应分析样方排序图

应分析排序(图 10.31),同时对暗针叶林不同生境苔藓植物群落进行了排序(图 10.32);对不同的森林生态系统中腐木生苔藓植物群落的除趋势对应分析排序见图 10.33;对红松阔叶林内红松树附生苔藓植物群落的除趋势对应分析排序见图 10.34,对长白山森林生态系统中树附生苔藓植物群落的除趋势对应分析排序见图 10.35。这些排序结果均较好地反映了长白山地区对树附生或腐木生苔藓植物分布与环境因子之间的关系。

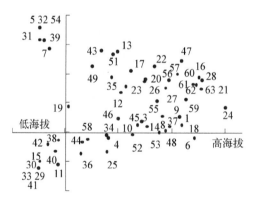

图 10.31　长白山森林生态系统腐生苔藓植物种类除趋势对应分析排序

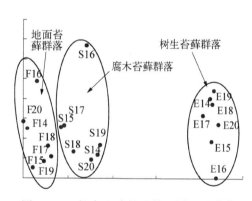

图 10.32　长白山暗针叶林不同生境苔藓植物群落除趋势对应分析排序

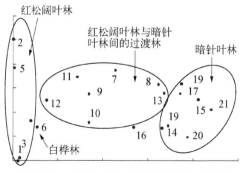

图 10.33　长白山森林生态系统腐生苔藓植物群落的除趋势对应分析排序

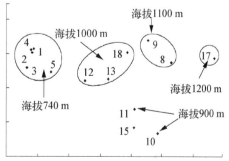

图 10.34　长白山红松阔叶林红松树附生苔藓植物群落的除趋势对应分析排序

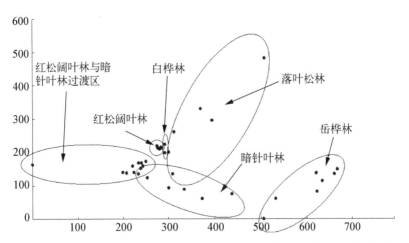

图 10.35　长白山森林生态系统树附生苔藓植物群落的除趋势对应分析排序

第六节　典范对应分析和除趋势典范对应分析

一、典范对应分析

典范对应分析(canonical correspondence analysis，CCA)是把对应分析和多元回归结合起来，每一步计算结果都与环境因子进行回归，而详细地研究植被与环境的关系。典范对应分析要求两个数据矩阵，一个是植被数据矩阵，另一个是环境数据矩阵。在种类和环境因子不特别多的情况下，典范对应分析将样方—环境因子、种类—环境因子以样方—种类—环境因子表示在一个图上，可以直观地看出它们之间的关系。

典范对应分析的基本思路是在对应分析迭代过程中，每次得到的样方坐标值都要与环境因子相结合，其结合方式为多元线性回归，即

$$z_j = b_0 + \sum_{k=1}^{q} b_k U_{kj} \tag{10.20}$$

式中，z_j 是第 j 个样方的排序值；b_0 是截距(常数)，$b_k(k=1, 2, \cdots, q, q$ 为环境因子数)是样方与第 k 个环境因子之间的回归系数；U_{kj} 是第 k 个环境因子在第 j 个样方中的测量值。

这一方法首先要计算出一组样方排序值和种类排序值(同对应分析)，然后将样方排序值与环境因子用回归方法结合起来，这样得到的样方排序值反映了区组对群落的作用，同时也反映了环境因子的影响。再用样方排序值加权平均求种类排序值，使得种类排序坐标也间接地与环境因子相联系。

下面是基于对应分析的典范对应分析排序基本步骤(Ter Braak，1986；张金屯，1995)。

(1) 任意选取一组样方初始值；

(2) 用加权平均法求种类排序值；

(3) 再用加权平均法求新的样方排序值，将这一样方坐标记为 $z_j^*(j=1, 2, \cdots, N)$。

以上三步完全同对应分析。

（4）用多元回归法计算样方与环境因子之间的回归系数 b_k，这一步是普通的回归分析，用矩阵形式表示为

$$b = (UCU^T)^{-1}UC\,(z^*)^T \tag{10.21}$$

式中，b 为一列向量，$b = (b_0, b_1, \cdots, b_q)^T$；$C$ 是种类×样方原始数据矩阵列和 C_j 组成的对角线矩阵；z^* 为由（3）得到的样方排序值，即

$$z^* = \{z_j^*\} = (z_1^*, z_2^*, \cdots, z_N^*) \tag{10.22}$$

$U = \{U_{kj}\}$，为 $(q+1) \times N$ 维矩阵，包括环境因子原始数据矩阵和一行 1（用于计算 b_0），即

$$U = \begin{bmatrix} 1 & 1 & 1 & \cdots & 1 \\ U_{11} & U_{12} & U_{13} & \cdots & U_{1N} \\ U_{21} & U_{22} & U_{23} & \cdots & U_{2N} \\ \vdots & \vdots & \vdots & & \vdots \\ U_{q1} & U_{q2} & U_{q3} & \cdots & U_{qN} \end{bmatrix} \tag{10.23}$$

由最后一次迭代所求出的 b 称为典范系数（$canonical\ coefficient$），它反映了各个环境因子对排序轴所起的作用的大小，是一个生态学指标。

（5）计算样方排序新值 $z_j(j = 1, 2, \cdots, N)$

$$z = Ub \tag{10.24}$$

式（10.24）是式（10.20）的矩阵形式。

（6）对样方排序值进行标准化，同对应分析和趋势对应分析。分别计算

$$V = \sum_{j=1}^{N} C_j z_j \Big/ \sum_{j=1}^{N} C_j \tag{10.25}$$

$$S = \sqrt{\sum_{j=1}^{N} C_j\,(z_j - V)^2 \Big/ \sum_{j=1}^{N} C_j} \tag{10.26}$$

同样，最后一次迭代所求出的 S 等于特征值 λ。

标准化

$$z_j^{(a)} = \frac{z_j - V}{S} \tag{10.27}$$

（7）回到（2），重复以上过程，直至得到稳定值。

从上面过程看，典范对应分析和对应分析所不同的是增加了（4）、（5）两步，其他步骤没有变化。

（8）求第二排序轴，与第一排序轴一样，进行（1）～（5）步。在选初始值时可以选第一排序轴某一步的结果，以加快迭代收敛速度。到（6）步，与对应分析一样，先进行正交化，

再进行标准化,方法如下。

首先计算

$$\mu = \sum_{j=1}^{N} C_j z_j e_j \Big/ \sum_{j=1}^{N} C_j \tag{10.28}$$

正交化

$$z_j^{(b)} = z_j - \mu e_j \tag{10.29}$$

式中,$z_j^{(b)}$ 是正交化后的样方坐标值,z_j 是其未经正交化的值,e_j 是样方在第一排序轴上的坐标值。

以后的计算同对应分析。

(9) 计算环境因子的排序坐标。由于典范对应分析的排序图同时表示样方、种类和环境因子在排序图上的分布及其关系,这里需要计算环境因子的坐标值,即

$$f_{km} = \left[\lambda_m (1 - \lambda_m) \right]^{1/2} a_{km} \tag{10.30}$$

式中,f_{km} 为第 k 个环境因子在第 m 排序轴上的坐标值;λ_m 为第一排序轴的特征值;a_{km} 为第 k 个环境因子与第 m 个排序轴间的相关系数,可以用普通方法求得。这一相关系数不同于典范系数,它是最终求出的样方坐标值与环境因子之间的相关系数。它的生态学意义与典范系数基本一致。

(10) 排序的图形表示。典范对应分析排序一般是将其种类、样方和环境因子绘在一张图上,这样可以直观地看出种类分布、群落分布与环境因素之间的关系。这种排序图称为双序图(bi plot)。环境因子一般用箭头表示,箭头所处的象限表示环境因子与排序轴间的正负相关性,箭头连线的长度代表某个环境因子与群落分布或种类分布间相关程度的大小,连线越长,说明相关性越大;反之越小。箭头连线和排序轴的夹角代表某个环境因子与排序轴的相关性大小,夹角越小,相关性越高;反之越低。在数据较多的情况下,种类和样方可以分别绘图。

现在举一个虚拟的计算例子:假使有 7 个样方 5 个种的多度数据及两个环境因子数据(张金屯,1995),两个矩阵(表 10.12 和表 10.13)。

表 10.12 用于说明典范对应分析的样方—种类分布数据

| 种 类 | 样 方 | | | | | | | r_i |
	1	2	3	4	5	6	7	
1	1	0	0	1	0	2	0	4
2	0	0	1	0	1	0	1	3
3	0	2	0	1	0	1	0	4
4	3	0	0	1	1	0	2	7
5	1	1	2	0	0	1	0	5
C_j	5	3	3	3	2	4	3	

表 10.13　用于说明典范对应分析的样方—环境因子数据

环境因子	样			方			
1	0.2	0.1	0.1	0.3	0.6	0.6	0.2
2	0.5	0.9	0.8	0.4	0.4	0.8	0.7

由于环境因子间的测量指标往往差别很大,一般需要对环境数据进行标准化,这里是一个简单的例子,将两个环境因子中心化得到新的矩阵(表 10.14)。

表 10.14　环境因子中心化后的数据

样 方 环境因子	1	2	3	4	5	6	7
1	−0.03	−0.13	−0.13	0.07	0.37	−0.13	−0.03
2	−0.14	0.26	0.16	−0.24	−0.24	0.16	0.06

下面是典范对应分析排序基本过程。

第一步,任意给定样方排序初始值

$$(1, 2, 3, 4, 1, 2, 3)$$

第二步,计算种类排序值,其是样方初始值的加权平均,即

$$(2.25, 2.33, 2.5, 2.0, 2.2)$$

第三步,再用加权平均法求样方新值,得

$$(2.09, 2.57, 2.24, 2.25, 2.17, 2.30, 2.11)$$

第四步,用多元回归分析计算样方排序值与环境因子间的回归系数,得

$$b_0 = 2.25, \quad b_1 = 0.255, \quad b_2 = 0.655$$

第五步,计算样方新值,例如

$$z_1 = 2.25 + 0.255 \times (-0.03) + 0.655 \times (-0.14) = 2.05$$

同法求得

$$z = (2.15, 2.38, 2.32, 2.11, 2.19, 2.32, 2.28)$$

第六步,对 z 值进行标准化计算得

$$V = 2.42, \quad S = 0.18$$

$$z^{(a)} = (1.06, 0.22, -0.56, -1.72, -1.28, -0.56, -0.78)$$

第七步,以 $z^{(a)}$ 为基础回到第二步,重复以上过程,最后得到 7 个样方在第一排序轴上的坐标

$$0.059, -0.129, -0.078, 0.011, 0.098, -0.061, 0.113 (\lambda = 0.269)$$

5 个种在第一排序轴上的坐标为

$$0.010, 0.054, -0.121, 0.143, -0.144 \ (\lambda = 0.269)$$

第八步,求第二排序轴。

求第二排序轴的基本过程与第一排序轴一致,不同的是要进行正交化。而正交化方法与修正的对应分析方法完全一致。所以,此外不再列出计算过程,只给出最终的结果。

7 个样方在第二排序轴上的坐标为

$$-0.053, 0.017, 0.065, -0.042, 0.108, -0.062, 0.060 \ (\lambda = 0.18)$$

5 个种在第二排序轴上的坐标为

$$-0.130, 0.252, 0.040, -0.036, -0.028 \ (\lambda = 0.18)$$

第九步,计算环境因子的排序坐标。

先求得以上得到的两个样方排序轴与环境因子间的相关系数 a_{km},得表 10.15。

表 10.15　环境因子与第一和第二排序轴的相关系数

环 境 因 子	第 一 排 序 轴	第 二 排 序 轴
1	0.630	0.383
2	-0.720	0.125

再计算环境因子的坐标(10.30),例如,环境因子在第一坐标轴上的坐标为

$$f_{11} = \sqrt{0.269(1 - 0.269)} \times 0.630 = 0.279$$

同法可得

$$f_{12} = 0.170, \quad f_{21} = -0.274, \quad f_{22} = 0.047$$

第十步,绘双序图,为了便于图形表示,将上面求得的坐标值全部扩大 1000 倍,绘得图 10.36。

在典范对应分析排序图中,环境因子用带有箭头的线段(矢量线)表示,连线的长短表示藓类分布与该环境因子关系的大小,箭头连线与排序轴的夹角表示该环境因子与排序轴相关性的大小,箭头所指的方向表示该环境因子的变化趋势。分析时,可以作出某一种类(或样点)与环境因子连线的垂直线,垂直线与环境因子连线相交点离箭头越近,表示该种(或该样点)与该类生境因子的正相关性越大,处于另一端的则表示与该类环境因子具有的负相关性越大 (Ter Braak, 1986)。排序图上,

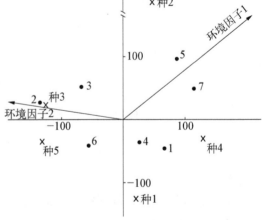

图 10.36　5 个种 7 个样方和两个环境因子得到的典范对应分析排序

决定环境因子对排序效果的是环境因子矢量线的方向与相对长短,在分析时,可以按比例对所分析的所有环境因子加以延伸或者缩短。

典范对应分析是以对应分析为基础的,它存在对应分析的缺点,即弓形效应。为了修正这一缺点,Braak又将典范对应分析与除趋势对应分析结合起来,产生一种称为除趋势典范对应分析(detrended canonical correspondence analysis,DCCA)的新方法,克服了弓形效应(张金屯,1995)。

二、除趋势典范对应分析

除趋势典范对应分析采用与除趋势对应分析相同的除趋势方式,也就是将第一排序轴分成数个区间,在每一区间内通过中心化调整第二排序轴的坐标值,而去除弓形效应的影响。除趋势典范对应分析是典范对应分析加上除趋势,也可以说是典范对应分析和除趋势对应分析的结合,所以参考前面的典范对应分析和除趋势对应分析计算过程,除趋势典范对应分析的分析程序就清楚了。这里只简单列出分析步骤,不再详细说明。

(1) 选择样方排序的初始值;

(2) 计算种类排序的初始值;

(3) 求样方排序新值;

(4) 计算样方与环境因子之间的回归系数(式(10.21));

(5) 计算样方新值(式(10.22));

(6) 对样方排序值进行标准化;

(7) 回到(2),重复迭代过程,得到稳定的值;

(8) 求第二排序轴,这一步同典范对应分析的(8),只是将正交化换成除趋势(见除趋势对应分析部分);

(9) 求环境因子的坐标值;

(10) 绘排序图,同典范对应分析一样组成双序图。

三、应用 PAST 进行典范对应分析

例如,有一个涉及 8 个样方、5 个环境因子和 10 个种类生态重要值的模拟数据。按以下步骤进行典范对应分析。

将原始数据按行为样方、列为环境因子和种类的格式输入 Excel 中。其中,环境因子放在前五列,种类放在后 10 列(图 10.37)→运行 PAST→选择 Excel 数据区域,复制并粘贴到 PAST 数据框中→应用 PAST 菜单 Edit 下的 Rename rows 或者 Rename colums 更改行、列的标识符号(图 10.38)→Edit mode 复选框不选→选择数据区域→在主菜单中选择 Multivar→Canonical correspondence →提示输入环境因子数目(Enter number of columns of environmental variables)(本例中输入 5)→OK →出现 Canonical correspondence 窗口→通过 Row (site) dots、Row labels、95% ellipses、Convex hulls、Column (sp.) dots、

Column labels、Triplot、Ax2＋3、Scaling Type2 等复选框的选择，进行种类—环境因子，样方—环境因子，第 1－2、2－3 排序轴的排序（图 10.39）。

种类模拟数据(Canoco).xls [兼容模式] - Microsoft Excel															
	light	water	nitrigen	pH	soil	S1	S2	S3	S4	S5	S6	S7	S8	S9	S10
A1	23	33	43	69	14	0.79	0.87	0.81	0.69	0.56	0.53	0.47	0.59	0.63	0.5
A2	24	14	56	23	54	0.6	1	0.51	0.31	0.44	0.19	0.15	0.26	0.22	0.13
A3	23	84	17	34	23	0.86	0.75	0.72	0.75	0.64	0.71	0.58	0.63	0.79	0.72
A4	11	56	44	33	22	0.44	0.69	0.67	0.86	0.83	0.8	0.71	0.9	0.86	0.85
A5	23	78	33	32	51	0.61	1	0.49	0.34	0.63	0.27	0.22	0.33	0.25	0.18
A6	45	19	34	21	62	0.71	0.81	0.88	0.74	0.66	0.62	0.68	0.77	0.66	0.59
A7	23	13	23	45	71	0.25	0.25	0.25	0.25	0.25	1	0.5	0.75	0.5	0.25
A8	11	23	12	69	12	1	0.75	0.75		0.75	1	0.75	1	0.75	1

图 10.37　用于说明应用 PAST 进行典范对应分析的原始数据（在 Excel 中）

CCA 数据用于PAST软件														
File Edit Transform Plot Statistics Multivar Model Diversity Time Geomet Strat Cladistics Script														
	light	water	nitrigen	pH	soil	s1	s2	s3	s4	s5	s6	s7	s8	s9	s10
A1	23	33	43	69	14	0.79	0.87	0.81	0.69	0.56	0.53	0.47	0.59	0.63	0.5
A2	24	14	56	23	54	0.6	1	0.51	0.31	0.44	0.19	0.15	0.26	0.22	0.13
A3	23	84	17	34	23	0.86	0.75	0.72	0.75	0.64	0.71	0.58	0.63	0.79	0.72
A4	11	56	44	33	22	0.44	0.69	0.67	0.86	0.83	0.8	0.71	0.9	0.86	0.85
A5	23	78	33	32	51	0.61	1	0.49	0.34	0.63	0.27	0.22	0.33	0.25	0.18
A6	45	19	34	21	62	0.71	0.81	0.88	0.74	0.66	0.62	0.68	0.77	0.66	0.59
A7	23	13	23	45	71	0.25	0.25	0.25	0.25	0.25	1	0.5	0.75	0.5	0.25
A8	11	23	12	69	12	1	0.75	0.75		0.75	1	0.75	1	0.75	1

图 10.38　用于说明应用 PAST 进行典范对应分析的原始数据（在 PAST 中）

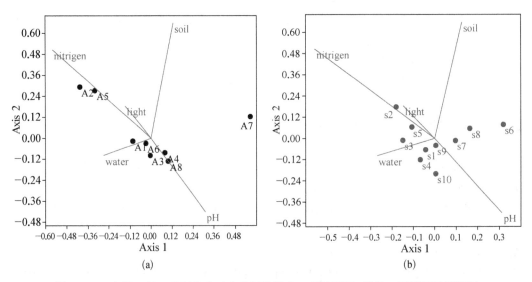

(a)　　　　　　　　　　　　　(b)

图 10.39　应用 PAST 进行典范对应分析的样方—环境因子、种类—环境因子排序图

通过 Canonical correspondence 窗口中的 View number 获得种类、样方和环境因子在典范对应分析前五个主成分（排序轴）上的得分值（坐标值）（图 10.40）。据此数据，应用

SPSS 作出三维空间的排序图;通过 Eigenvalues 显示出前五个主成分上的特征值和贡献率(图 10.41)。通过 Permutation test 检测各排序轴相关性的显著性水平。

CCA scores

	Axis 1	Axis 2	Axis 3	Axis 4	Axis 5
s1	-0.284951	-0.626732	0.692919	-1.01067	2.15855
s2	-1.20995	1.70796	-0.313763	0.752088	0.268096
s3	-1.00093	-0.105853	1.90963	-0.0306727	-0.48542
s4	-0.45264	-1.1701	-0.0947572	1.44156	0.181493
s5	-0.717326	0.617858	-1.75003	-1.1522	-0.555436
s6	2.14235	0.747364	-0.243849	-0.0733119	0.88041
s7	0.648339	-0.119961	0.962209	-1.40206	-1.92478
s8	1.09725	0.542222	0.459423	1.34994	-0.5655
s9	0.0343722	-0.387268	-0.494591	-0.989351	-0.115148
s10	0.032958	-1.93121	-1.27566	0.67541	-0.469304
A1	-0.105104	-0.0164989	0.0652909	-0.00100274	0.043576
A2	-0.40575	0.292858	0.0575641	0.0175465	0.202815
A3	-0.00454561	-0.0993203	-0.0126403	-0.0410501	0.0296723
A4	0.0793409	-0.0835103	-0.101742	0.0290673	-0.15303
A5	-0.319989	0.272013	-0.0337746	-0.0286424	0.132668
A6	-0.0302583	-0.0292804	0.0661469	-0.00603277	-0.0647524
A7	0.564338	0.123152	0.0297915	-0.0206311	-0.0680427
A8	0.0972398	-0.131875	-0.0259232	0.0304322	0.00870171
light	-0.147497	0.18437	0.695152	-0.423263	0.0625701
water	-0.269247	-0.0985808	-0.59577	-0.503012	0.0592827
nitrigen	-0.558729	0.505984	0.222857	0.33311	0.286164
pH	0.311772	-0.421354	0.0101264	0.241528	-0.0864173
soil	0.126567	0.657444	0.40482	-0.348182	0.0972261

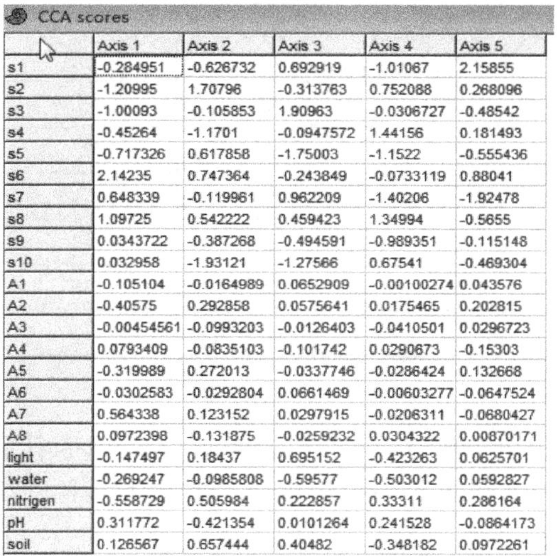

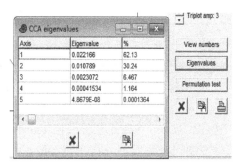

图 10.40 种类、样方和环境因子在典范对应分析前五个排序轴上的坐标值

Axis	Eigenvalue	%
1	0.022166	62.13
2	0.010789	30.24
3	0.0023072	6.467
4	0.00041534	1.164
5	4.8679E-08	0.0001364

图 10.41 前五个主成分上的特征值和贡献率

四、应用 Canoco 进行典范对应分析和除趋势典范对应分析

1. 安装 Canoco for Windows 4.5

Canoco for Windows 4.5 版本需要安装后才能够运行,安装后,在 Windows 开始菜单中会形成 Canoco for Windows 4.5、CanoDraw for Windows、WcanoImp 等快捷键(试用版使用时,需将计算机时间改回 2003 年以前)。

2. 在 Excel 中输入原始数据

在 Excel 下按表 10.16 和表 10.17 格式生成以下两个模拟文件(共 8 个样地、10 个种类和 5 个环境因子),行为样方,列为种类或环境因子。

表 10.16 用于说明应用 Canoco 进行典范对应分析的样方—种类分布数据(Excel 中)

	S1	S2	S3	S4	S5	S6	S7	S8	S9	S10
site1	0.79	0.87	0.81	0.69	0.56	0.53	0.47	0.59	0.63	0.5
site2	0.6	1	0.51	0.31	0.44	0.19	0.15	0.26	0.22	0.13
site3	0.86	0.75	0.72	0.75	0.64	0.71	0.58	0.63	0.79	0.72
site4	0.44	0.69	0.67	0.86	0.83	0.8	0.71	0.9	0.86	0.85
site5	0.61	1	0.49	0.34	0.63	0.27	0.22	0.33	0.25	0.18
site6	0.71	0.81	0.88	0.74	0.66	0.62	0.68	0.77	0.66	0.59
site7	0.25	0.25	0.25	0.25	0.25	1	0.5	0.75	0.5	0.25
site8	1	0.75	0.75	1	0.75	1	0.75	1	0.75	1

表 10.17　用于说明应用 Canoco 进行典范对应分析的样方—环境因子数据（Excel 中）

	光	水	氮	pH	土壤
site1	23	33	43	69	14
site2	24	14	56	23	54
site3	23	84	17	34	23
site4	11	56	44	33	22
site5	23	78	33	32	51
site6	45	19	34	21	62
site7	23	13	23	45	71
site8	11	23	12	69	12

3. 将种类和环境因子数据导入 Canoco

进入 Canoco for Windows→运行 WcanoImp→选择 Save in condensed format，其余不选（图 10.42）→打开电子表格中的种类—样方的文件→全选数据、样方和种类的标识符→复制到剪贴板上→在 WcanoImp 中按 Save→取一表示种类的文件名，如取名为 site-species→保存→OK→出现 Created requested data file 框，单击确定，文件保存的地址与原先的种类—样方数据文件电子表格所在的目录是一样的。同理导入样方—环境因子数据。

4. 数据运算

运行 Canoco for Windows→出现 Canoco for Windows 4.5 界面，首先出现有关该版本的特点介绍方面的对话框（图 10.43），先将其关闭→进入 File 选项中→进入 New Project 中→出现 Available Data 窗口，在多个选项中，选择 Species and environment data available（图 10.44）→下一步→在 Species data file name 中，选择 Browse→在原先生成的种类—样方文件目录下寻找，注意在打开的 all file *. * 选项中寻找，选择 Species 文件，单击打开按钮即可。用同样方法输入样方—环境因子文件。

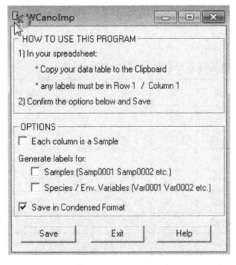

图 10.42　WcanoImp 数据输入时的参数选择

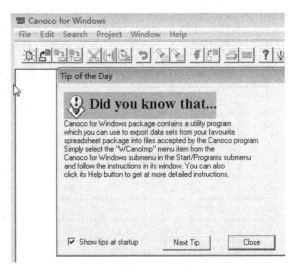

图 10.43　Canoco for Windows 窗口

输入完成以上的样方—种类、样方—环境因子文件到 Canoco for Windows 后,再在 Canoco solution file name 下的空白框输入一文件名,如"DDD"→下一步→在 Type of Analysis 窗口中选择典范对应分析、除趋势典范对应分析或者约束排序(RAD)分析方法,本例中选择典范对应分析(图 10.44)→下一步→出现 Scaling:Unimodal Methods 窗口,按默认选项,也可以更改(图 10.45)→下一步→数据转换方式,可以选择不转换(图 10.45)→数据编辑选项,通过选择框,可以移除某些样方、种类或环境因子,改变它们的权重等(图 10.46)→Foward selection of environmental varibles 是涉及环境变量的选项,一般按默认选项进入下一步→在 Global Permutation Test 窗口中(图 10.47),主要涉及蒙特卡罗转换检验,选择 both above tests,同时让 number of permutatons 保持默认状态(图 10.47)→在出现 All options for Canoco are now selected 后,选择完成;其后有一过程生成一个 Canoco Project 窗口,输入一文件名后,如"DDD",在 Project:DDD.con 窗口中选择 Analyze(图 10.48)→生成一个 Log:DDD.con 窗口(图 10.50),内有本次典范对应分析的基本结果,包括种类、样方和环境因子排序轴的相关系数矩阵等→再在 Project:DDD.con 窗口中选择 CanoDraw(图 10.48),运行作图程序→自动生成一个图像数据文件,自动命名为 DDD.cdw,选择保存(图 10.49)→形成 CanoDraw - DDD.cdw 窗口,在该窗口菜单中选择 Create(图 10.50)→选择排序图的展示形式,如选择 Biplots and Join Plots→Species and env. variables(图 10.50)→生成一个种类—环境因子的双序排序图(图 10.51)。用鼠标可以移动排序图上种类和环境因子的标识符,使部分标识不清楚的种类和环境因子标识符分散一些,处于容易表示的位置。也可选择 Samples and env. variables,或者 Species and samples 等,生成相应的双序排序图,以及三序排序图(Triplots)或仅为种类、样点或环境因子(Scatter Plots)的排序图。

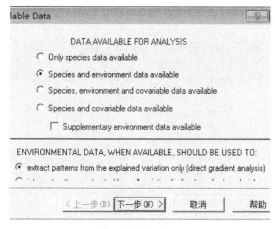

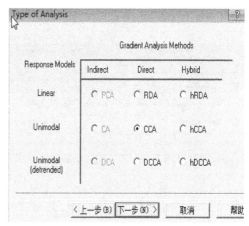

(a) Available Data　　　　　　　　　(b) Type of Analysis

图 10.44　Available Data 和 Type of Analysis 窗口中的参数选择

通过 View 菜单中的 Visual Attributes 命名进行相关参数的修改,可以对生成的排序图进行修正,以便排版。通过 Project-settings,可以选择个体是贴上标签以及一个图表要建立的属性类型等。

Canoco for Windows 4.5 同时也提供了主成分分析、对应分析和除趋势对应分析,当

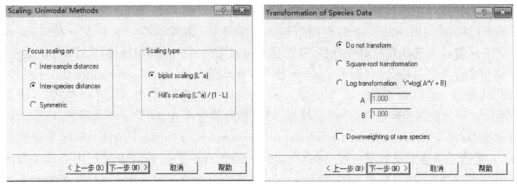

（a）　Scaling: Unimodal Methods 　　　（b）　Transformation of Species Data

图 10.45　Scaling：Unimodal Methods 和 Transformation of Species Data 窗口中的参数选择

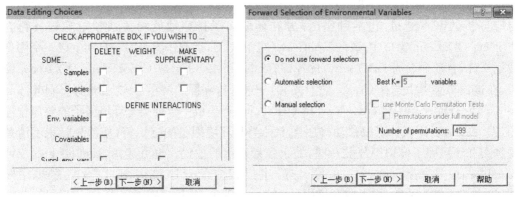

（a）　Data Editing Choice 　　　（b）　Forward Selection of Environmental Variables

图 10.46　Data Editing Choice 和 Forward Selection of Environmental Variables 窗口中的参数选择

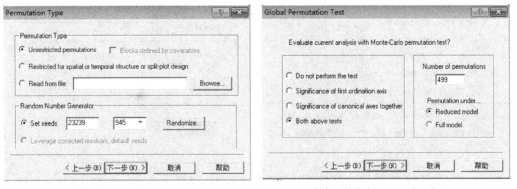

（a）　Permutation Type 　　　（b）　Global Permutation Test

图 10.47　Permutation Type 和 Global Permutation Test 窗口中的参数选择

导入的数据仅为样方一种类数据时,可以选择这三种方法对数据进行降维处理和种间关系、样方关系的排序分析。

注意以下两点。

（1）在 Scaling：Unimodal Methods 窗口中,Hill's scaling 适应于物种梯度较长的类

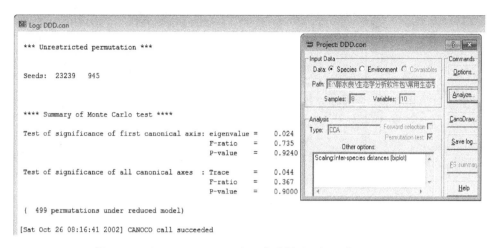

图 10.48　Project DDD. con 窗口中选择 Analyze 或 CanoDraw

（a）CanoDraw 运算生成图像文件　　　　（b）CanoDraw-DDD. cdw 中选择 Create

图 10.49　CanoDraw 运行生成图像文件和 CanoDraw－DDD. cdw 中选择 Create

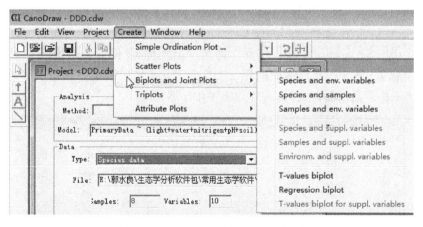

图 10.50　选择典范对应分析排序图的类型

型，biplot scaling 适用于物种比较集中、梯度较短的类型。

　　（2）在蒙特卡罗检验（Monte Carlo test）中，给出了排序效果检验值 P 值和 F 值，如果小于 0.05，表示排序结果可信。

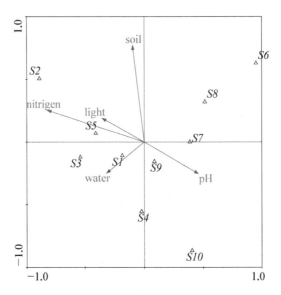

图 10.51　典范对应分析生成的种类—环境因子双序排序图

五、应用 PCORD 进行典范对应分析和除趋势典范对应分析

　　将样方(行)—种类(列)分布数据和样方(行)—环境因子(列)数据分别按 PCORD 格式输入 Excel(格式见表 9.8),保存为. csv 格式,再通过 PCORD 导入,分别另存为 site-species. wk1 和 site-environments. wk1 格式的文件。

　　运行 PCORD→File→Open→Main matrix→导入 site-species. wk1(种类分布数据);重新选择 File→Open→Second matrix→导入 site-environment. wk1(样方—环境因子数据)→主菜单 Ordination→选择 CCA→在 CCA step 中按默认参数选择→CCA Random number 中按默认参数选择→Monte Carlo test 按默认参数选择→在 CCA 窗口中的 Descriptive title for results 中输入结果文件名→出现种类、样方和环境因子在前三维排序轴上的坐标值(图 10.52)(据此应用 SPSS 或 Excel 作出种类—环境因子排序图、样方—环境因子排序图、样方—种类—环境因子排序图)。

```
Graph - GRAPHROW.GPH - GRAPHCOL.GPH

CCA ordination                      CCA ordination
        8                                  10
A1    0.17064   -0.03833    0.06539    S1    0.34386   -0.25478    1.37809
A2    0.12473    0.09580   -0.03163    S2    1.63457    1.17907   -0.62771
A3    0.00370   -0.12189   -0.02163    S3    0.99169   -0.28234    1.68180
A4    0.09668   -0.04302   -0.08462    S4    0.04356   -1.29506   -0.03454
A5    0.10348    0.17796   -0.02887    S5    0.74986    0.15954   -1.79648
A6    0.06473   -0.01254    0.07743    S6   -1.74656    1.46696   -0.05102
A7   -0.21480    0.29430    0.01033    S7   -0.71135    0.00012    0.64385
A8   -0.26644   -0.09709    0.00315    S8   -0.94522    0.74671    0.10843
                                       S9   -0.15440   -0.36370   -0.32870
                                       S10  -0.74433   -2.02112   -1.09408
                                       light   0.05567   0.02343   0.03630
                                       water   0.04998  -0.03069  -0.02705
                                       nitrigen 0.12853  0.03137  -0.00530
                                       pH     -0.07177  -0.03118   0.01222
                                       soil    0.01542   0.09510   0.01214
```

图 10.52　典范对应分析得到的种、样方、环境因子在前三个主成分上的得分值(坐标值)

在主菜单中选择 Graph→Graph ordination→选择 Joint plot［biplot］中有红色矢量符号的图标（图 10.53）→选择 21、31 或 32 可以生成第 1 - 2 排序轴、第 1 - 3 排序轴或第 2 - 3 排序轴上的双序排序图（图 10.54）。

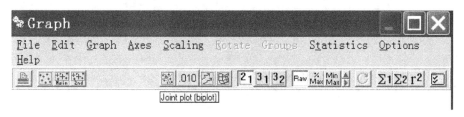

图 10.53　典范对应分析中图形展示的菜单选择

典范对应分析排序结果文件中包括了五个环境因子的相关系数矩阵、前三个主成分上的特征值、贡献率和累积贡献率、种类—环境因子在前三个排序轴上的 Pearson 相关系数,5 个环境因子在前三个排序轴上的典范系数,以及 10 个种类、8 个样方和 5 个环境因子在前三维排序轴上的坐标值。

郭水良等（2001）对 42 种藓类在长白山森林生态系统 41 个样点的盖度进行了测定,并测定了这 41 个样点的海拔、林冠郁闭度、pH、土壤含砂量、灌丛盖度和土壤水分 6 个环境指标。应用除趋势典范对应分析的方法,直观地显示了长白山地区藓类植物群落、种类分布与环境因子之间的关系（图 10.54 和图 10.55）。

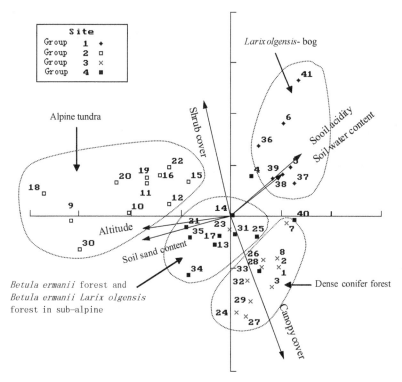

图 10.54　长白山藓类群落与 6 个环境因子关系的除趋势典范对应分析排序

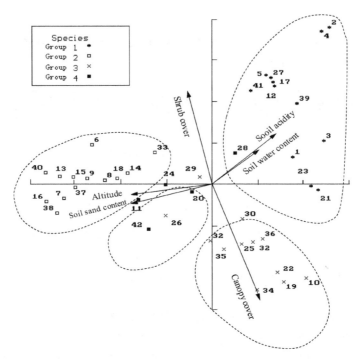

图 10.55　长白山 42 种主要藓类植物与 6 个环境因子关系的除趋势典范对应分析排序

第七节　无度量多维标定排序

一、方法

无度量多维标定(nonmetric multidimensional scaling，NMMDS)排序基于相异系数矩阵进行，排序的目的是将 N 个样方排列在一定的空间，使得样方间的空间差异与原始距离矩阵保持一致，排序仅决定于相异系数的大小顺序(张金屯，1995)。

无度量多维标定排序法是为了克服主成分分析、主坐标分析要求原始数据有线性结构的缺点，NMMDS 的模型是非线性的，能更好地反映生态学数据的非线性结构。

NMMDS 通过迭代计算完成，迭代结果与初始值的选取有较大关系。Shepard 提出了无度量多维标定排序的算法，步骤如下。

(1) 计算样方间的距离系数，构成 $N \times N$ 维距离矩阵，可使用多种相异系数公式计算。

$$\boldsymbol{\delta} = \{\delta_{jk}^2\} \ (j = k = 1, 2, \cdots, N) \tag{10.31}$$

(2) 给出初始排序坐标值 $\boldsymbol{y}$

$$\boldsymbol{y} = \{y_{ij}\} \ (i = 1, 2, \cdots, m; \quad j = 1, 2, \cdots, N) \tag{10.32}$$

式中，m 为事先确定的排序维数，一般只选择前二维。

(3) 根据 m 维排序坐标计算样方间欧氏距离矩阵，并构成距离平方矩阵：

$$\boldsymbol{D} = \{d_{jk}^2\} \ (j = k = 1, 2, \cdots, N) \tag{10.33}$$

$$d_{jk}^2 = \sum_{i=1}^{m} (y_{ij} - y_{ik})^2 \tag{10.34}$$

式中，y_{ij} 和 y_{ik} 分别是样方 j 与 k 在第 i 个排序轴上的坐标初始值。

（4）计算连续性指标 K。

$$K(\boldsymbol{\delta}, \boldsymbol{y}) = \frac{\sum\limits_{j=1}^{N-1} \sum\limits_{k=j+1}^{N} \delta_{jk}^2 / d_{jk}^4}{\left(\sum\limits_{j=1}^{N-1} \sum\limits_{k=j+1}^{N} 1/d_{jk}\right)^2} \tag{10.35}$$

（5）调整坐标值，继续迭代过程。对于初始的排序坐标 $\boldsymbol{y}$ 进行调整，这里的调整是根据经验进行，没有客观的标准。然后回到(3)，重复迭代，直到连续性指标 K 基本稳定。

二、应用 PAST 和 PCORD 进行无度量多维标定排序

1. 应用 PAST 进行无度量多维标定排序

运行 PAST 2.17，将原始数据复制到数据框→Edit mode 复选框中（去除小勾）→选择数据区域→在主菜单中选择 Multivar→Non‑metric‑MDS→出现窗口提示是否有环境因子数据，输入"0"→提示选择一种相似或距离系数，共有 24 种系数供选择，本例中选择 Euclidean 系数，Dim 选择 3D，Plot 选择 1+2，勾选 Row labels→再现 10 个种类在第 1、2 排序轴上的二维散点图，并有相应的标识符号；如果同时选择 Min span tree，那么出现二维散点排序基础上的最小生成树→选择 View numbers，出现 10 个种类在前三个排序轴上的坐标值，可以应用 SPSS 作出三维排序图。

2. 应用 PCORD 进行无度量多维标定排序

PCORD 也提供了无度量多维标定功能，数据输入部分的操作步骤与极点排序、主成分分析等相同，在 Ordination 中选择 NMS（无度量多维标定），其余选择默认参数，生成图 10.56。

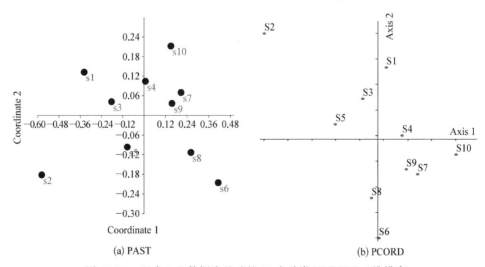

(a) PAST

(b) PCORD

图 10.56　以表 9.7 数据为基础的 10 个种类 NMMDS 二维排序

第十一章
生理生态学中数据统计分析

第一节 单因素方差分析

单因素方差分析（one-way ANOVA）是完全随机设计（completely random design），仅涉及一个处理因素，但可以有两个或多个水平，所以又称单因素实验设计。在实验研究中按随机化原则将实验对象随机分配到一个处理因素的多个水平中去，然后观察各组的实验效应。

方差分析要求所采集的数据来自正态总体，且各总体方差相等，如果这些条件不满足，则应对采集数据转换，或者采用其他统计分析方法。可采用 SPSS 软件进行单因素方差分析。

1. 研究实例

以同一天采自同种杂草的同一种群种子为实验材料，研究 NaCl 溶液对其萌发率的影响。NaCl 溶液浓度设置为 0 mol/L、0.05 mol/L、0.1 mol/L、0.15 mol/L 和 0.2 mol/L 共 5 个梯度水平（处理组），每个处理重复 6 次，测定不同浓度的 NaCl 溶液处理 14 天后该杂草种子的总萌发率（表 11.1）。

表 11.1　某种杂草在不同浓度 NaCl 处理条件下培养 14 天后的萌发率数据

重　复	NaCl 溶液浓度/(mol/L)				
	0.00	0.05	0.1	0.15	0.2
1	98.0	88.7	23.3	23.3	0.0
2	93.3	70.0	18.7	42.0	4.7
3	84.0	70.0	23.3	28.0	0.0
4	74.7	65.3	14.0	56.0	9.3
5	72.0	88.7	4.7	37.3	0.0
6	98.0	70.0	42.0	32.7	

2. 应用 SPSS 进行单因素方差分析

（1）将全部数据输入 SPSS，在 Data View 窗口中输入数值；在 Variable View 窗口中修改各个变量的名称、标签等（图 11.1）。

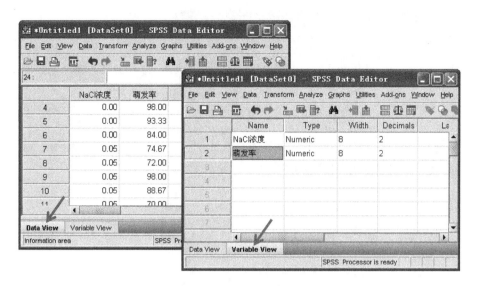

图 11.1 SPSS 中的数据视图和变量视图窗口

（2）选择菜单 Analyze→Compare Means→One-Way ANOVA（图 11.2）。

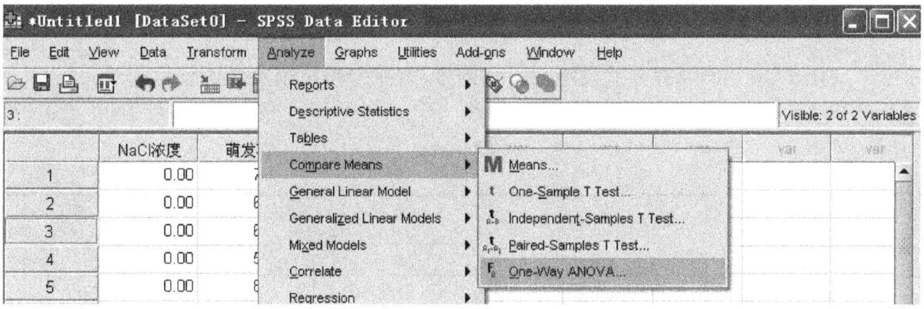

图 11.2 SPSS 中的单因素方差分析操作路径

（3）在选中"萌发率"单击右侧的箭头移入 Dependent List 窗口中，选中"NaCl 浓度"移入 Factor 窗口（图 11.3）。

（4）单击右侧的 Post Hoc 按钮，弹出单因素方差分析策略窗口，选择相应的分析策略。此处 LSD 方法的敏感度最高，因而在研究中用得较多。Tukey、Duncan、S-N-K 等方法也较为常用。以上均为方差整齐时用的统计分析方法（图 11.3），选完后单击 Continue 返回，下同。

（5）单击右侧的 Options 按钮弹出选项窗口，选中 Descriptive 可生成详细数据报表，选中 Homogeneity of variance test 可以进行方差整齐性检验。当数据方差不整齐时，Brown-Forsythe 和 Welch 用于检验各处理组均数是否有显著差异（图 11.3）。

3. 结果分析

（1）在结果窗口中 Descriptives 即数据统计报表，给出了各个 NaCl 溶液浓度处理水平下的该杂草种子萌发率的均值（Mean）、标准差（Std. Deviation）、标准误（Std. Error）等统计值。整张表可以直接复制粘贴到 Excel 中用于作图（图 11.4）。

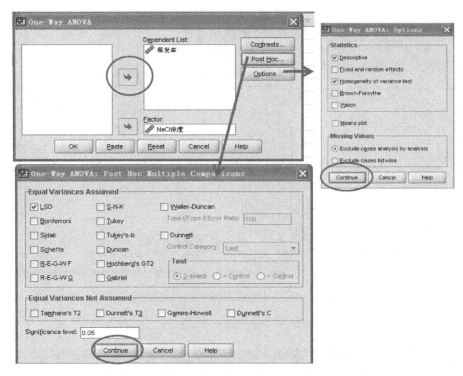

图 11.3 单因素方差设定变量和因素、方差分析策略及常用统计选项

Descriptives

	N	Mean	Std. Deviation	Std. Error	95% Confidence Interval for Mean		Minimum	Maximum
					Lower Bound	Upper Bound		
0	6	86.6667	11.55362	4.71675	74.5419	98.7915	72.00	98.00
0.05	6	75.4450	10.40249	4.24680	64.5283	86.3617	65.33	88.67
0.1	6	21.0000	12.43347	5.07594	7.9519	34.0481	4.67	42.00
0.15	6	36.5550	11.58912	4.73124	24.3930	48.7170	23.33	56.00
0.2	6	2.3333	3.90362	1.59365	-1.7633	6.4299	.00	9.33
Total	30	44.4000	33.98935	6.20558	31.7082	57.0918	.00	98.00

Test of Homogeneity of Variances

Levene Statistic	df1	df2	Sig.
1.397	4	25	.264

ANOVA

	Sum of Squares	df	Mean Square	F	Sig.
Between Groups	30773.830	4	7693.457	70.474	.000
Within Groups	2729.175	25	109.167		
Total	33503.005	29			

图 11.4 单因素方差分析结果

（2）Test of Homogeneity of Variances 数据表格显示方差整齐性的统计结果，其中 Sig. 即 P 值，该数值 Sig. >0.05 表示方差整齐。若此处 Sig. <0.05，则应对原始数据进行转换。数据转换的常用方法包括开平方根、取对数或者两者结合使用。总之，应尽量达到方差整齐（图 11.4）。

（3）单因素方差分析给出了组间和组内的平方和（Sum of Squares）、自由度（df）、均方（Mean Square）、F 值和组间差异的显著度 P 值。此处显著度值为 0.000，表示不同处理组间存在显著差异，因而可以进一步比较各处理组之间的差异性情况（图 11.4）。

（4）Multiple Comparisons 数据表给出了详细的组间两两比较情况。在数据表中给出了每个处理组与其他处理组之间的两两比较差异情况。其中每一行数据中给出了显著度值，默认设置显著度水平 0.05 时，当显著度值 <0.05 时在每一行的 Mean Difference（$1 \sim J$）数值后标记有星号（图 11.5）。多重比较结果通常以不同的字母来表示，即任意两个处理组之间没有相同字母表示相互之间的差异显著。SPSS 中需要手动标记，具体方法如下。

Multiple Comparisons

(I) g	(J) g	Mean Difference (I-J)	Std. Error	Sig.	95% Confidence Interval	
					Lower Bound	Upper Bound
0	0.05	11.22167	6.03233	.075	-1.2021	23.6455
	0.1	65.66667*	6.03233	.000	53.2429	78.0905
	0.15	50.11167*	6.03233	.000	37.6879	62.5355
	0.2	84.33333*	6.03233	.000	71.9095	96.7571
0.05	0	-11.22167	6.03233	.075	-23.6455	1.2021
	0.1	54.44500*	6.03233	.000	42.0212	66.8688
	0.15	38.89000*	6.03233	.000	26.4662	51.3138
	0.2	73.11167*	6.03233	.000	60.6879	85.5355
0.1	0	-65.66667*	6.03233	.000	-78.0905	-53.2429
	0.05	-54.44500*	6.03233	.000	-66.8688	-42.0212
	0.15	-15.55500*	6.03233	.016	-27.9788	-3.1312
	0.2	18.66667*	6.03233	.005	6.2429	31.0905
0.15	0	-50.11167*	6.03233	.000	-62.5355	-37.6879
	0.05	-38.89000*	6.03233	.000	-51.3138	-26.4662
	0.1	15.55500*	6.03233	.016	3.1312	27.9788
	0.2	34.22167*	6.03233	.000	21.7979	46.6455
0.2	0	-84.33333*	6.03233	.000	-96.7571	-71.9095
	0.05	-73.11167*	6.03233	.000	-85.5355	-60.6879
	0.1	-18.66667*	6.03233	.005	-31.0905	-6.2429
	0.15	-34.22167*	6.03233	.000	-46.6455	-21.7979

*. The mean difference is significant at the 0.05 level.

图 11.5　组间多重比较结果

① 将各处理组按照均值从大到小排列。

② 均值最大的组标记字母"a",其次均值组若与上一组有显著差异则标记字母"b",无显著差异则标记"a"。

③ 然后看均值第三的组,若该组与前两者均有显著差异则直接标记下一个字母"c";若该组与均值最高组有显著差异,而与均值次高组无显著差异则标记字母"b";后面依此类推。

例如,在这个例子中不同 NaCl 浓度处理组之间的字母标记应该是:0(a)、0.05(a)、0.15(b)、0.1(c)、0.20(d),即 NaCl 浓度为 0 mol/L 时萌发率显著度值最高;0.05 mol/L 浓度处理下,结果与对照的没有显著差异,0.2 mol/L 时显著度值最低。

第二节 双因素方差分析

1. 研究实例

以两种卷心菜种子分别在 3 个不同日期进行播种,然后测定产量,每个处理重复 10 次(表 11.2),以了解:① 所测定的两个品种在不同的测试栽培条件下产量是否有显著差异?② 播种日期对产量是否有影响?③ 播种日期若有影响,是否具有品种依赖性?

表 11.2   两种卷心菜在不同日期播种后测定的产量数据

	播种日期——1号品种			播种日期——2号品种		
	5 号	15 号	25 号	5 号	15 号	25 号
重复 1	2.5	3	2.2	2	4	1.5
重复 2	2.2	2.8	1.8	2.4	2.8	1.4
重复 3	3.1	2.8	1.6	1.9	3.1	1.7
重复 4	4.3	2.7	2.1	2.8	4.2	1.3
重复 5	2.5	2.6	3.3	1.7	3.7	1.7
重复 6	4.3	2.8	3.8	3.2	3	1.6
重复 7	3.8	2.6	3.2	2	2.2	1.4
重复 8	4.3	2.6	3.6	2	2.3	1
重复 9	1.7	2.6	4.2	2.2	3.8	1.5
重复 10	3.1	3.5	1.6	2.2	2	1.6

2. 应用 SPSS 进行双因素方差分析

(1)输入数据。

(2)选择菜单:Analyze→General Linear Model→Univariate(图 11.6)。

(3)将"产量"选入 Dependent Variable 框内,将"品种"和"播种日期"放入 Fixed Factor(s)框内(图 11.7)。

(4)单击右侧的 Model 按钮弹出分析策略,此处可采用默认选项(Full Factorial)以考察两个因素之间的交互效应。如果不考虑两个因素之间的交互效应则选择 Custom,然

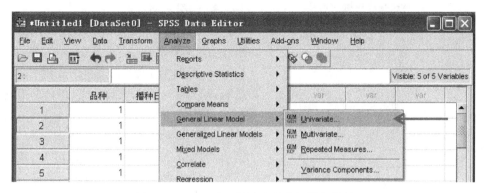

图 11.6　SPSS 中双因素方差分析操作路径

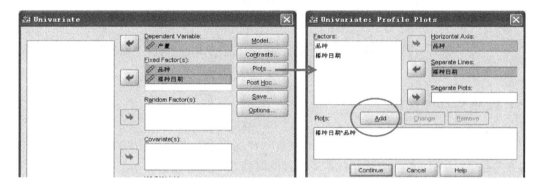

图 11.7　SPSS 中双因素方差分析 Profile Plots 窗口的调出与设置

后分别将"品种"和"播种日期"选入右侧的 Model 框内,并在 Build Term(s) Type 中选择 Main Effects。

（5）单击右侧的 Plots 可以在结果中输出均值的分布图,以便于即时判断不同处理组之间的均值分布(图 11.8)。单击 Post Hoc 按钮可以对每个因素单独进行单因素方差分析,具体见前面所述。本例中主要进行双因素方差分析,其余选项均可采用默认设置。

Tests of Between-Subjects Effects

Dependent Variable:产量

Source	Type III Sum of Squares	df	Mean Square	F	Sig.
Corrected Model	20.483ª	5	4.097	8.691	.000
Intercept	403.523	1	403.523	856.063	.000
品种	5.891	1	5.891	12.497	.001
播种日期	7.706	2	3.853	8.174	.001
品种 * 播种日期	6.886	2	3.443	7.305	.002
Error	25.454	54	.471		
Total	449.460	60			
Corrected Total	45.937	59			

a. R Squared = .446 (Adjusted R Squared = .395)

图 11.8　双因素方差分析结果

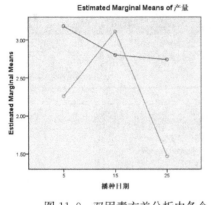

图 11.9 双因素方差分析中各个
处理均值分布图

3. 结果分析

在 Tests of Between-Subjects Effects 表格中给出了双因素方差分析的结果（图 11.8），表明"品种"和"播种日期"均对产量有显著影响（Sig. 均为 0），并且两者之间存在显著的交互效应（Sig. 为 0.002），即播种日期不同对产量的影响存在品种差异。结合均值分布情况（图 11.9）可知，第一个品种 5 日播种和第二个品种 15 日播种产量均较高，而第二个品种 25 日播种产量最低。

第三节 独立样本 t 检验和成对样本 t 检验

一、独立样本 t 检验

独立样本 t 检验（independent sample t test）用于进行两个样本均数的比较，要求数据方差整齐。SPSS 软件中独立样本 t 检验同时给出了方差整齐和方差不整齐时的检验结果。

1. 研究实例

采集某种外来入侵植物原产地和入侵地同一纬度带、相似生境下种群的种子，并分别进行适宜条件下的萌发实验，各重复 6 次，结果如下。

入侵地种群 6 个重复的萌发率分别是

$$87、68、73、74、77、92、89、94$$

原产地种群 6 个重复的萌发率分别是

$$72、70、65、75、57、62、69、71$$

分析所研究的原产地和入侵地种群种子在适宜条件下培养后的萌发率是否有显著差异？

2. 应用 SPSS 进行独立样本 t 检验

（1）输入数据。

（2）选择菜单：Analyze→Compare Means→Independent Samples T Test（图 11.10）。

（3）将"萌发率"选入 Test Variable(s)框内，将"种群"放入 Grouping Variable 框内（图 11.11）。单击 Define Groups 弹出 Define Groups 窗口，在 Group1 与 Group2 中分别输入 1 和 2（原始数据中将入侵地种群定义为 1，原产地种群定义为 2）。单击 Continue 继续。

（4）单击 OK，运行得到结果。

3. 结果分析

结果表格中 Group Statistics 表中分别给出了两个种群的均值、标准差和标准误。

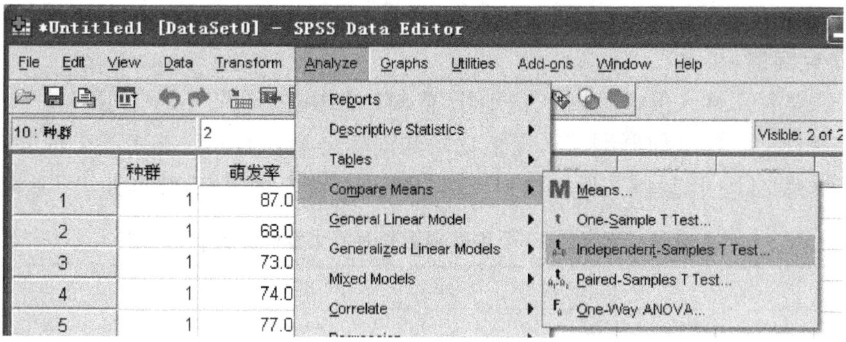

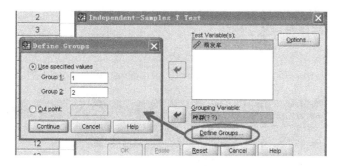

图 11.10　SPSS 中运行独立样本 t 检验的操作路径

图 11.11　SPSS 进行独立样本 t 检验时变量设置

Independent Samples Test 表格中 Levene's Test for Equality of Variances 中给出了 F 值和方差整齐性检验结果。本例中，方差整齐性检验的 $P = 0.022$，即方差不整齐，因而 t 检验结果应该采用校正检验结果，即采用图 11.12 中的下面一行数据。综合分析结果可知，入侵地种群种子萌发率显著高于原产地种群（$P = 0.005$）。

Independent Samples Test

		Levene's Test for Equality of Variances		t-test for Equality of Means				
		F	Sig.	t	df	Sig. (2-tailed)	Mean Difference	Std. Error Difference
萌发率	Equal variances assumed	6.655	.022	3.471	14	.004	14.12500	4.06943
	Equal variances not assumed			3.471	11.431	.005	14.12500	4.06943

图 11.12　SPSS 进行独立样本 t 检验结果

二、成对样本 t 检验

成对样本 t 检验（paired sample t test）用于配对样本差值的均数与总体均数 0 比较的 t 检验。通常将实验对象按情况相近者配对，分别施加两个处理，观察两种处理之间是否存在显著差异。

1. 研究实例

为研究某种恶性入侵植物对入侵地土壤 pH 的影响，选取 10 个种群（每个种群为 1 个样地）进行研究，每个种群测定入侵植物植株根际土壤 pH，同时测定同一种群无植被覆盖的土壤样品 pH。比较该入侵植物对土壤 pH 是否有显著影响，数据如表 11.3 所示。

表 11.3　测定的 10 个种群根际和对照土壤样品的 pH 数据

处理	样地									
	1	2	3	4	5	6	7	8	9	10
根际土	6.2	6.5	5.7	5.1	5.8	5.2	4.7	5.4	5.6	5.2
对照	6.5	7.1	5.7	5.4	6.2	5.1	4.8	5.6	5.5	5.9

2. 用 SPSS 进行成对样本 t 检验

（1）输入数据。

（2）菜单 Analyze→Compare Means→Paired Sample T Test（图 11.13）。

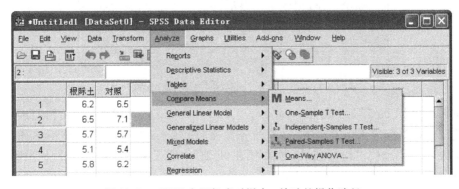

图 11.13　SPSS 中运行成对样本 t 检验的操作路径

（3）按住 Shift 键同时将成对分析的两个变量移入右侧 Paired Variables 窗口。

（4）单击 OK 按钮得到结果。

3. 结果分析

（1）Paired Samples Statistics 统计报表给出了数据均值、标准差和标准误等。

（2）Paired Samples Correlations 报表中给出了两组数据之间的相关性，显著度值为 0.000，即极显著相关。

（3）Paired Samples Test 报表给出了分析结果，其中，显著度［Sig.（2-tailed）］为 0.022，差异显著，结合均值的比较，得出结论：入侵植物根际土 pH 显著低于对照土壤。

第四节　重复测量数据的方差分析

重复测量数据的方差分析是对同一因变量进行重复测量的一种实验设计技术。在进行实验处理后，分别在不同的时间点上通过重复测量同一个考察对象获得待测指标的观察值,所获得的数据常采用该统计分析方法。

1. 研究实例

在某农田采用新型铲草机进行除草,并以百草枯推荐剂量处理和空白处理作为对照,每种处理各设置 9 个小区(表 11.4),分别在控草处理前、处理 30 天后、处理 60 天后测定每个小区内杂草株数(幼苗不计),分析该新型铲草机除草的效果。

表 11.4　控草处理前、处理 30 天后、处理 60 天后小区内杂草株数数据

试验小区	处理前	处理 30 天后	处理 60 天后
机械铲草-1	47	48	67
机械铲草-2	57	50	72
机械铲草-3	60	53	71
机械铲草-4	52	60	71
机械铲草-5	60	58	74
机械铲草-6	60	58	74
机械铲草-7	60	63	74
机械铲草-8	62	64	74
机械铲草-9	62	67	77
百草枯-1	61	35	63
百草枯-2	55	39	64
百草枯-3	50	41	70
百草枯-4	58	43	68
百草枯-5	61	44	71
百草枯-6	62	48	71
百草枯-7	64	49	74
百草枯-8	66	49	77
百草枯-9	73	55	78
对照-1	50	61	90
对照-2	53	62	91
对照-3	60	67	88
对照-4	57	64	88
对照-5	55	65	95
对照-6	60	66	98
对照-7	62	67	92
对照-8	67	62	99
对照-9	74	69	99

2. SPSS 操作

(1) 输入数据。

(2) 选择菜单 Analyze→General Linear Model→Repeated Measures(图 11.14)。

(3) 在 Number of Levels 框内输入 3(即 3 种处理:机械除草、百草枯除草、对照),单击下方的 Add 按钮→单击 Add 按钮边上框内的 factor1(3)按钮→单击 Define 弹出 Repeated Measures 窗口。

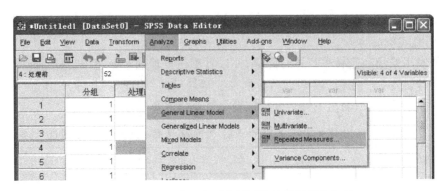

图 11.14　SPSS 中运行重复测量统计分析操作路径

（4）在 Repeated Measures 窗口内将"处理前""处理 30 天后""处理 60 天后"选入 Within-Subjects Variables（factor1）框内；将"分组"选入 Between-Subjects Factor(s)框内（图 11.15）。

（5）单击右侧的 Model 按钮弹出分析策略，此处可采用默认选项（Full Factorial）以考察两个因素之间的交互效应。如果不考虑两个因素之间的交互效应则选择 Customs，然后分别将"factor1"和"分组"选入右侧的 Model 框内，并在 Build Term(s) Type 中选择 Main Effects。

（6）单击右侧的 Plots 可以在结果中输出均值的分布图，以便于即时判断不同处理组之间的均值分布（图 11.15）；单击 Post Hoc 可以对每个因素单独进行单因素方差分析，具体见前面所述。单击 Options 可以调出更多的统计数据。

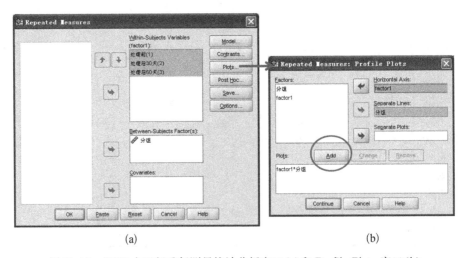

(a)　　　　　　　　　　　　　　　　(b)

图 11.15　SPSS 中运行重复测量统计分析窗口(a)和 Profile Plots 窗口(b)

3. 结果分析

（1）Descriptive Statistics 数据报表给出了描述性统计结果。

（2）Mauchly's Test of Sphericity 表格是球形检验结果，显著度值＞0.05，所以满足球形分布假设。若显著度值＜0.05，则不满足球形分布假设，需要进行多变量方差分析或者自由度调整，图 11.16 给出了以上两种结果。

Mauchly's Test of Sphericity^b

Measure:MEASURE_1

Within Subjects Effect	Mauchly's W	Approx. Chi-Square	df	Sig.	Epsilon^a		
					Greenhouse-Geisser	Huynh-Feldt	Lower-bound
factor1	.900	2.419	2	.298	.909	1.000	.500

图 11.16　SPSS 重复测量数据统计分析中的球形度检验结果图

（3）Tests of Within-Subjects Effects 数据表格给出了主体内效应检验结果（图 11.17），所谓"主体内"是指重复测量的各个时间。由于满足球形检验，只看第一行的数据结果即可。

Tests of Within-Subjects Effects

Measure:MEASURE_1

满足球形检验看第一行结果 Source		Type III Sum of Squares	df	Mean Square	F	Sig.
factor1	Sphericity Assumed	8281.654	2	4140.827	387.978	.000
	Greenhouse-Geisser	8281.654	1.818	4554.195	387.978	.000
处理前后 不同天数	Huynh-Feldt	8281.654	2.000	4140.827	387.978	.000
	Lower-bound	8281.654	1.000	8281.654	387.978	.000
factor1 *分组	Sphericity Assumed	2022.716	4	505.679	47.380	.000
	Greenhouse-Geisser	2022.716	3.637	556.160	47.380	.000
不同处理 方式	Huynh-Feldt	2022.716	4.000	505.679	47.380	.000
	Lower-bound	2022.716	2.000	1011.358	47.380	.000
Error(factor1)	Sphericity Assumed	512.296	48	10.673		
	Greenhouse-Geisser	512.296	43.643	11.738		
组内误差	Huynh-Feldt	512.296	48.000	10.673		
	Lower-bound	512.296	24.000	21.346		

图 11.17　SPSS 重复测量数据统计分析中的主体内效应的检验

（4）Tests of Between-Subjects Effects 数据表给出了主体间效应检验结果（图 11.18），即不同控草措施之间的差异性分析结果和组间误差情况。结果表明不同的调查时间（处理前、处理后 30 天、处理后 60 天）和处理方式（机械铲草、百草枯处理和无控草对照）均对杂草株数有显著影响，并且两个因素之间存在显著的交互效应。

Tests of Between-Subjects Effects

Measure:MEASURE_1
Transformed Variable:Average

Source	Type III Sum of Squares	df	Mean Square	F	Sig.
Intercept	339629.938	1	339629.938	5.076E3	.000
分组	2720.691	2	1360.346	20.333	.000
Error	1605.704	24	66.904		

图 11.18　SPSS 重复测量数据统计分析中的主体间效应的检验

（5）图 11.19 给出了各个处理组在不同调查时间下的均值分布。

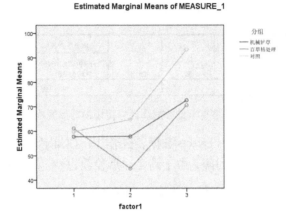

图 11.19　SPSS 重复测量数据统计分析结果中不同处理组的均值分布图

第五节　实验结果的图表形式

图表常用于展示实验方案设计、实验工具和过程、实验结果乃至研究结论逻辑关系等。尤其是在当前信息爆发的时代里，合理、灵活应用图表，帮助读者理解并给予其深刻印象成为科技论文写作中的重要基本功，图表的制作在论文写作中所占用的时间和精力比不断上升。通常而言，科技论文中的图表要求能够尽量自明——即尽可能让读者不用去查阅正文而能直接读懂图表本身的主要信息。

一、三线表

科技论文中的表格多采用三线表。三线表形式简洁、功能分明、阅读方便，其通常只有 3条线，即顶线、底线和栏目线，一般没有竖线，必要时可加辅助线。三线表的组成要素包括表序、表题、项目栏、表体、表注，如表 11.5 所示。三线表的顶线和底线多用粗线，而栏目线用细线。

表 11.5　五种植物的根尖分生区细胞核（AK）、细胞投影面积（AC）、种子质量和 DNA C 值

种　类	AK/μm^2	AC/μm^2	种子质量/mg	*DNA 1C 值/pg
四籽野豌豆	48.87±0.82[e]	220.52±2.90[e]	3.81±0.06[e]	3.25
小巢菜	70.98±1.22[d]	267.57±3.37[d]	4.89±0.03[d]	4.25
大巢菜	89.47±1.67[c]	338.29±4.98[c]	13.48±0.03[c]	1.90
线叶野豌豆	124.00±1.86[b]	500.94±6.47[b]	22.83±0.05[b]	8.00
蚕豆	225.59±2.85[a]	724.14±11.93[a]	1269.12±4.82[a]	11.90
★与 AK 进行回归分析		$R^2=0.976$ $P=0.002$	$R^2=0.852$ $P=0.025$	$R^2=0.837$ $P=0.029$

同一列中相同的字母表示相互间在 0.05 水平上无显著差异。★：数据引自 Bennett & Leitch，细胞投影面积（AC）、种子质量和 DNA 1C 值分别与细胞核投影面积进行线形模型回归分析。数据为平均值±标准误

三线表的制作,可先将表格内容在 Excel 表格中填好后,将表格复制—粘贴到 Word 文档中,然后在 Word 中选中待编辑的表格→单击右键→边框和底纹→设置三线表的顶线和底线(可设置为 1.5 pt),然后用鼠标选中数据部分的第一栏,单击右键→边框和底纹→设置三线表的栏目线(可设置为 1 pt)。

二、应用 Excel 作图的技巧

图往往比表格更能够直观地表现数据之间的差异、变化趋势、相关性等,因而在科研论文写作中用得越来越多,尤其是将图与表格相结合的方法更能体现优势。Excel 具有强大、便捷、高效的作图功能模块,因而在科研图表制作中非常普遍,其中的柱状图、折线图、散点图、条形图、饼图等都极为常用。不同类型的图一般可以根据目的和要求相互换用,尤其是条形图和柱状图,通常用于表现不同类型的处理或者考察对象在测定指标上的比较,如不同地区的人口密度或不同地区的人口年龄组成;折线图多用于同一类型的处理或者考察对象不同水平上测定指标之间的比较,如某种药物以不同浓度处理供试植物测定生长或生理指标等;饼图多用于展现一组数据中不同组别的百分比;散点图则多用于表现两组连续数据之间的相关性。

(1)在采用 Excel 作图前通常需要先将数据表准备好,一般而言,需要准备好平均值数据和标准差(或标准误)数据。

(2)选中平均值数据,点击菜单栏内的"插入"选项卡,选择相应的图类型即可生成图(图 11.20)。

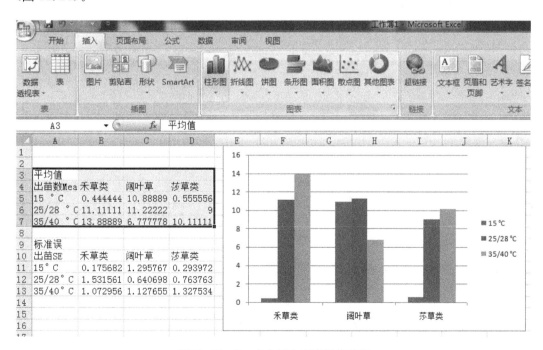

图 11.20　Excel 中插入图表操作路径

（3）单击新生成的图从而选中，然后单击菜单栏内的"布局"选项卡可以编辑图的各个辅助显示项目（图11.21）。单击布局选项卡中的误差线即可添加和编辑误差线。

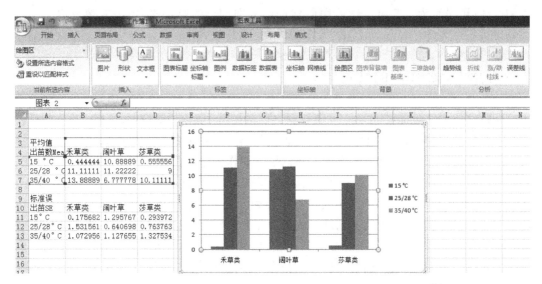

图11.21　Excel中单击图后再单击菜单栏的布局选项卡可以编辑图表的各项辅助显示项

（4）单击图内区域，单击右键可调出编辑图片的众多设置。例如，可将数据系列格式以选定的图片或照片进行填充（图11.22）。单击其中的选择数据可以重新选择横坐标和纵坐标的数据区域、田间或删除数据系列、切换行列等。在Excel中绘制散点图可通过添加趋势线进行回归分析。

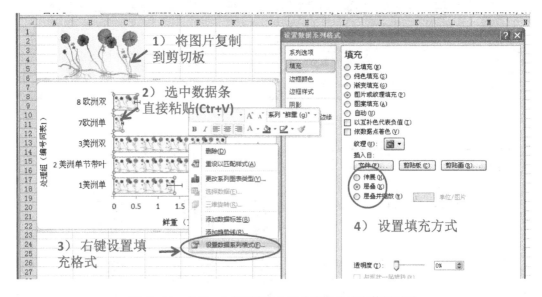

图11.22　在Excel中以选定的图片或照片填充数据系列

（5）在图中插入文本框或其他形状。有时候需要在图中额外插入文本框，此时必须先选中图，然后单击菜单栏内的"插入"选项卡，插入文本框或其他形状如箭头、线条等。

（6）最后基于简洁、准确的目标完成对图片的调整并定稿。

（7）Excel 中实现图表结合使用。

采用表格可以提供准确的数据，便于定量研究，而图形可以给人直观的印象便于定性分析，因而在必须提供准确数值的同时又希望提供直观的图表可以采用两者结合的方法。Excel 中的"条件格式"功能为实现上述设想提供了便利。以 Excel 2010 为例，准备好数据表，然后单击"开始"菜单选择条件格式，进行相应的编辑（图 11.23）。编辑完成后可选择完成的图表区域，通过"选择性粘贴→Microsoft Excel 工作表 对象" 即可将编辑好的图表发布到 Word 或者 PPT 文件中（图 11.24）。

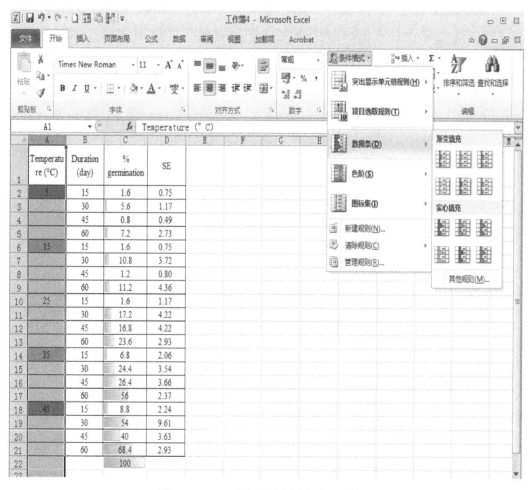

图 11.23 Excel 条件格式操作路径和效果

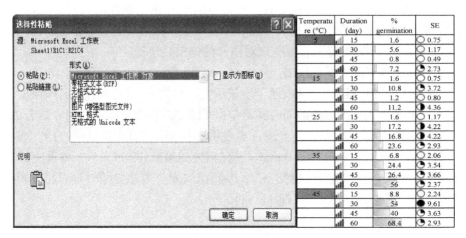

图 11.24　Excel 条件格式表格粘贴至 Word 文档操作路径

第十二章
应用 R 语言进行生态数据分析

第一节　R 语言简介

R 语言（官方网站：http：//www. r-project. org/）是一种自由软件编程语言，主要用于统计分析、绘图和数据挖掘等。R 本来是由来自新西兰奥克兰大学的 Ross Ihaka 和 Robert Gentleman 开发（也因此称为 R），现在由"R 开发核心团队"负责开发。R 是基于 S 语言的一个 GNU 计划项目，所以也可以当作 S 语言的一种实现，通常用 S 语言编写的代码都可以不进行修改地在 R 环境下运行。R 的语法来自 Scheme。

R 不仅是一门语言，更是一个数据计算与分析的环境。R 语言最主要的特点是免费、开源、各种各样的模块十分齐全。在 R 的综合档案网络（CRAN）中，提供了大量的第三方功能包，其内容涵盖了从统计计算到机器学习，从金融分析到生物信息，从社会网络分析到自然语言处理，从各种数据库、各种语言接口到高性能计算模型，可以说无所不包，无所不容。因此，R 语言正在获得越来越多科研人员的喜爱，称为科学家的第二语言。

因为 R 并不是仅提供若干统计程序，所以使用者只需指定数据库和若干参数便可进行统计分析。R 的思想是：它可以提供一些集成的统计工具，但更优异的是它提供各种数学计算、统计计算的函数，从而使使用者能灵活机动地进行数据分析，甚至创造出符合需要的新的统计计算方法。

R 语言有丰富的数据类型（向量、数组、列表、对象等），特别有利于实现新的统计算法，其交互式运行方式及强大的图形及交互图形功能使得人们可以方便地探索数据。

一、R 语言的下载和安装

1. 下载和安装

打开 www. r-project. org 网站（图 12. 1）→ download R→CRAN Mirrors（有全球的

网络服务器列表)→选择距离最近的服务器,如中国科技大学 http：//mirrors. ustc. edu. cn/ CRAN/(University of Science and Technology of China)→ 在 Download R for Linux、Download R for (Mac) OS X、Download R for Windows 中选择,一般选择 for Windows→install R for the first time→Download R 3. 1. 1 for Windows (版本号会有更新)→下载后进行安装→如先在 C 盘建立 R 目录,然后安装在 C：/R 目录下→选择 Core File 及 32-bit files→启动选项,选择默认→选择附加任务,按默认选择→下一步→结束。安装时,最直接的方法是接受所有默认选项。

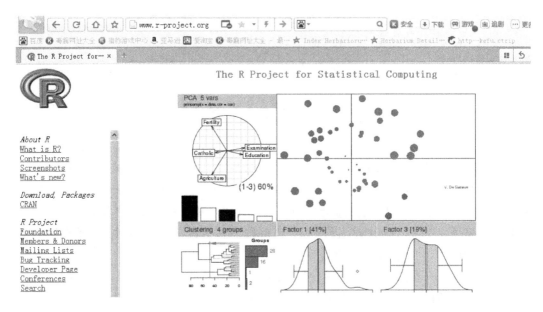

图 12.1　R 网站主页

如果需要升级已经安装的 R 程序,需要重复上述步骤。可以同时存在多个 R 版本,它们位于相同的 R 目录下,但是在不同的子目录中。一般不需要频繁地更新 R 版本。本书的例子基于 R 3. 1. 1 版本。

运行 R 程序后出现图 12. 2 窗口,左键单击鼠标,选择 Clear Window 清空窗口有关 R 语言的说明。

2. 程序包

R 带有一系列默认的程序包。R 中的程序包有两种类型,即 R 底层包(安装时自带的)和需要手动下载安装的包。大部分程序包可以从 R 网站中下载进行安装。如需要安装进行排序分析的 Vegan 程序包,需要按下列步骤进行。

Packages→Installs packages→出现 CRAN mirror→在本案例中选择 China (Hefei)→出现一个长长的 Packages 清单→从中选择 Vegan→单击 Vegan 即完成安装。

有些程序包可以下载到计算机后,再进行安装。

也有些特殊或自编的 R 程序,如 coldiss. R,可以通过 source("coldiss. R")加载,需要注意要加载的文件需在当前工作目录下。程序包安装时的界面如图 12. 3 所示。

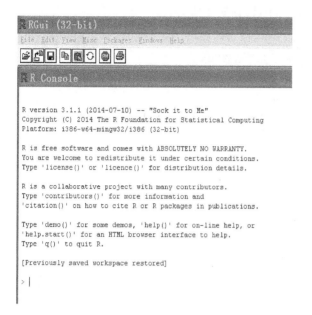

图 12.2 R语言运行后的窗口　　图 12.3 程序包安装时的界面

二、R 程序的一般运行方法

通过以下实例，使读者了解 R 语言使用的基本方法。

数据一般事先存储在文件或数据库中。例如，有一个数据文件（表 9.7），将上述数据复制到 Excel 后，保留种类和样点标识符，存为 data. csv，保存在"C：/data"目录下。通过 R1. txt 可以将数据导入、显示并列出数据结构。在 R 语言环境中，"♯"符号后面的内容为注释，不参与运算。

♯ ***

♯ R1. txt：物种多度数据的转置矩阵、标准化、相异系数矩阵

setwd（"C：/data/"）　♯设置工作路径

library（vegan）♯加载 vegan 群落分析程序包

A = read. csv（"data. csv"，header = T，row. names = 1）　♯导入数据

A ♯ 显示 data 数据矩阵

AT = t（A）　♯行列转换

AT　♯显示 AT 数据矩阵，行列转置后的矩阵

ATM = decostand（AT，"max"）　♯数据标准化

AA = round（ATM，2）　♯ATM 矩阵中的每个数据小数点后保留两位

AA　♯显示 AA 数据矩阵，即小数点后保留两位的矩阵

AA. D = dist（AA）　♯计算相异系数矩阵

AA. DD = round（AA. D，2）　♯AA 矩阵中的每个数据小数点后保留两位

AA. DD　♯显示相异系数矩阵

♯ ***

以表 9.7 中的数据为例,运行以上程序,得到如下结果。

```
> #************************************************************
> # R1.txt:物种多度数据的转置矩阵、标准化、相异系数矩阵
> setwd("C:/data/")   #设置工作路径
> library(vegan) #加载 vegan 群落分析程序包
> A = read.csv("data.csv", header = T, row.names = 1)   #导入数据(data.csv,即表9.7数据)
> A  # 显示 data 数据矩阵
```

```
     A1  A2 A3   A4 A5   A6   A7 A8
sp1  100 75 69 100 81   25   75 87
sp2  51 72 67   49 88   25   75 81
sp3  31 75 86   34 74   25 100 69
sp4  44 64 83   63 66   25   75 56
sp5  19 71 80   27 62 100 100 53
sp6  15 58 71   22 68   50   75 47
sp7  26 63 90   33 77   75 100 59
sp8  22 79 86   25 66   50   75 63
sp9  13 72 85   18 59   25 100 50
sp10  60 86 44   61 71   25 100 79
```

```
> AT = t(A)   #行列转换
> AT   #显示行列转置后的矩阵
```

```
   sp1 sp2 sp3 sp4 sp5 sp6 sp7 sp8 sp9 sp10
A1 100   51   31   44   19   15   26   22   13   60
A2  75   72   75   64   71   58   63   79   72   86
A3  69   67   86   83   80   71   90   86   85   44
A4 100   49   34   63   27   22   33   25   18   61
A5  81   88   74   66   62   68   77   66   59   71
A6  25   25   25   25 100   50   75   50   25   25
A7  75   75 100   75 100   75 100   75 100   100
A8  87   81   69   56   53   47   59   63   50   79
```

```
> ATM = decostand(AT,"max")   #数据标准化
> AA = round(ATM,2)   #ATM 矩阵中的每个数据小数点后保留两位
> AA   #显示小数点后保留两位的矩阵
```

```
   sp1  sp2  sp3  sp4  sp5  sp6  sp7  sp8  sp9  sp10
A1 1.00 0.58 0.31 0.53 0.19 0.20 0.26 0.26 0.13 0.60
A2 0.75 0.82 0.75 0.77 0.71 0.77 0.63 0.92 0.72 0.86
A3 0.69 0.76 0.86 1.00 0.80 0.95 0.90 1.00 0.85 0.44
A4 1.00 0.56 0.34 0.76 0.27 0.29 0.33 0.29 0.18 0.61
A5 0.81 1.00 0.74 0.80 0.62 0.91 0.77 0.77 0.59 0.71
A6 0.25 0.28 0.25 0.30 1.00 0.67 0.75 0.58 0.25 0.25
A7 0.75 0.85 1.00 0.90 1.00 1.00 1.00 0.87 1.00 1.00
A8 0.87 0.92 0.69 0.67 0.53 0.63 0.59 0.73 0.50 0.79
```

```
attr(,"decostand")
[1] "max"
> AA. D = dist(AA)    ♯计算相异系数矩阵
> AA. DD = round(AA. D,2)    ♯AA 矩阵中的每个数据小数点后保留两位
> AA. DD    ♯显示相异系数矩阵
A1   A2   A3   A4   A5   A6   A7
A2 1.40
A3 1.76 0.62
A4 0.28 1.25 1.58
A5 1.38 0.38 0.61 1.22
A6 1.44 1.35 1.41 1.39 1.37
A7 1.97 0.67 0.67 1.80 0.76 1.70
A8 1.05 0.43 0.89 0.93 0.41 1.32 1.00
> ♯******************************************************
```

　　也可以直接在 R 语言的控制台中输入语句。但是一般情况下,建议先完成程序编写,复制到记事本中,运算时,再复制到控制台中。

　　另外,还可以直接应用 R 语言中的文本编辑器:File→New script→完成编辑后,另存为.R 格式的程序文件。以后运行此程序时,只要从文件菜单中直接打开即可。

　　R 程序代码应该在英文语言环境下编写,中文状态下的标点符号(如中文下的括号)无法识别。此外,在 R 程序代码中,英文字母的大小写也视为不同字符,不可以换用。

　　由于 R 语言对格式特别敏感,如括号的类型()、[]、{}等,如果错配,则无法正常运行。Tinn - R 是与 R 配套使用的一个脚本编辑器,它是免费的,应用该软件进行脚本编辑,可以提示输入错误。完成编辑后,既可复制粘贴到 R 的控制台中进行运算,也可以单击按钮直接把代码送给 R,这样就不用复制和粘贴了。该软件可以从以下站点下载:http://www.softpedia.com/get/Programming/File-Editors/Tinn-R.shtml。下载后,按默认选项安装。

三、R 语言中的基本语句

1. R 语言的常用命令

（1）查看帮助。

```
? lm
help("mean")
help("bs", package = "splines")    ♯在特定包里搜索
help("bs", try. all. packages = TRUE)    ♯在所有包中搜索,默认只在内存加载的包中搜索
```

　　（2）赋值。

　　a<−5,或 a＝5,或 5−>a

　　（3）查看对象。

```
ls(pattern = "a")
ls(pat = "^a")
```

（4）删除对象。

```
rm(a)
rm(pat = "a")
rm(list = ls(pat = "a"))
```

（5）构建一个 dataframe 数据框。

```
M <- data.frame(n1，n2，n3)
```

（6）查看数据类型。

共有四种数据类型：数值型、字符型、复数型和逻辑型（FALSE 或 TRUE）。

```
x <- 1
mode(x)
```

用 Inf 和－Inf 表示正负无穷，NaN（not a number），NA（not available）

（7）工作目录和数据输出。

① 建立目录。

```
getwd()
setwd("C:/RR/ ")    ♯如果一个文件不在工作目录里则必须给出它的路径
```

② 建立数据框。

```
d = data.frame(obs = c(1,2,3)，treat = c("A","B","A")，weight = c(2.3,NA,9))♯创建数据框 d
d ♯显示数据框 d
```

运行结果如下。

obs	treat	weight
1	A	2.3
2	B	NA
3	A	9.0

③ 输出.csv 格式的文件。

```
write.csv(d，file = "C:/data/foo.csv"，row.names = F，quote = F)♯保存为逗号分隔文本，将 d 数据框
写入到 foo.csv 文件中。
```

注：在 C:/data 目录下有一文件 foo.csv，没有行的标头，保存的结果如图 12.4(a)。

```
write.csv(d，file = "C:/data/foo.csv")♯保存为逗号分隔文本。
```

注：在 data 目录下有一文件 foo.csv，保存的结果如图 12.4(b)所示。

④ 输出.txt 格式的文件。

```
write.table(d，file = "C:/data/foo.txt"，row.names = F，quote = F) ♯ 空格分隔
```

A	B	C
obs	treat	weight
1	A	2.3
2	B	NA
3	A	9

A	B	C	D
	obs	treat	weight
1	1	A	2.3
2	2	B	NA
3	3	A	9

(a) 行没有标头　　　　　　　　　　(b) 行有标头

图 12.4　数据写入的格式

注:在 C:/data 目录下保存 foo.txt 文件,打开后如下所示。

```
obs   treat   weight
1     A       2.3
2     B       NA
3     A       9
```

write.table(d, file = "C:/data/foo.txt", row.names = F, quote = F, sep = "\t")
♯ tab 分隔的文件

注:在 C:/data 目录下保存 foo.txt 文件,打开后如下所示。

```
obs   treat   weight
1     A       2.3
2     B       NA
3     A       9
```

⑤ 输出 R 格式的文件。

save(d, file = "C:/data/foo.Rdata")

(8) 数据读取。

读取函数主要有:read.csv、read.table( )、scan( )、read.fwf( )和 readLines( )。

① 用 read.table( ) 读"C:\data"下的 foo.txt。

setwd("C:/data")
read.table(file = "foo.txt")

如果明确数据第一行为表头,则使用 header 选项。

read.table(file = "foo.txt", header = TRUE)

② 用 read.csv( ) 读"C:\data"下的 foo.csv。

read.csv(file = "foo.csv")
read.csv("foo.csv", header = T)
read.csv("foo.csv", header = T, row.names = 1)

```
read.csv(file = "foo.csv")
X   obs   treat   weight
1 1   1     A       2.3
2 2   2     B       NA
```

3 3   3   A   9.0

read. csv("foo. csv"，header = T)
X   obs   treat   weight
1 1   1   A   2.3
2 2   2   B   NA
3 3   3   A   9.0

read. csv("foo. csv"，row. names = 1)
　 obs   treat weight
1   1   A   2.3
2   2   B   NA
3   3   A   9.0

　　read. csv(file. choose()，header = T) ♯程序运用本语句时,会提示选择数据文件,该文件第一行有标头。

　　x< - read. csv(file. choose()，row. name = "district") ♯导入数据,会提示选择数据文件,该文件以"district"开头的列作为每一行的定义符。

　　③ Excel 格式数据的读取。

　　选择 Excel 数据,再用(Ctrl+C)复制。在 R 中键入命令:

mydata < - read. delim("clipboard")

2. 生成数据

>x = 1:10   ♯生成 1 到 10 的整数序列
>x
[1] 1 2 3 4 5 6 7 8 9 10

>x = 3:1
>x
[1] 3 2 1

>x = 1:(10 - 1)
>x
[1] 1 2 3 4 5 6 7 8 9

>x = seq(1，5，0.5)   ♯生成 1 至 5,以 0.5 为步长的实数序列。
>x
[1] 1.0 1.5 2.0 2.5 3.0 3.5 4.0 4.5 5.0

> seq(length = 9，from = 1，to = 5)   ♯生成 1 至 5 之间的 9 个等差数据组成的实数序列。
[1] 1.0 1.5 2.0 2.5 3.0 3.5 4.0 4.5 5.0

还可以用函数 c 直接输入数值。

```
>x = c(1, 1.5, 2, 2.5, 3, 3.5, 4, 4.5, 5)
>x
[1] 1.0 1.5 2.0 2.5 3.0 3.5 4.0 4.5 5.0


> x = c(1:10)
> x
[1]  1  2  3  4  5  6  7  8  9  10
```

函数 rep 用来创建一个所有元素都相同的向量。

```
> rep(1, 30)
[1] 1 1 1 1 1 1 1 1 1 1 1 1 1 1 1 1 1 1 1 1 1 1 1 1 1 1 1 1 1 1
```

♯矩阵操作
```
> matrix(1:30,6,5,byrow = F)    ♯在 R 语言中 FALSE 可缩写为 F，TRUE 缩写为 T。
     [,1] [,2] [,3] [,4] [,5]
[1,]   1    7   13   19   25
[2,]   2    8   14   20   26
[3,]   3    9   15   21   27
[4,]   4   10   16   22   28
[5,]   5   11   17   23   29
[6,]   6   12   18   24   30


> x = matrix(1:30,6,5,byrow = T)
> x
     [,1] [,2] [,3] [,4] [,5]
[1,]   1    2    3    4    5
[2,]   6    7    8    9   10
[3,]  11   12   13   14   15
[4,]  16   17   18   19   20
[5,]  21   22   23   24   25
[6,]  26   27   28   29   30
> x[,2]    ♯显示数据框第 2 列。
[1] 2 7 12 17 22 27
> x[3,]    ♯显示数据框第 3 行。
[1] 11 12 13 14 15
>
```

♯维度控制
```
> x = 1:15
> x
[1]  1  2  3  4  5  6  7  8  9 10 11 12 13 14 15
```

```
> x = 1:15
> dim(x) = c(5,3)    #定义 x 数据框,由 5 行 3 列组成
> x
     [,1] [,2] [,3]
[1,]   1    6   11
[2,]   2    7   12
[3,]   3    8   13
[4,]   4    9   14
[5,]   5   10   15
```

矩阵合并。rbind 为基于行的合并,cbind 为基于列的合并。

```
> A<- rbind(1:7,1:7)
> A
     [,1] [,2] [,3] [,4] [,5] [,6] [,7]
[1,]   1    2    3    4    5    6    7
[2,]   1    2    3    4    5    6    7
> A<- cbind(1:7,1:7)
> A
     [,1] [,2]
[1,]   1    1
[2,]   2    2
[3,]   3    3
[4,]   4    4
[5,]   5    5
[6,]   6    6
[7,]   7    7
>

#比较
> a<- "a"
> b<- "a"
> identical(a,b)
[1] TRUE
> all. equal(a,b)
[1] TRUE

> x = 1:5
> x[1]
[1] 1
> x[4]
[1] 4
> x[5]
```

```
[1] 5
> x[0]
integer(0)

> x = matrix(1:3,2,3)
> x
     [,1] [,2] [,3]
[1,]    1    3    2
[2,]    2    1    3

> x[2,]
[1] 2 1 3

> x[,2]
[1] 3 1

> x <- 1:10
> x[x>=5]
[1]  5  6  7  8  9 10
#向量运算
> x<-1:4
> y<-rep(1,4)
> z<-x+y
> z
[1] 2 3 4 5
```

3. 常用函数

sum(x) 对 x 中的元素求和。

prod(x) 对 x 中的元素求连乘积。

max(x)求 x 中元素的最大值。

min(x)求 x 中元素的最小值。

which. max(x) 返回 x 中最大元素的下标。

which. min(x) 返回 x 中最小元素的下标。

range(x) 与 c(min(x)，max(x))作用相同。

length(x) 求 x 中元素的数目。

mean(x) 求 x 中元素的均值。

median(x) 求 x 中元素的中位数。

var(x) or cov(x) 求 x 中元素的方差(用 $n-1$ 作分母)。如果 x 是一个矩阵或者一个数据框,将计算协方差阵。

cor(x)：如果 x 是一个矩阵或者一个数据框则计算相关系数矩阵。

var(x, y) or cov(x, y)：x 和 y 的协方差,如果是矩阵或数据框则计算 x 和 y 对应

列的协方差。

　　$cor(x, y)$：x 和 y 的线性相关系数，如果是矩阵或者数据框则计算相关系数矩阵。

　　$round(x, n)$：将 x 中的元素四舍五入到小数点后 n 位。

　　$rev(x)$：对 x 中的元素取逆序。

　　$sort(x)$：将 x 中的元素按升序排列，要按降序排列可以用命令 $rev(sort(x))$。

　　$rank(x)$：返回 x 中元素的秩。

　　$log(x, base)$ 计算以 base 为底的 x 的对数值。

　　$scale(x)$：如果 x 是一个矩阵，则中心化和标准化数据；若只进行中心化则使用选项 scale = FALSE，只进行标准化则 center = FALSE（缺省值是 center = TRUE，scale = TRUE）。

　　$t()$ 为矩阵转置函数。

四、R 语言中重要的生态与环境统计学程序包

　　R 语言中有众多生态与统计程序包，代表性的如下。

　　Vegan：植被和群落分析包，包括主成分分析、除趋势对应分析、典范对应分析等（http://ecology. msu. montana. edu/labdsv/R/labs/）。

　　BiodiversityR：生物多样性和群落生态学分析程序包。应用 BiodiversityR 程序包能够很容易地计算森林生物多样性和植被学指标，该程序包也具有排序分析和检验等分析功能（如 Montel test），以及物种分布拟合和变化曲线等。

　　ade4：综合生物多样性和生态环境分析包，不仅能够进行生态学方面的数据分析，也能够进行统计分析和作图（http://pbil. univ-lyon1. fr/ADE-4/home. php? lang=eng）。

　　ape：系统发育和进化分析包（Paradis 等，2004），主要用于读、绘和图形表示系统发育树（http://ape. mpl. ird. fr/）。

　　smatr：两组线性回归数据的截距离和斜率比较。在生态学实验中，需要比较两组回归数据的总体平均值、回归斜率和截距的差异，如环境变化对一个物种繁殖分配的影响（Niu 等，2009）。应用 smatr 包中的 slope. com、elev. com 命令能够比较斜率和截距的变化（Warton 等，2007）。

　　nlm：混合模型分析。在需要考虑随机因子对线性模型影响时，混合模型是理想的方法。例如，探讨物种丰富度和多样性关系时，往往将物种组成作为随机变量，以去除物种属性的影响（Li 等，2012）。nlm 中容易实现这一功能，只需要将随机因子（random = factor）加入 lme 或 nlm 模型中。

第二节　数据标准化程序

　　R 语言中提供了多种数据标准化方法，有总和标准化、最大值标准化、数据中心化、数据正规化、X^2 转换以及 Wisconsin 标准化等。以表 9.7 数据 data. csv 为例演示数据标准

化的程序如下。

♯R2：数据标准化

setwd("C：/data/") ♯设置工作路径

library(vegan)　♯加载 vegan

A = read. csv ("data.csv", row. names = 1) ♯读入数据

A ♯ 显示原始数据

A. max1 = decostand(A, "max") ♯最大值标准化

A. max = round(A. max1,2) ♯保留小数点后两位

A. max ♯显示最大值标准化后的数据

write. csv(A. max, file = "A-max. csv")　♯将数据写入文件 A-max. csv

A. wis = wisconsin(A) ♯ wisconsin 标准化,首先除以该物种最大值,再除以该样方总和

A. wis = round(A. wis,2)　♯取小数点后面两位

write. csv(A. wis, file = "A-wis. csv")

A. total = decostand(A, "total") ♯总和标准化

A. total = round(A. total,2)

write. csv(A. total,file = "A-total. csv")

A. nor = decostand(A, "normalize") ♯ 数据正规化,标准差进行标准化。

A. nor = round(A. nor,2)

write. csv(A. nor, file = "A-nor. csv")

A. cen = scale(A) ♯ 数据中心化

A. cen = round(A. cen,2)

write. csv(A. cen, file = "A-cen. csv")

A. chi = decostand(A, "chi. square") ♯卡方转换

A. chi = round(A. chi,2)

write. csv(A. chi, file = "A-chi. csv")

Aln = log1p(A) ♯物种数据进行对数转换,$\log(1 + A)$,底数为自然数 e

Aln = round(Aln,2)

write. csv(Aln, file = "Aln. csv")

对表 9.7 的数据运算后输出不同标准化后的数据,屏幕上输出最大值标准化数据,同时分别保存为 A-max. csv、A-wis. csv、A-total. csv、A-nor. csv、A-cen. csv、A-chi. csv 和 Aln. csv 文件。以最大值标准化为例,结果见表 12.1。

表 12.1　对表 9.7 中数据进行最大值标准化结果

	A1	A2	A3	A4	A5	A6	A7	A8
S1	0. 91	0. 6	1	0. 49	0. 61	0. 81	0. 25	1
S2	1	1	0. 87	0. 77	1	0. 92	0. 25	0. 75
S3	0. 93	0. 51	0. 84	0. 74	0. 49	1	0. 25	0. 75
S4	0. 79	0. 31	0. 87	0. 96	0. 34	0. 84	0. 25	1
S5	0. 64	0. 44	0. 74	0. 92	0. 63	0. 75	0. 25	0. 75
S6	0. 61	0. 19	0. 83	0. 89	0. 27	0. 7	1	1

续　表

	A1	A2	A3	A4	A5	A6	A7	A8
S7	0.54	0.15	0.67	0.79	0.22	0.77	0.5	0.75
S8	0.68	0.26	0.73	1	0.33	0.88	0.75	1
S9	0.72	0.22	0.92	0.96	0.25	0.75	0.5	0.75
S10	0.57	0.13	0.84	0.94	0.18	0.67	0.25	1

第三节　二元数据的相似系数矩阵程序

　　二元数据的相似系数计算方法有很多种，其中 Jaccard、Sørensen 和 Ochiai 系数应用得较多（见第九章）。在 R 语言中直接计算出来的一般为距离系数（相异系数），因而相似系数为 1－距离系数。以表 9.7 数据 data. csv 为例。

```
♯ R3：二元数据的相似系数测度
library(vegan)
library(ade4)
setwd("C:/data/") ♯设置工作路径
♯ 注意：函数 dist. binary()会自动对原始数据二元转化
♯ 函数 vegdist()需要设定参数 binary＝TRUE,才能对原始数据二元转化。
♯ 使用 vegdist()函数计算 Jaccard 相异矩阵
A = read. csv ("data. csv", row. names = 1)
A ♯显示原始数据
A. dj = vegdist(A,"jac",binary = TRUE)
A. dj1 = round(A. dj,2) ♯取小数点后面 2 位
A. dj1 ♯显示整个 Jaccard 相异系数矩阵
head(A. dj1)    ♯ head(A. dj1)指查看头几行 Jaccard 相异系数数据。
♯ 使用 dist()函数计算 Jaccard 相异矩阵
A. dj2 = dist(A,"binary")
♯ 使用 dist. binary()函数计算 Jaccard 相异矩阵
source("dist. binary. R") ♯从 ade4 中将 dist. binary. R 复制到当前目录下。
A. dj3 = dist. binary(A,method = 1)
♯ 使用 dist. binary()函数计算 Sørensen 相异矩阵
A. ds = dist. binary(A,method = 5)
♯ Ochiai 相异矩阵
A. och = dist. binary(A,method = 7)
♯ 使用 vegdist()函数计算 Bray-Curtis 相异矩阵
A. ds2 = vegdist(A,merhod = "bray",binary = TRUE)
```

基于表 12.2 数据的运算结果如下。

表 12.2 一个模拟的二元数据表

species	A1	A2	A3	A4	A5	A6	A7	A8
S1	1	0	1	0	1	1	1	0
S2	1	0	1	1	1	0	1	1
S3	0	1	1	1	1	0	1	0
S4	0	1	1	1	0	0	1	0
S5	0	1	1	0	0	1	0	1
S6	1	0	1	1	0	1	0	1
S7	0	0	0	0	0	1	1	0
S8	0	0	0	1	1	0	1	1
S9	0	1	0	0	1	0	0	0
S10	0	1	0	1	1	0	0	1

Jaccard 相异矩阵。

```
     S1   S2   S3   S4   S5   S6   S7   S8   S9
S2   0.43
S3   0.57 0.43
S4   0.71 0.57 0.20
S5   0.71 0.75 0.71 0.67
S6   0.57 0.43 0.75 0.71 0.50
S7   0.60 0.86 0.83 0.80 0.80 0.83
S8   0.71 0.33 0.50 0.67 0.86 0.71 0.80
S9   0.83 0.86 0.60 0.80 0.80 1.00 1.00 0.80
S10  0.88 0.57 0.50 0.67 0.67 0.71 1.00 0.40 0.50
```

Sørensen 相异系数矩阵。

```
     S1   S2   S3   S4   S5   S6   S7   S8   S9
S2   0.52
S3   0.63 0.52
S4   0.75 0.63 0.33
S5   0.75 0.77 0.75 0.71
S6   0.63 0.52 0.77 0.75 0.58
S7   0.65 0.87 0.85 0.82 0.82 0.85
S8   0.75 0.45 0.58 0.71 0.87 0.75 0.82
S9   0.85 0.87 0.65 0.82 0.82 1.00 1.00 0.82
S10  0.88 0.63 0.58 0.71 0.71 0.75 1.00 0.50 0.58
```

第四节 图解相关系数矩阵的程序

一、程序

该程序需要加载 coldiss. R 程序。可将 coldiss. R 程序复制到工作目录下,通过 source ("coldiss. R")调入。

```
♯R4:图解关联矩阵
setwd("C:/data/") ♯设置工作路径
library(vegan)
library(gclus)
source("coldiss. R") ♯导入 coldiss. R,该文件置于当前目录下
A = read. csv ("data. csv", row. names = 1)
♯图解种类之间的生态关系
A. db = vegdist(A) ♯Bray-Curtis 相异系数矩阵
jpeg(file = "A. jpeg")
coldiss(D = A. db, nc = 6, byrank = FALSE, diag = TRUE)
dev. off() ♯将种类的图解关联矩阵图保存于 A. jpeg
AA = as. matrix(A. db)
AA = round(AA, 2)
write. csv(AA, file = "A-db. csv")
♯图解样点在种数分布组成上的相异性
B = t(A) ♯原始数据矩阵行列转置
B. db = vegdist(B) ♯Bray-Curtis 相异系数矩阵
jpeg(file = "B. jpeg")
coldiss(D = B. db, nc = 6, byrank = FALSE, diag = TRUE)
dev. off() ♯将样点的图解关联矩阵图保存于 B. jpeg
BB = as. matrix(B. db)
BB = round(BB, 2)
write. csv(BB, file = "B-db. csv")
♯A. db 为相异系数矩阵, nc 为图中颜色数量
♯ bryrank = TRUE 每个颜色所包含的值的数量一样多
♯diag = TRUE 表示样方号放置在矩阵的对角线上
```

二、运算结果

以表 9.7 的数据为例,分别建立 10 个种类和 8 个样点图解相关矩阵(图 12.5 和图 12.6),分别保存为 A. jpg 和 B. jpg;种类和样点的相异系数矩阵数据表保存于 A-dbm. csv (表 12.3)与 B-dbm. csv 中(表 12.4)。

Dissimilarity Matrix **Ordered Dissimilarity Matrix**

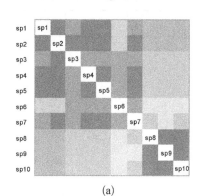 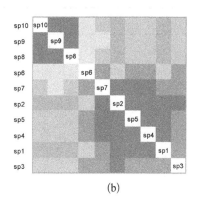

(a) (b)

图 12.5 表 9.7 中 10 个种类生态相似关系的图解相关矩阵

Dissimilarity Matrix **Ordered Dissimilarity Matrix**

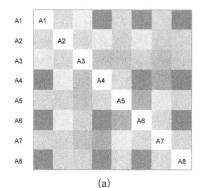 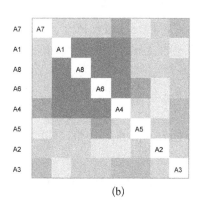

(a) (b)

图 12.6 表 9.7 中 8 个样点种类组成相似性的图解相关矩阵

表 12.3 以表 9.7 数据为基础的种类 Bray-Curtis 相异系数表(文件名 A-dbm. csv)

	S1	S2	S3	S4	S5	S6	S7	S8	S9	S10
S1	0	0.48	0.45	0.65	0.73	0.79	0.94	0.8	0.89	0.75
S2	0.58	0	0.48	1	0.84	1	1	1	1	1
S3	0.41	0.37	0	0.59	0.52	0.76	0.69	0.71	0.67	0.7
S4	0.5	0.64	0.5	0	0.58	0.46	0.6	0.34	0.41	0.3
S5	0.55	0.53	0.43	0.58	0	0.63	0.55	0.59	0.53	0.52
S6	0.95	1	1	0.72	1	0	0.5	0.3	0.5	0.42
S7	1	0.89	0.8	0.84	0.78	0.45	0	0.51	0.33	0.44
S8	0.82	0.86	0.81	0.46	0.81	0.26	0.49	0	0.44	0.48
S9	0.81	0.77	0.68	0.49	0.65	0.39	0.29	0.4	0	0.4
S10	0.82	0.92	0.85	0.43	0.77	0.38	0.45	0.51	0.48	0

表 12.4　以表 9.7 数据为基础的样点 Bray-Curtis 相异系数表（文件名 B-dbm. csv）

	A1	A2	A3	A4	A5	A6	A7	A8
A1	0	0.62	0.24	0.43	0.56	0.21	0.72	0.41
A2	0.86	0	1	1	0.16	1	1	1
A3	0.25	0.77	0	0.25	0.7	0.21	0.72	0.24
A4	0.54	0.91	0.29	0	0.86	0.34	0.7	0.21
A5	0.71	0.15	0.83	0.86	0	0.82	0.92	0.87
A6	0.22	0.74	0.2	0.28	0.67	0	0.7	0.29
A7	1	1	0.93	0.76	1	0.95	0	0.8
A8	0.54	0.95	0.3	0.22	0.91	0.38	0.76	0

如果程序中不包括 jpeg(file＝"B. jpeg")、jpeg(file＝"A. jpeg")和 dev. off()这些语句，则图形直接在屏幕上输出。在图形区域右键单击鼠标后，程序会提示保存图形文件的格式(图 12.7)。但是在这种情况下，屏幕上虽然能够先后生成种类图解相关矩阵和样点的图解相关矩阵，但是程序运行结束后，在屏幕上只显示最后生成的图。在本例中，最后在屏幕上只有样点的图解相关矩阵，而没有种类的图解相关矩阵。如果需要观察种类的图解相关矩阵，还需要重复运行"coldiss(A. dbm, nc＝6, byrank＝FALSE, diag＝TRUE)"。

也可以生成. png 和. pdf 格式的图形文件。相应的语句是 png(file＝"A. png")和 pdf(file＝"A. pdf")。

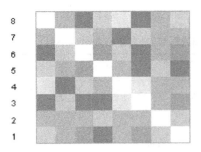
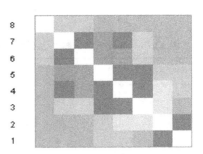

图 12.7　R 程序运行生成的图片的保存格式

第五节　用 R 语言计算物种多样性指数

一、α 多样性的计算

计算 α 多样性指数时，需要 nlme、ape 和 picante 模块。运行 R 对表 9.7 中的数据分析，得到的结果存放于 C:/data/diversity.csv 目录中。

```
♯R5:α 多样性计算程序
setwd("C:/data/") ♯设置工作路径
library(vegan) ♯载入植物群落分析程序包
B = read.csv("data.csv", header = T, row.names = 1)
A = t(B) ♯行列转换
♯将 C 盘 data 目录下 data.csv 文件导入
A ♯查看数据
N0 = rowSums(A>0)            ♯ 物种数
H = diversity(A)            ♯ shannon 熵;
N1 = exp(H)                ♯ shannon 多样性指数
N2 = diversity(A,"inv")    ♯ Simpson 多样性指数
J = H/log(N0)              ♯ Pielou 均匀度指数
E1 = N1/N0                 ♯ shannon 均匀度指数
E2 = N2/N0                 ♯ Simpson 均匀度指数;
div = data.frame(N0,H,N1,N2,E1,E2,J) ♯数据表
write.csv(div, file = "diversity.csv") ♯将数据写入 diversity
```

运行结果见表 12.5。

表 12.5　对表 12.1 五个样方物种多样性指数的计算结果

	N0	H	N1	N2	E1	E2	J
A1	10	2.28	9.79	9.59	0.98	0.96	0.99
A2	10	2.1	8.21	6.91	0.82	0.69	0.91
A3	10	2.3	9.94	9.88	0.99	0.99	1
A4	10	2.29	9.84	9.71	0.98	0.97	0.99
A5	10	2.16	8.68	7.62	0.87	0.76	0.94
A6	10	2.3	9.93	9.86	0.99	0.99	1
A7	10	2.15	8.59	7.41	0.86	0.74	0.93
A8	10	2.29	9.9	9.8	0.99	0.98	1

二、β 多样性计算程序

β 多样性基于样地（方）两两之间的差异性来计算，一组样地两两之间的相异系数越

大则β多样性越高。因此β多样性的计算可参考本章第四节和第六节内容。此外，betapart 程序包里提供了一些相关的分析和图示方法。

#R6:β多样性计算程序(Baselga et al. 2012)，数据见表 12.6。

```
library(betapart)
setwd("C:/data/") #设置工作路径
HH = read.csv ("data.csv", header = T, row.names = 1)
HH.core = betapart.core(HH) #计算基本的属性数量
# multiple site measures
HH.multi = beta.multi(HH.core) #计算所有样点总的差异性
HH.samp = beta.sample(HH.core, sites = 10, samples = 100)
# plotting the distributions of components
dist.s = HH.samp $ sampled.values
plot(density(dist.s $ beta.SOR), xlim = c(0,0.8), ylim = c(0, 19), xlab = 'Betadiversity', main = '', lwd = 3)
lines(density(dist.s $ beta.SNE), lty = 1, lwd = 2)
lines(density(dist.s $ beta.SIM), lty = 2, lwd = 2)
pair.s = beta.pair(HH)
# plotting clusters
dist.s = HH.samp $ sampled.values
plot(hclust(pair.s $ beta.sim, method = "average"), hang = -1, main = '', sub = '', xlab = '')
title(xlab = expression(beta[sim]), line = 0.3)
plot(hclust(pair.s $ beta.sne, method = "average"), hang = -1, main = '', sub = '', , xlab = '')
title(xlab = expression(beta[sne]), line = 0.3)
```

用于说明β多样性指数计算的模拟数据见表 12.6。

表 12.6 用于说明β多样性指数计算的模拟数据

样方	S1	S2	S3	S4	S5	S6	S7	S8	S9	S10
1	1	1	0	0	0	1	0	0	0	0
2	0	0	1	1	1	0	0	0	1	1
3	1	1	1	1	1	1	0	0	0	0
4	0	0	1	1	0	1	0	1	0	1
5	1	1	1	0	0	0	0	1	1	1
6	1	0	0	0	1	1	1	0	0	0
7	1	1	1	1	0	0	0	1	0	0
8	0	1	0	0	1	1	0	1	0	1
9	1	1	0	0	0	0	0	0	0	0
10	0	0	1	1	1	0	0	0	1	1
11	1	1	1	1	1	1	0	0	0	0
12	0	0	1	1	0	1	0	1	0	1
13	1	1	1	0	0	0	0	1	1	1
14	1	0	0	0	1	1	1	0	0	0
15	1	0	1	1	0	0	1	1	0	0

续 表

样方	S1	S2	S3	S4	S5	S6	S7	S8	S9	S10
16	0	1	0	0	1	1	0	1	1	1
17	1	1	0	0	0	1	0	0	0	0
18	0	0	1	1	1	0	0	0	1	1
19	1	1	0	1	1	1	0	0	0	0
20	0	1	1	1	0	1	0	1	0	1
21	1	1	1	0	1	0	0	1	1	1
22	1	0	0	0	1	1	1	1	0	0
23	1	0	1	1	0	1	1	1	0	0
24	0	1	0	0	1	1	0	1	0	1
25	1	1	1	0	0	0	0	1	1	1

对表 12.6 数据的运算结果见图 12.8，图 12.9 是基于组平均法生成的 25 个样方聚类图，反映样方间种类组成相似情况。

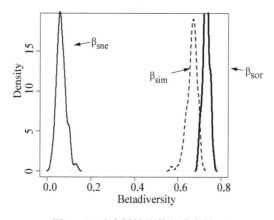

图 12.8 β 多样性指数的分布情况

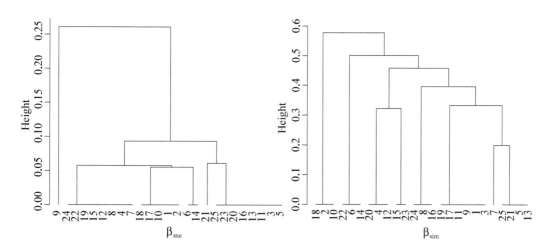

图 12.9 基于组平均法生成的 25 个样方聚类图，反映样方间种类组成相似情况

第六节　应用R语言进行数量分类

一、建立相异系数矩阵的程序

聚类分析是基于相异矩阵进行的,相异矩阵的计算有多种方法,以下R程序列举了几种常见相异矩阵的构建方法。

```
♯ R7:相异系数矩阵计算
setwd("C:/data/") ♯设置工作路径
library(cluster) ♯载入 cluster 程序包
library(vegan)
library(ade4)
A = read.csv ("data.csv", row.names = 1) ♯导入数据
A.d1 = vegdist(A,"jac") ♯Jaccard 相异系数矩阵
A.d2 = vegdist(A,"jac",binary = TRUE) ♯Jaccard 系数(自动转成二元数据再计算)
A.d3 = dist.binary(A,method = 7) ♯Ochiai 相异系数矩阵
A.norm = decostand(A,"norm") ♯先标准化
A.d4 = vegdist(A.norm,"euc") ♯再计算欧氏距离系数
A.d5 = vegdist(A,"bray") ♯Bray-Curtis 距离系数
A.d6 = dist.binary(A,method = 5) ♯Sθrensen 距离系数
A.d7 = decostand(A,"chi.square")
```

二、构建聚类树的程序

```
♯ R8:聚类分析程序
setwd("C:/data/") ♯设置工作路径
library(cluster) ♯载入 cluster 程序包
A = read.csv("data.csv", header = T, row.names = 1) ♯将 data 数据读入 A
d = dist(A, method = "euclidean")
♯用 euclidean 距离系数构建距离矩阵
hc = hclust(d,"ward.D") ♯采用离差平方和法"ward.D"聚类策略
plot(hc,hang = -1) ♯作聚类图
re = rect.hclust(hc,k = 3,border = "red")
♯ rect.hclust()函数是由给定的个数或给定的阈值来确定聚类分组;
♯k 是分组数,本例子中分三组;border 是矩形框的颜色。
```

以表9.7数据为例,应用聚类分析程序,对 data.csv 数据中的行(row)为对象进行分类,得到图12.10所示结果。

也可采用其他的聚类策略,只要将以上程序中的 hc = hclust(d,"ward.D")进行如下修改即可。

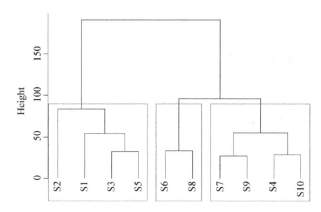

图 12.10　应用 R 语言对表 9.7 数据进行聚类分析结果图(分成三组)

hc = hclust(d, "single ")　♯采用"single 单连接法或最近邻体法"聚类策略

hc = hclust(d, "centroid")　♯"centroid 形心法"聚类策略

hc = hclust(d, "average")　♯"average 组平均法"聚类策略

hc = hclust(d, "complete")　♯"complete,完全连接法或最远距离法"聚类策略

hc = hclust(d, "median")　♯"median,中线法"聚类策略

hc = hclust(d, " mcquitty")　♯"mcquitty,相似分析法"聚类策略

也可以对数据进行中心化处理后再进行聚类分析。

♯R9：聚类分析程序

setwd("C:/data/")♯设置工作路径

library(cluster)♯载入 cluster 程序包

A = read. csv("data. csv"，header = T，row. name = 1)♯将 data. csv 数据读入 A

A = - scale(A)♯scale 对数据作中心化处理

D = dist(A，method = "euclidean")

♯用 euclidean 距离系数构建距离矩阵

hc< - hclust(D，"ward. D")♯采用离差平方和法"ward. D"聚类策略

plot(hc,hang = -1)♯作聚类图

re = rect. hclust(hc,k = 3,border = "red")

以上程序运行后,得到图 12.11 的结果。

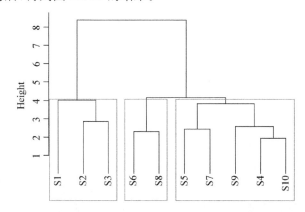

图 12.11　应用 R 语言对表 9.7 数据中心化后进行聚类分析结果图

三、圆形聚类树状图的方法

当涉及大量元素的聚类分析时,需要生成圆形聚类图来克服版面狭小的问题。

(1) 首先运行以下几行程序。

```
source("http://bioconductor.org/bioclise.R")
bioclife("ctc")    ♯安装 ctc 程序包
♯R10:聚类分析程序,生成 Figtree 作图需要的文件格式
setwd("C:/data/") ♯设置工作路径
library(cluster) ♯载入 cluster 程序包
library(ctc)
A = read.csv("data.csv", header = T, row.name = 1) ♯将 data.csv 数据读入 A
D = dist(A[, -1], method = "euclidean")
♯计算距离矩阵,第一列不参与运算,用 euclidean 距离系数
hc = hclust(D, "ward.D") ♯采用离差平方和法"ward.D"聚类策略
plot(hc, hang = -1) ♯作聚类图
t = hc2Newick(hc)
write(t, file = "hclust.newick")    ♯hclcusr.newick 为聚类图文件
```

(2) 下载 FigTree 软件,不需要安装,直接运行"FigTree v1.4.0.exe",结果见图 12.12。

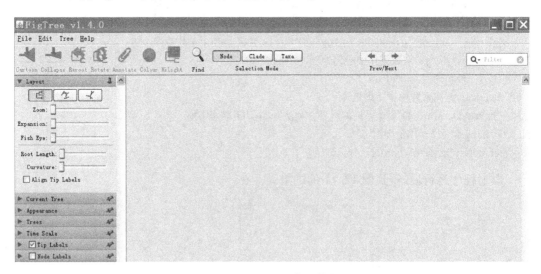

图 12.12　FigTree 程序运算窗口 1

在 FigTree 窗口中执行以下步骤。

File→Open→hclust.newick (图 12.12)→Trees→出现三个窗口 Root Tree、Order Nodes 和 Transform Branches →选择 Transform Branches →有三个选项 Cladogram、Equal 和 Proportional,选择 Tip Labels,标记聚类对象标识符,下面又有若干选项,可以更改字体大小等→在左边菜单 Layout 中有三个选项,分别是 Rectangular Tree Layout、

Polar Tree Layout 和 Radial Tree Layout→选择 Polar Tree Layout(出现图 12.13)→选择图 12.13 中的相关菜单(Fish Eye、Root Angle、Angle Range、Root Length、Show Root 等),更改图形结构,达到容易表达的要求→通过主菜单中的 Colour、Hilight 格式的选择,改变颜色,用于 PPT 作图等。

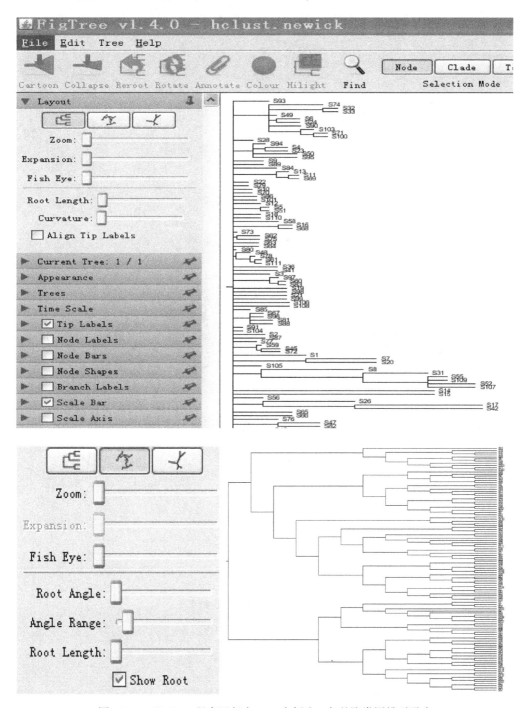

图 12.13 FigTree 程序运行窗口 2,右侧为一般的聚类图排列形式

FigTree 程序运行结果如图 12.14 和图 12.15 所示。

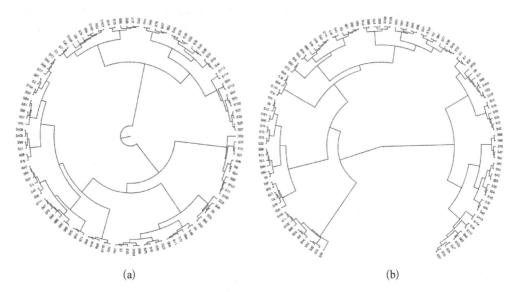

(a)　　　　　　　　　　　(b)

图 12.14　FigTree 程序运行结果 1

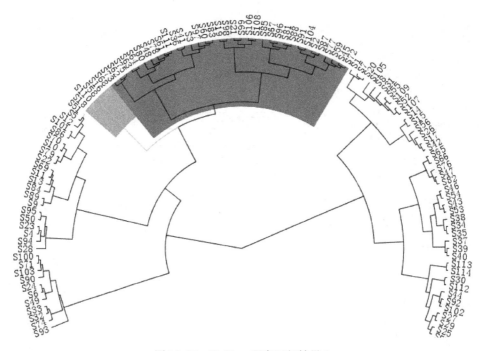

图 12.15　FigTree 程序运行结果 2

四、聚类和热图的构建方法

♯R11：热图和排序的群落表构建见(Borcard et al. 2011)。
setwd("C:/data/") ♯设置工作路径

```
♯library(abind)
library(magic)
library(cluster)  ♯载入 cluster 程序包
library(gclus)
library(vegan)  ♯载入 vegan 程序包
library(permute)
library(lattice)
library(geometry)
library(FD)
source("coldiss.R")  ♯导入 coldiss.R,该文件置于当前目录下
A = read.csv("data.csv", header = T, row.name = 1)  ♯将 data.csv 数据读入 A
A.norm = decostand(A, "normalize")
A.ch = vegdist(A.norm, "euc")
A.ch.ward = hclust(A.ch, method = "ward.D")
A.chwo = reorder.hclust(A.ch.ward, A.ch)
♯用聚类结果重排距离矩阵的热图
dend = as.dendrogram(A.chwo)
heatmap(as.matrix(A.ch), Rowv = dend, symm = TRUE, margin = c(3,3))
♯颜色最深,表示最相似,所以对角线自身的最深。
```

基于以上程序,对表 9.7 数据进行的运算,得到图 12.16。

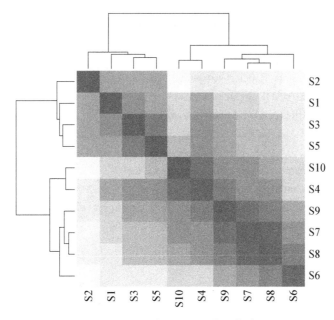

图 12.16 聚类基础上的热图构建

附:coldiss.R 的程序如下。

```
♯ coldiss()
♯ Color plots of a dissimilarity matrix, without and with ordering
```

```
# License：GPL－2
# Author：Francois Gillet，August 2009

"coldiss" <- function(D，nc = 4，byrank = TRUE，diag = FALSE)
{
    require(gclus)

    if (max(D)>1) D <- D/max(D)

    if (byrank) {
        spe.color = dmat.color(1－D，cm.colors(nc))
    }
    else {
        spe.color = dmat.color(1－D，byrank=FALSE，cm.colors(nc))
    }

    spe.o = order.single(1－D)
    speo.color = spe.color[spe.o,spe.o]

    op = par(mfrow=c(1,2)，pty="s")

    if (diag) {
        plotcolors(spe.color，rlabels=attributes(D) $ Labels，
            main="Dissimilarity Matrix"，
            dlabels=attributes(D) $ Labels)
        plotcolors(speo.color，rlabels=attributes(D) $ Labels[spe.o]，
            main="Ordered Dissimilarity Matrix"，
            dlabels=attributes(D) $ Labels[spe.o])
    }
    else {
        plotcolors(spe.color，rlabels=attributes(D) $ Labels，
            main="Dissimilarity Matrix")
        plotcolors(speo.color，rlabels=attributes(D) $ Labels[spe.o]，
            main="Ordered Dissimilarity Matrix")
    }

    par(op)
}
```

五、最小生成树

```
# R12：最小生成树构建
setwd("C:/data/") # 设置工作路径
```

```
library(vegan)  ♯启动 vegan 程序
spe = read. csv("data.csv", header = T, row. names = 1)  ♯导入物种数据
spe. hel = decostand(spe, "hellinger")
dis = vegdist(spe. hel, "bray")
mst = spantree(dis, toolong = 1)
plot(mst, pch = 21, col = "red", bg = "yellow", type = "t")
```

以表 12.7 数据为例,以长白山主要生态系统 42 种藓类植物为对象,以它们在 41 个样地中的盖度数据为指标,首先进行数据的标准化处理,再计算它们之间的 Bray-Curtis 距离系数,建立距离矩阵,以此为基础,构建反映 42 种藓类植物生态相似关系的最小生成树(图 12.17)

表 12.7　长白山 42 种藓类在 41 个样点中的盖度数据 1

	S1	S2	S3	S4	S5	S6	S7	S8	S9	S10	S11	S12	S13	S14	S15	S16	S17	S18	S19	S20	S21
1	0	0	0	0	0	0	0	0	0	0.05	0	0	0	0	0	0	0	0	4.92	0	0
2	0	0	0	0	0	0	0	0	0	0.03	0	0	0	0	0	0	0	0	5.21	0	0
3	0	0	0	0	0	0	0	0	0	0	0	0	0	0	0	0	0	0	0	0	0
4	5.09	0	0	0	0	0	0	0	0	1.36	0	0	0	0	0	0	2.3	0	0	0	0
5	50.26	0	0	0	0	0	0	0	0	0	0	0	0	0	0	0	3	0	0	0	1.84
6	16.48	0	0	0.16	4.6	0	0	0	0	0	0	0.79	0	0	0	0	27.53	0	0	0	0
7	0	0	0	0	0	0	0	0	0	0.03	0	0	0	0	0	0	0	0	3.64	0	0
8	0	0	0	0	0	0	0	0	0	0.06	0	0	0	0	0	0	0	0	1.55	0	0
9	0	0	0	0	0	0.54	4.09	0	0.04	0	0	0	1.45	0.1	2.17	0.03	0	0	0	0	0
10	0	0	0	0	0	0	3.2	0	0	0	0	0	0.01	0	0.05	0	0	0	0	0	0
11	0	0	0	0	0	2.13	0	2.9	4.41	0	0	0	0.01	0.07	1.16	0	0	7.94	0	0	0
12	0	0	0	0	0	0.05	0.02	0.07	0.05	0	0	0	0	0.62	0	0	0	0	0	0.07	0
13	0	0	0	0	0	0	0	0	0	0	0.45	0	0	0	0	0	0	0	15.02	0	0
14	0	0	0	0	0	0	0	0	0	0	0	0	0	0.04	0	0	0	0	0	0	0
15	0	0	0	0	0	0.03	0.14	0.003	0	0	0	0	0	0.01	0	0	0	0	0	0.12	0
16	0	0	0	0	0	0.04	0	3.35	0.34	0	0	0	0.01	0.04	7.58	0	0	0.98	0	0	0
17	0	0	0	0	0	0	0	0	0	0	0.33	0	0	0	0	0	0	0	0	0.11	0
18	0	0	0	0	0	2.22	0	0.4	1.45	0	0.28	0	0	0.01	1.76	0.02	0	0	0	0	0
19	0	0	0	0	0	0.15	0	1.56	5.28	0	0.63	0	0	1.36	0	0	0	3.81	0	0.02	0
20	0	0	0	0	0	3.03	0	2.78	6.09	0	0	0	1.11	0.71	9.58	0	0	2.48	0	0	0
21	0	0	0	0	0	0	0	0	0	0	0	0	0	0	0	0	0	0	0	0	0
22	0	0	0	0	0	0	0	0	0.05	0	0	0	0	0.4	0	0	0	0	0	0	0
23	0	0	0	0	0	0	0	0	0	0	0	0	0	0	0	0	0	0	0	0	0
24	0	0	0	0	0	0	0	0	0	0.004	0	0	0	0	0	0	0	0	3.37	0	0
25	0	0	0	0	0	0	0	0	0	0.01	0	0	0	0	0	0	0	0	0	0	0
26	0	0	0	0	0	0	0	0	0	0	0	0	0	0	0	0	0	0	10.83	0	0
27	0	0	0	0	0	0	0	0	0	0	0	0	0	0	0	0	0	0	0.46	0	0
28	0	0	0	0	0	0	0	0	0	0	0	0	0	0	0	0	0	0	0	0	0
29	0	0	0	0	0	0	0	0	0	0	0	0	0	0	0	0	0	0	0	0	0
30	0	0	0	0	0	0	5.71	0	0	0	0	0	0	1.79	0	13.5	0	0	0	0	0
31	0	0	0	0	0	0	0	0	0	0	0	0	0	7.8	0	0	1.16	0.39	0	0	0
32	0	0	0	0	0	0	0	0	0	0	0.12	0	0	0	0	0	0	0	0	0	0
33	0	0	0	0	0	0	0	0	0	0	0	0	0	0	0	0	0	0	0	0	0

续 表

	S1	S2	S3	S4	S5	S6	S7	S8	S9	S10	S11	S12	S13	S14	S15	S16	S17	S18	S19	S20	S21
34	0	0	0	0	0	0	0	0	0	0	0.29	0	0	0	0	0	0	0	0	0	0
35	0	0	0	0	0	0	0	0.31	0.03	0	0.12	0	0	0	0	0	0	0.004	0	0.02	0
36	0	0	0	0	0	0	0	0	0	0	0	13.34	0	0	0	0	33.77	0	0	0	0
37	35.47	0	4.43	0	0	0	0	0	0	0	0	0	0	0	0	0	13.31	0	0	0	4.24
38	0	0	0	0	3.17	0	0	0	0	0	0	0	0	0	0	0	55.38	0	0	0	0
39	6.33	0	0	0	0	0	0	0	0	0	0	9.24	0	0	0	0	13.26	0	0	0	0
40	0.85	0	0	0	0	0	0.06	0	0	0.18	0	1.44	0	0	0	0	1.73	0	0	0	0
41	0	11.65	1.18	9.18	0	1.73	0	0	0	0	0	5.87	0	0	0	0	40.38	0	0	0	0.07

	S22	S23	S24	S25	S26	S27	S28	S29	S30	S31	S32	S33	S34	S35	S36	S37	S38	S39	S40	S41	S42
1	0.05	0	0	0	0.06	0	0	0	0	24.51	0	0	0	4.06	0	0	0	0	0	0	0
2	0.18	0	0	0	0	0	0	0	0	23.14	0	0	0	2.51	0	0	0	0	0	0	0
3	0.31	0	0	0	0.04	0	0	0	0	1.69	0	0	0	3.14	0	0	0	0	0	0	0
4	0	0	0	0	0	0	10.28	0	3.58	68.3	0	0	2.11	0	0	0	0	0	0	2.45	0
5	0	0.26	0	0	0	0	7.63	0	0	0	0	0	0	0	0	0	0	0	0	0	0
6	0	0	0.08	0	0	1.53	1.27	0	0	0	0	0	0	0	0	0	0	2.18	0	5.48	0
7	1.16	0	0.21	0	0	0	0.01	0	0.15	42.8	0	0	0	15.6	0.03	0	0	0	0	0	0
8	0	0	0	0	0	0	0.19	0	0.36	75.35	0	0	0	3.66	0	0	0	0	0	0	0
9	0	0	0.03	0	0	0	0	0	0	0	0	0	0.27	0	0	18.7	0	0	6.25	0.1	0
10	0	0	0.03	0	0	0	0	0	0	0	0	0	1.49	0	0	6.05	0	0	0	0	0
11	0	0	0.58	0	0	0	0	0	0.37	0.38	0	0	3.23	0	0	0	0	0	0	0	0
12	0	0	0.23	0	0	0	0	0	0	0.02	0	0	25.15	0	0	0	0	0	0	0	0
13	0.13	0	0.45	0	0.07	0	0.31	0	3.55	8.03	0	0	15.42	0.05	0	0	0	0	0	0	0
14	0	0	0.11	0	0.03	0	0.04	0	9.07	20.44	0	0	0.69	0	0	0	0	0	0	0	0
15	0	0	0	0	0	0	0	0	0.11	0	0	0	37.06	0	0	0	0	0	0	0	0
16	0	0	0	0	0	0	0	0	0	0	0	0	3.25	0	0	0	0	0	0.004	0	0
17	0	0	0.38	0.004	0.29	0	2	0	1.01	21.16	0	0	0	0	0	0	0	0	0	0	0
18	0	0	0.07	0	0	0	0	0	0	0	0	0	0.08	0	0	0.81	0	0	0	0	0
19	0	0	1.38	0	0	0	0.38	0	0	0.05	0	0	6.39	0	0	0	0	0	0	0	1.77
20	0	0	0	0	0	0	0	0	0	0	0	0	2.22	0	0	0	0	0	0.02	0	0
21	0	0	6.88	0	36.06	0	0	0	0.06	0	0.47	0	1.72	0	0.22	6.56	0	0	0	0	0
22	0	0	0	0	0	0	0	0	0	0	0	0	32.57	0	0	0	0	0	0	0	0
23	0	0	0.34	0	0.03	0	0.13	0	1.91	33.34	0	0	0	0	0	0	0	0	0	0	0
24	0	0	0.01	0.02	0	0	0.02	0	0.01	7.15	0.44	2.64	0	5.9	4.88	0	0.56	0	0	0	0
25	0	0	0.61	0.04	0	0	21.67	0	14.43	34.01	0.06	6.36	2.01	0.12	0	0.13	0	0	0	0	0
26	0.19	0	0	0.05	0.82	0	0	0	0	2.15	0.24	24.25	0	2.7	0.17	0	0	0	0	0	0
27	0.03	0	0.01	0	0.01	0	0	0	0	5.95	0.19	0.01	0	13.83	0.39	0	0	0	0	0	0
28	0.05	0	0.004	1.02	0	0	0	0	0.04	4.33	0	9.17	0	14.77	6.16	0	0	0	0	0	0
29	0.02	0	0	0	0.17	0	0	0	0	7.05	0	2.98	0	38.87	0	0	0	0	0	0	0
30	0	0	0	0	0	0	0	0	0	0	0	0	0.04	0	0	35.75	0	0	0	0	0
31	0	0	25.18	0	0	0	22.1	0.02	2.54	10.38	0	0.1	0.06	0	1.21	0.5	0	0	0	0	0
32	0	0	0.06	0.55	1.67	0	0.03	0	0.03	1.52	2.97	5.69	0	0	0.02	0	0	0	0	0	0.57
33	0	0	0	0	0	0	3.76	5.11	1.82	84.22	0	0	0	2.68	0	0	0	0	0	0	0
34	0	0	1.7	0.04	12.04	0	3.35	0	0	3.34	0	0.19	0	0.77	0	0	0	0	0	0	7.69
35	0	0	4.26	0	0.01	0	2.58	0	15.75	4.66	0	0	26.82	0	0	0	0	0	0	0	0.12
36	0	0	0.1528	0	0	0.01	17.54	0	0	0	0	0	9.12	0	0	0	0	0.76	0	0	0

	S22	S23	S24	S25	S26	S27	S28	S29	S30	S31	S32	S33	S34	S35	S36	S37	S38	S39	S40	S41	S42
37	0	0	0	0	0	0.36	1.74	0	0	0	0	0	0	0	0	0	0	13.35	0	0	0
38	0	0	0	0	0	0	16.06	0	0	0	0	0	6.25	0	0	0	0	8.38	0	0	0
39	0	0	0.01	0	0	1.97	37.98	0	0	2.9	0	0	0	0	0	0	0	3	0	0	0
40	0.14	0	0.54	0	0	0.01	7.72	0	1.69	61.1	0	0	2.78	0.09	0	0	0	0.06	0	2.41	0
41	0	0	0	0	0	8.47	0.86	0	0.2	0	0	0	0	0	0	0	0	11.17	0	2.97	0

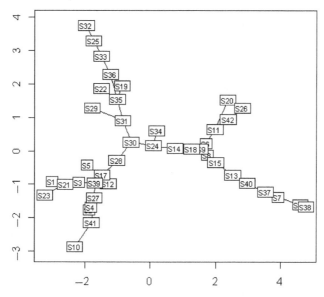

图 12.17　反映长白山主要生态系统中 42 种藓类植物生态相似关系的最小生成树

第七节　应用 R 语言进行多元回归树构建

R13：多元回归树的构建方法。

```
setwd("C:/data/") #设置工作路径
library(vegan)
library(mvpart) # 载入 mvpart 程序包
A = read.csv("SPECIES.csv", header = T, row.names = 1) #导入数据
E = read.csv("ENVIRON.csv", header = T, row.names = 1) #导入数据
A.norm = decostand(A, "normalize")
A.ch.mvpart < - mvpart(data.matrix(A.norm)
~ ., E, margin = 0.08, cp = 0, xv = "min", xval = nrow(A), xvmult = 100, which = 4)
# 此处可以点击想要的分组数(例如 4 组)
summary(A.ch.mvpart)
printcp(A.ch.mvpart)
```

species. csv 和 environ. csv 数据分别见表 12.7 与表 12.8。进行运算得到多元回归树见图 12.18。每一组中的柱状图是指物种的丰富度数据，n 为样方数，同时提供了相对误差值。

表 12.8　41 样点 6 个环境因子数据

sites	Altitude	Canopy cover	Shrub	Soil water	Soil pH	soil sand
1	1000	80	20	65.1	5	2
2	1000	80	20	65.1	5	2
3	900	80	20	70.57	5.53	2
4	1210	25	65	48.33	4.73	2
5	1210	25	10	63.3	4.53	1
6	1100	0	70	80.4	4.83	1
7	1100	70	20	60.8	4.35	2
8	1210	80	10	43.15	4.43	2
9	2370	0	5	30.98	5.47	5
10	2374	0	90	32.35	5.32	3
11	2285	0	95	64.28	5.14	3
12	2190	0	97	57.98	5.48	2
13	1830	40	15	43.02	4.98	2
14	1905	50	90	61.84	4.35	2
15	1985	0	98	57.59	5.2	2
16	2070	0	85	63.22	5.12	3
17	1970	50	95	52.45	4.62	2
18	2530	0	70	32.98	5.03	6
19	2330	0	95	55.45	4.97	3
20	2300	0	95	65.09	5.19	4
21	1870	35	15	68.65	5.1	3
22	1930	0	81	64.63	5.08	3
23	1895	52	70	54.99	4.48	1
24	1680	85	15	61.66	5.18	2
25	1678	68	10	68.38	4.3	2
26	1580	80	5	61.38	4.36	2
27	1440	87	10	63.21	5.39	2
28	1500	80	10	58.88	4.55	2
29	1525	87	10	62.01	5.01	2
30	1980	10	30	22.85	5.98	5
31	1740	50	5	74.63	4.83	2
32	1700	80	12	66.66	4.74	2
33	1520	80	5	56.1	4.58	2
34	1945	60	5	56.75	5.05	3
35	1960	50	75	68.66	4.86	3
36	1210	15	35	47.98	4.39	2
37	1200	35	10	85.2	4.75	1
38	1200	45	80	53.51	4.23	2
39	1120	50	85	72.46	4.24	2
40	960	70	15	49.8	4.27	2
41	1270	0	90	77.72	3.86	1

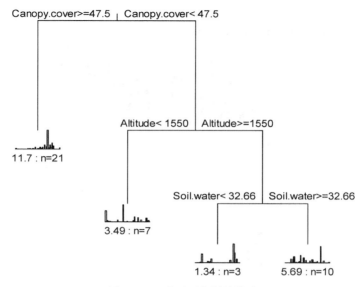

图 12.18 多元回归树的构建

第八节 C-均值模糊聚类分析

在传统的聚类分析结果中,每个对象只能够分配给唯一的一个组,然而 C-均值模糊聚类结果表达方式不同,一个对象可以归属于不同的组,对象与组之间的归属程度可以通过成员值(membership value)衡量。一个对象在一个组内的成员值越高,表明该对象与该组之间的关系越紧密,反之亦然,每个对象的成员值总和为 1。

以表 12.7 数据为基础进行的 C-均值模糊聚类分析结果见图 12.19 和图 12.20,表明 41 个样点可以被分成四组。

C-均值模糊聚类程序如下。

```
# R14:C-均值模糊聚类 (Borcard et al. 2011)
setwd("C:/data/") # 设置工作路径
library(abind)
library(magic)
library(cluster) # 载入 cluster 程序包
library(gclus)
library(vegan)
library(mvpart) # 载入 mvpart 程序包
spe <- read.csv ("data.csv", row.names=1) # 导入数据
spe.norm = decostand(spe,"normalize")
spe.ch = vegdist(spe.norm,"euc")
k<-4  # 选择聚类分组的数量
spe.fuz<-fanny(spe.ch,k=k,memb.exp=1.5)
```

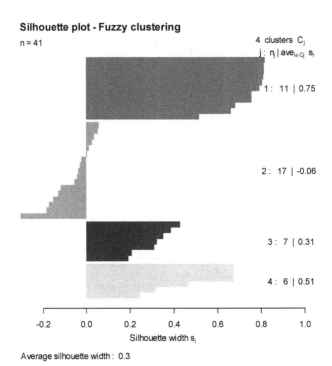

图 12.19　对于表 12.7 数据进行的 C-均值模糊聚类图

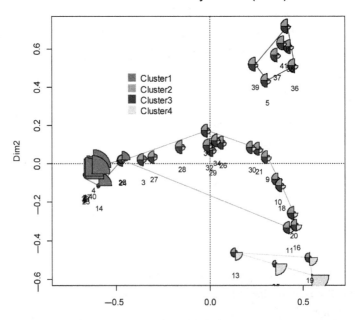

图 12.20　对表 12.7 进行 C-均值模糊聚类基础上的主坐标排序

```
summary(spe.fuz)
spefuz.g<-spe.fuz $ clustering
spe.fuz $ membership = round(spe.fuz $ membership,3)
spe.fuz $ membership ♯ 样方成员值
♯ 每个样方最接近的聚类簇
spe.fuz $ clustering
♯ 轮廓图
plot(silhouette(spe.fuz),main = "Silhouette plot - Fuzzy clustering",
cex.names = 0.8,
col = spe.fuz $ silinfo $ widths + 1)
♯ 模糊聚类簇的主坐标排序(PCoA)
dc.pcoa<-cmdscale(spe.ch)
dc.scores<-scores(dc.pcoa,choices = c(1,2))
plot(scores(dc.pcoa),asp = 1,type = "n",
    main = "Ordination of fuzzy clusters (PCoA)")
abline(h = 0,lty = "dotted")
abline(v = 0,lty = "dotted")
for (i in 1:k){
    gg<-dc.scores[spefuz.g = = i,]
    hpts<-chull(gg)
    hpts<-c(hpts,hpts[1])
    lines(gg[hpts,],col = i + 1)
    }
stars(spe.fuz $ membership,location = scores(dc.pcoa),
    draw.segments = TRUE,add = TRUE,scale = FALSE,
    len = 0.1,col.segments = 2:(k + 1))
legend(locator(1),paste("Cluster",1:k,sep = ""),
    pch = 15,pt.cex = 2,col = 2:(k + 1),bty = "n")
♯ 在图上任意点击某一处放置图例
```

程序运行的主要结果如下。

Membership coefficients (in %, rounded):

	[,1]	[,2]	[,3]	[,4]
1	91	4	4	2
2	91	4	4	2
3	20	32	32	15
4	94	2	2	1
········				
38	9	37	37	17
39	11	36	36	17
40	96	2	2	1
41	10	37	37	17

Fuzzyness coefficients:

Closest hard clustering:(注:每个样方最接近的聚类簇)

```
1  2  3  4  5  6  7  8  9  10 11 12 13 14 15 16 17 18 19 20 21 22 23 24 25 26 27
1  1  2  1  3  3  1  1  2  2  2  4  1  4  2  1  2  4  2  2  4  1  2  1  2  2
28 29 30 31 32 33 34 35 36 37 38 39 40 41
2  2  2  2  1  2  4  3  3  3  3  3  1  3
```

Silhouette plot information：（为节约篇幅，仅列出了部分样点的数据）

cluster neighbor 　　sil_width（注：轮廓宽度值，用于指示图 12.15 中的宽度）

17	1	2	0.815921665
33	1	2	0.812854070
8	1	2	0.811510405
23	1	2	0.810684559
40	1	2	0.804495149
········			
12	4	2	0.671594275
15	4	2	0.671333942
35	4	1	0.463822797
19	4	2	0.315285319
13	4	1	0.243138046

Average silhouette width per cluster：

> spe. fuz $ membership ♯ 样方成员值

　　　　　　　[,1]　　　[,2]　　　[,3]　　　　[,4]

[,1]　[,2]　[,3]　[,4]

1	0.907	0.037	0.037	0.020
2	0.903	0.038	0.038	0.021
3	0.200	0.324	0.324	0.151
4	0.940	0.024	0.024	0.013
········				
37	0.101	0.364	0.364	0.172
38	0.087	0.372	0.372	0.168
39	0.109	0.362	0.362	0.166
40	0.953	0.018	0.018	0.010
41	0.096	0.369	0.369	0.166

> ♯ 每个样方最接近的聚类簇

> spe. fuz $ clustering

```
1  2  3  4  5  6  7  8  9  10 11 12 13 14 15 16 17 18 19 20 21 22 23 24 25 26 27
1  1  2  1  3  3  1  1  2  2  2  4  1  4  2  1  2  4  2  2  4  1  2  1  2  2
28 29 30 31 32 33 34 35 36 37 38 39 40 41
2  2  2  2  1  2  4  3  3  3  3  3  1  3
```

第九节　应用 R 语言进行生态位分析

♯R15：生态位分析程序

setwd("C：/data/") ♯设置工作路径

```
library(spaa)
A1<－ read.csv("data.csv",header＝T) ♯将 data.csv 数据读入 a
A＝t(A1) ♯原先表 9.7 中,行为种类,列为样点,本语句进行行列转换
nwL＝niche.width(A, method＝"levins") ♯注:nwL 为 Levins 生态位宽度
nwL＝round(nwL,2) ♯将 nwL 保留到小数点后 2 位
nwS＝niche.width(A, method＝"shannon") ♯注:nwS 为 shannon 为生态位宽度指数
nwS＝round(nwS,2) ♯将 nwL 保留到小数点后 2 位
no＝niche.overlap(A, method＝"levins") ♯生态位重叠值
no＝round(no,2) ♯将 no 保留到小数点后 2 位
bb＝as.matrix(no)
write.csv(nwL, file＝"Nwidth－L.csv") ♯保存 Levins 生态位宽度数据。
write.csv(nwS, file＝"Nwidth－S.csv") ♯保存 Shannon 生态位宽度数据。
write.csv(bb, file＝"Noverlap.csv") ♯保存生态位重叠数据。
```

运行结果得到表 9.7 中 10 个种的生态位重叠值(表 12.9)和生态位宽度(表 12.10)。

表 12.9　模拟数据中 10 个种生态位重叠值

	S1	S2	S3	S4	S5	S6	S7	S8	S9	S10
S1	0	0.94	0.97	0.98	0.94	0.89	0.93	0.91	0.93	0.99
S2	0.94	0	0.96	0.93	0.95	0.83	0.87	0.87	0.89	0.9
S3	0.97	0.96	0	1.01	0.97	0.92	0.97	0.95	0.98	1.02
S4	0.98	0.93	1.01	0	0.93	0.92	0.97	0.95	0.97	1.05
S5	0.94	0.95	0.97	0.93	0	0.93	0.98	0.97	0.98	1.04
S6	0.89	0.83	0.92	0.92	0.93	0	0.96	0.96	0.94	0.97
S7	0.93	0.87	0.97	0.97	0.98	0.96	0	0.98	0.98	1.04
S8	0.91	0.87	0.95	0.95	0.97	0.96	0.98	0	0.99	1.04
S9	0.93	0.89	0.98	0.97	0.98	0.94	0.98	0.99	0	1.05
S10	0.99	0.9	1.02	1.05	1.04	0.97	1.04	1.04	1.05	0

表 12.10　模拟数据中 10 个种生态位宽度

指　数	S1	S2	S3	S4	S5	S6	S7	S8	S9	S10
Levins 指数	7.18	7.38	7.33	6.78	7.4	6.69	6.85	7.04	6.96	6.04
Shannon 指数	2.02	2.03	2.03	1.98	2.03	1.97	1.98	2	1.99	1.9

第十节　应用 R 语言进行排序分析

一、排序程序

应用 R 语言编写的排序分析程序能够迅速给出排序的结果。

♯R16：主成分分析的程序(Borcard 等(2011))

```
setwd("C:/data/") #设置工作路径
library(ade4)
library(vegan)
library(gclus)
library(ape)
#导入 csv 文件数据
env<-read.csv("Denv.csv",row.names=1) #Denv.csv 为表 12.8,行为样点,列为环境因子
#基于相关矩阵的主成分分析
#全部环境变量数据的 PCA 分析(基于相关矩阵:参数 scale=TRUE)
env.pca<-rda(env,scale=TRUE) #参数 scale=TRUE 表示对变量进行标准化
summary(env.pca)    #默认 scaling=2
summary(env.pca,scaling=1)
plot(env.pca) #示 41 个样点的二维排序及环境因子,但是没有矢量线(图 12.21 左)
biplot(env.pca) #示 41 个样点二维排序及环境因子,有矢量线和方向变化(图 12.21 右)
#函数 summary()的参数 scaling,为排序图选择的标尺类型,与函数 rda()内数据标准化的
#参数 scale 无关。
#查看和绘制 PCA 结果
#AAAAAAAAAAAAAAAAAAAAA
ev<-env.pca $ CA $ eig
#应用 Kaiser-Guttman 准则选取排序轴
ev[ev>mean(ev)]
#短棍模型
n<-length(ev)
bsm<-data.frame(j=seq(1:n),p=0)
bsm $ p[1]<-1/n
for(i in 2:n){bsm $ p[i]=bsm $ p[i-1]+(1/(n+1-i))}
bsm $ p<-100 * bsm $ p/n
bsm
#绘制每轴的特征根和方差百分比
par(mfrow=c(2,1))
barplot(ev,main="Eigenvalues",col="bisque",las=2) # 图 12.22 特征根大小
abline(h=mean(ev),col="red") #特征根平均值,图 12.22 中的横线
legend("topright","Average eigenvalue",lwd=1,col=2,bty="n")
barplot(t(cbind(100 * ev/sum(ev),bsm $ p[n:1])),beside=TRUE,
main="%variance",col=c("bisque",2),las=2)
legend("topright",c("%eigenvalue","Broken stick model"),
pch=15,col=c("bisque",2),bty="n")
#两种方法保留相同的轴数
#AAAAAAAAAAAAAAAAAAAAA
#使用 biplot()函数绘制排序图
par(mfrow=c(1,2))
biplot(env.pca,scaling=1,main="PCA-scaling1")
```

biplot(env. pca,main = "PCA - scaling2") ♯默认 scaling = 2 作出的排序图见图 12.24(左)

♯使用 cleanplot. pca()函数绘图

source("plot. cca. R") ♯需要在当前目录下有 plot. cca. R 程序

source("cleanplot. pca. R") ♯需要在当前目录下有 cleanplot. pca. R 程序

cleanplot. pca(env. pca, point = TRUE) ♯point = TRUE 表示样方用点表示,变量用箭头表示

cleanplot. pca(env. pca) ♯默认样方仅用序号标识(同 vegan 包的标准)

cleanplot. pca(env. pca, ahead = 0) ♯ahead = 0 表示变量用无箭头的线表示

♯注意:

♯将上述 AAAAAAAAAAAA 间的语句复制到 R 自带的文本编辑器内

♯将 ev< - env. pca $ CA $ eig 修改成 ev< - KK $ CA $ eig,保存 evplot. R 文件

♯ evplot. R 用来绘制特征根和方差百分比

♯ PCA 程序运算后,可以生成特征根值百分比

♯该文件要保存于当前目录(即 c:/data/目录下)

KK = env. pca

source("evplot. R")

♯结果作图同样得到图 12.20

应用以上程序,对表 12.8(样点—环境因子)数据运行的主要结果如下。

	PC1	PC2	PC3	PC4	PC5	PC6
Eigenvalue	2.9646	1.4206	0.6956	0.39449	0.29525	0.22948
Proportion Explained	0.4941	0.2368	0.1159	0.06575	0.04921	0.03825
Cumulative Proportion	0.4941	0.7309	0.8468	0.91255	0.96175	1.00000

Scaling 2 for species and site scores

* Species are scaled proportional to eigenvalues

* Sites are unscaled:weighted dispersion equal on all dimensions

* General scaling constant of scores: 3.935979

Species scores

	PC1	PC2	PC3	PC4	PC5	PC6
Altitude	1.3821	- 0.09874	0.096229	- 0.70407	0.1573	- 0.36392
Canopy. cover	- 1.1566	0.86216	- 0.008801	- 0.43645	0.4843	0.27529
Shrub	0.7784	- 1.28156	- 0.128155	0.05182	0.4300	0.35997
Soil. water	- 0.9815	- 0.75458	0.907406	- 0.35771	- 0.2842	0.13079
Soil. pH	1.0228	0.61797	0.967262	0.38271	0.2677	0.01717
soil. sand	1.3383	0.56683	- 0.106162	- 0.23508	- 0.4071	0.48715

Site scores (weighted sums of species scores)

	PC1	PC2	PC3	PC4	PC5	PC6
1	- 0.57164	0.45563	0.42020	0.48974	0.19989	0.831166
2	- 0.57164	0.45563	0.42020	0.48974	0.19989	0.831166
3	- 0.50324	0.57874	1.26210	0.94491	0.42282	1.089411

```
4    -0.03518   -0.21520   -0.60060    1.16207    0.18373    0.226381
5    -0.55538   -0.14771   -0.11354    0.73722   -0.73441   -1.213541
······..
37   -0.74960   -0.33139    0.98420    0.23136   -0.98696   -0.682145
38   -0.28993   -0.48551   -1.04582    0.37763    0.24888    0.819672
39   -0.50992   -0.78220   -0.33302   -0.05277   -0.13826    1.393406
40   -0.62848    0.39305   -1.04401    0.45560   -0.23636    0.360036
41   -0.53944   -1.56349   -0.52545    0.13034   -0.90104   -0.131826
> summary(env. pca,scaling＝1)
Call：
rda( X＝env，scale＝TRUE)
Partitioning of correlations：
                    Inertia Proportion
Total               6           1
Unconstrained       6           1
Eigenvalues，and their contribution to the correlations
Importance of components：
```

	PC1	PC2	PC3	PC4	PC5	PC6
Eigenvalue	2.9646	1.4206	0.6956	0.39449	0.29525	0.22948
Proportion Explained	0.4941	0.2368	0.1159	0.06575	0.04921	0.03825
Cumulative Proportion	0.4941	0.7309	0.8468	0.91255	0.96175	1.00000

　　注:前三个特征值分别为 2.9646,1.4206, 0.6956,累积信息百分比分别是 0.4941, 0.7309, 0.8468,或者分别是 49.41%, 73.09%和84.68%,见图 12.21。

```
Scaling 1 for species and site scores
 * Sites are scaled proportional to eigenvalues
 * Species are unscaled：weighted dispersion equal on all dimensions
 * General scaling constant of scores：  3.935979


Species scores
```

	PC1	PC2	PC3	PC4	PC5	PC6
Altitude	1.966	-0.2029	0.28262	-2.7458	0.709	-1.86084
Canopy. cover	-1.645	1.7718	-0.02585	-1.7021	2.183	1.40765
Shrub	1.107	-2.6338	-0.37639	0.2021	1.939	1.84065
Soil. water	-1.396	-1.5508	2.66502	-1.3950	-1.281	0.66878
Soil. pH	1.455	1.2700	2.84081	1.4925	1.207	0.08781
soil. sand	1.904	1.1649	-0.31180	-0.9168	-1.835	2.49093

　　注:6 个环境因子在前 6 个主成分上的得分值,用于生成排序图。

```
Site scores（weighted sums of species scores）
```

	PC1	PC2	PC3	PC4	PC5	PC6
1	-0.40182	0.22171	0.143072	0.125575	0.04434	0.162550

2	−0.40182	0.22171	0.143072	0.125575	0.04434	0.162550
3	−0.35374	0.28161	0.429729	0.242289	0.09379	0.213054
4	−0.02473	−0.10471	−0.204496	0.297973	0.04076	0.044273
5	−0.39038	−0.07187	−0.038660	0.189033	−0.16291	−0.237330
………						
37	−0.52690	−0.16125	0.335107	0.059323	−0.21894	−0.133406
38	−0.20380	−0.23624	−0.356090	0.096831	0.05521	0.160302
39	−0.35843	−0.38061	−0.113390	−0.013530	−0.03067	0.272506
40	−0.44177	0.19125	−0.355474	0.116822	−0.05243	0.070412
41	−0.37918	−0.76078	−0.178910	0.033422	−0.19988	−0.025781

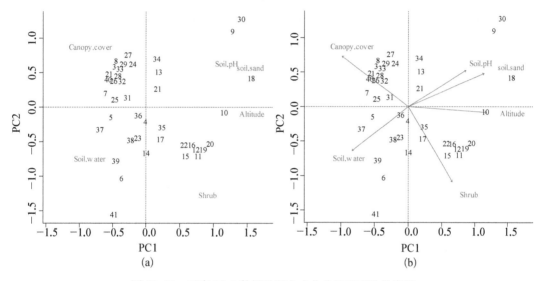

图 12.21　对表 12.8 数据进行主成分分析得到的排序图

对表 12.8 数据进行主成分分析得到的前 6 个主成分的信息量见图 12.22。

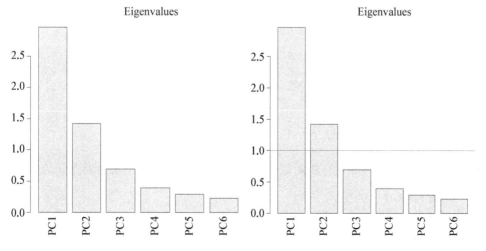

图 12.22　对表 12.8 数据进行主成分分析得到的前 6 个主成分的特征值

对表 12.8 数据进行主成分分析得到的前 6 个主成份的信息量见图 12.23。

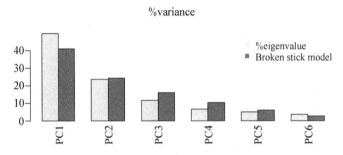

图 12.23 对表 12.8 数据进行主成分分析得到的前 6 个主成分的信息量

对表 12.8 数据进行主成分分析得到的二维排序图见图 12.24。

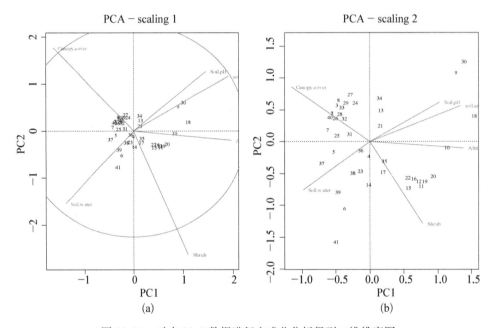

图 12.24 对表 12.8 数据进行主成分分析得到二维排序图

注:图 12.24 二维排序图(12.24(a))的圆圈称为平衡贡献圆(circle of equilibrium contribution),平衡贡献圆的半径代表变量的向量长度对排序的平均贡献率。如果某一变量的矢量线长度大于圆的半径,代表该变量对排序的贡献大于所有变量的平衡贡献。在本例中,shrub 盖度对 42 个样点的排序影响最大

二、组合聚类和排序的方法

聚类与排序相结合,既对分析对象进行定量分类,又从空间上展示对象间的关系。

```
#R17:组合聚类和排序的方法
setwd("C:/data/") #设置工作路径
library(ade4)
library(vegan)
```

```
library(gclus)
library(ape)
♯导入 csv 文件数据
SPE<－read.csv("Dspecies.csv",row.names＝1)
SPE.pca<－rda(SPE,scale＝TRUE)♯参数 scale＝TRUE 表示对变量进行标准化
♯clustering the objects using the SPEironmental data：
♯ Euclidean distrnce after standardizing the variables，
♯ flllowed by ward clustering
SPE.w＝hclust(dist(scale(SPE)),"ward.D")
HH＝cutree(SPE.w,k＝4) ♯cut the dendrogram to yield 4 groups
HH1＝levels(factor(HH)) ♯get the site scores，scaling 1
sit.sc1＝scores(SPE.pca,display＝"wa",scaling＝1) ♯ plot the sites with cluster symbols and colors
(scaling 1)
p＝plot(SPE.pca,display＝"wa",scaling＝1, type＝"n",
main＝"PCA correlation ＋ clusters")
abline(v＝0,lty＝"dotted")
abline(h＝0,lty＝"dotted")
for (i in 1:length(HH1)){points(sit.sc1[HH＝＝i,],pch＝(14＋i),cex＝2,col＝i＋1)}
text(sit.sc1,row.names(SPE),cex＝.7,pos＝3)
♯Add the dendrogram
ordicluster(p,SPE.w,col＝"dark grey")
legend(locator(1),paste("Group",c(1:length(HH1))),pch＝14＋c(1:length(HH1)),
col＝1＋c(1:length(HH1)),pt.cex＝2)
```

　　本例中,先对原始数据进行中心化处理,然后计算研究对象间的欧氏距离系数,再应用离差平方和法进行聚类分析,此结果在主成分分析得到的二维排序图上展示出来(Borcard 等,2011)。

　　以表 12.7 数据为对象进行的聚类和排序分析,结果见图 12.25。

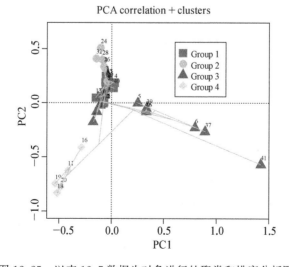

图 12.25　以表 12.7 数据为对象进行的聚类和排序分析图

以表12.7数据为对象分别进行的聚类和排序分析结果见图12.26。

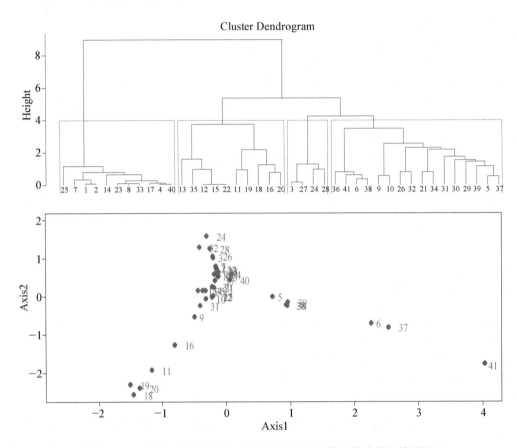

图 12.26　以表 12.7 数据为对象分别进行的聚类和排序分析结果图

♯R18:在聚类分组基础上的排序分析
setwd("C:/data/") ♯设置工作路径
library(vegan)
spe = read. csv("data. csv",header = T,row. names = 1)
spe. hel = decostand(spe, "hellinger")
B = rda(spe. hel)
plot(B, display = "sites")
gr＜－cutree(hclust(vegdist(spe. hel, "euc"), "ward. D"),4)
ordihull(B, gr, lty = 2, col = "black")

　　以表 12.7 数据为例,以长白山主要生态系统 42 种藓类植物为对象,以它们在 41 个样地中的盖度数据为指标,首先进行数据的标准化处理,再对它们进行排序分析;然后应用离差平方和聚类策略,将它们定量地分成 4 组,并在排序图上展示分组情况(图 12.27)。

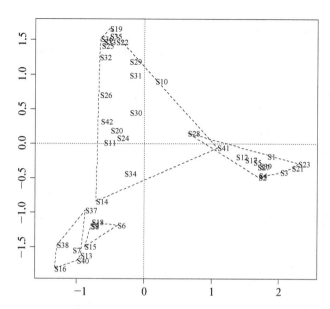

图12.27 反映长白山主要生态系统中42种藓类植物生态相似关系的排序和分组图

三、典范对应分析、对应分析、除趋势对应分析和约束排序分析程序

♯R19：CCA、CA、DCA、RDA 分析程序

setwd("C:/data/") ♯设置工作路径

library(vegan) ♯启动 vegan 程序

spe = read. csv("Dspecies.csv", header = T, row. names = 1) ♯导入物种数据

env = read. csv("Denv.csv", header = T, row. names = 1) ♯导入物种数据

bsp = decostand(env, "max") ♯标准化, method 为多种方法的选择, 此处选择 max

gts. pca = rda(spe) ♯PCA, RDA 相同的函数, 仅有物种数据分析为 pca 排序

summary(gts. pca) ♯pca 数据的报表显示

plot(gts. pca) ♯pca 作图

gts. ca = cca(spe) ♯ 数据进行对应分析(CA)

summary(gts. ca) ♯ CA 结果文件显示

plot(gts. ca) ♯ 对应分析(CA)二维排序图

gts. dca = decorana(spe) ♯ 除趋势对应分析(DCA)

summary(gts. dca) ♯ DCA 结果文件显示

plot(gts. dca) ♯ 除趋势对应分析二维排序图

gts. rda = rda(spe, env) ♯样方物种数据和样方环境数据的 rda 分析

summary(gts. rda) ♯约束性排序 rda 结果显示

plot(gts. rda) ♯rda 二维排序图

gts. cca = cca(spe, env) ♯样方物种数据和样方环境数据的 cca 分析

2♯输入排序轴数

summary(gts. cca) ♯典范对应分析结果显示

plot(gts. cca) ♯ 典范对应分析二维三序图

♯ 典范对应分析种类—环境因子双序图

plot(gts. cca, scaling = 2, display = c("sp","cn"), main = "Biplot CCA spe～env2 − scaling2")

♯ 典范对应分析样点—环境因子双序图

plot(gts. cca, scaling = 1, display = c("lc","cn"), main = "Biplot CCA spe～env2 − scaling1")

anova. cca(gts. rda) ♯ rda 分析的有效性

anova. cca(gts. cca) ♯ cca 分析的有效性

envfit(gts. rda, env, permu = 1000) ♯ 环境因子影响的显著度

envfit(gts. cca, env, permu = 1000) ♯ 环境因子影响的显著度

以表 12.7 和表 12.8 数据为对象,应用以上程序运行的结果如下。

(1) 生成主成分分析、对应分析、除趋势对应分析、典范对应分析、约束排序分析的二维排序图;

(2) 生成种类、样方在前六个主成分上的得分值(排序坐标值),在典范对应分析和约束排序分析排序中,还生成环境因子在前六个主成分上的得分值;

(3) 生成前几个主成分上的特征值、信息量和累积信息百分比;

(4) 在典范对应分析和约束排序分析排序中,生成环境因子与前四个排序轴的相关性检验;

(5) 提供了典范对应分析和约束排序分析排序的有效性 Permutation test 检验值。

以典范对应分析排序为例,其结果如下。

cca(X = spe, Y = env)

Partitioning of mean squared contingency coefficient:

	Inertia	Proportion
Total	8.299	1.0000
Constrained	2.695	0.3247
Unconstrained	5.604	0.6753

Importance of components:

	CCA1	CCA2	CCA3	CCA4	CCA5	CCA6
Eigenvalue	0.8437	0.7279	0.4286	0.26567	0.23474	0.194
Proportion Explained	0.3131	0.2701	0.1591	0.09859	0.08711	0.072
Cumulative Proportion	0.3131	0.5832	0.7423	0.84089	0.92800	1.000

Scaling 2 for species and site scores

* Species are scaled proportional to eigenvalues

* Sites are unscaled; weighted dispersion equal on all dimensions

Species scores

	CCA1	CCA2	CCA3	CCA4	CCA5	CCA6
S1	− 0.56006	− 1.575724	− 0.63231	− 1.263141	− 0.019846	0.38904
S2	− 0.42765	− 2.893050	0.52883	0.344950	0.108694	− 0.64435
S3	− 0.65009	− 1.782089	0.14924	− 1.608789	− 0.267022	0.54366
S4	− 0.41738	− 2.866571	0.46435	0.308057	0.108794	− 0.55091

S5	− 0.32318	− 1.838659	− 0.89591	0.192432	− 0.001148	1.01952
....						
S39	− 0.58776	− 1.789024	0.01577	− 0.243203	− 0.247856	0.18368
S40	1.92742	0.638701	− 1.13090	− 1.763954	− 1.000168	− 1.30143
S41	− 0.29245	− 1.898253	− 0.82087	− 0.054283	− 0.051049	0.56003
S42	0.24272	0.619961	0.60044	− 0.618524	0.091524	− 0.25738

Site scores（weighted averages of species scores）

	CCA1	CCA2	CCA3	CCA4	CCA5	CCA6
1	− 0.95198	0.73594	− 0.313349	1.182467	− 0.15506	0.01316
2	− 0.95140	0.71933	− 0.297970	1.200647	− 0.15077	− 0.09655
3	− 1.01632	1.02652	− 0.718060	0.696323	− 1.01468	2.83096
4	− 0.76076	0.08227	− 0.293944	1.050220	0.11587	− 0.72330
5	− 0.65469	− 1.99243	− 1.207763	− 3.962031	− 0.30400	1.40041
....						
39	− 0.59826	− 1.38321	− 0.248163	0.304868	− 1.25551	− 1.22470
40	− 0.74838	0.17021	− 0.226743	1.243293	0.14803	− 0.81378
41	− 0.49768	− 2.74273	− 0.339769	0.981525	− 0.66767	− 1.09719

Site constraints（linear combinations of constraining variables）

	CCA1	CCA2	CCA3	CCA4	CCA5	CCA6
1	− 1.07464	0.55785	− 0.87402	0.58448	− 1.03606	1.28259
2	− 1.07464	0.55785	− 0.87402	0.58448	− 1.03606	1.28259
3	− 0.95668	0.77810	− 1.34669	0.38822	− 1.17270	2.79311
4	− 0.24125	− 0.70104	− 1.84012	1.16291	0.12708	− 0.14592
5	− 0.61169	− 1.40550	− 1.19980	− 1.61762	0.43955	− 0.74814
....						
39	− 0.82959	− 1.03198	0.55516	2.05233	− 1.17580	0.47674
40	− 1.21867	− 0.19233	− 1.09686	0.88827	− 1.08213	− 1.35204
41	− 0.42765	− 2.89305	0.52883	0.34495	0.10869	− 0.64435

Biplot scores for constraining variables

	CCA1	CCA2	CCA3	CCA4	CCA5	CCA6
ALT	0.8423	0.3001	0.34276	− 0.05025	0.24908	− 0.129437
CAN	− 0.8217	0.5394	0.10782	− 0.02161	− 0.14993	0.002112
SHR	0.5314	− 0.4190	0.19774	0.61065	0.30949	0.188903
SOI	− 0.4995	− 0.4492	0.48668	− 0.20630	− 0.01130	0.520406
pH	0.5670	0.5194	− 0.28725	− 0.22508	0.05911	0.522631
SAN	0.8326	0.3462	0.03046	0.09577	− 0.39976	− 0.128767

```
> plot(gts.cca)
> anova.cca(gts.cca) ♯检测 cca 分析的有效性
```
Permutation test for cca under reduced model

Model：cca(X = spe，Y = env)

	Df	Chisq	F	N. Perm	Pr(>F)
Model	6	2.6947	2.7246	199	0.005 **
Residual	34	5.6045			

Signif. codes: 0 '***' 0.001 '**' 0.01 '*' 0.05 '.' 0.1 ' ' 1

> envfit(cca,env,permu=1000) # 环境因子影响的显著度

*** VECTORS

	CCA1	CCA2	r2	Pr(>r)
ALT	0.95395	0.29998	0.7521	0.000999 ***
CAN	−0.86110	0.50844	0.8970	0.000999 ***
SHR	0.81586	−0.57825	0.4217	0.000999 ***
SOI	−0.77819	−0.62803	0.4084	0.000999 ***
pH	0.77327	0.63408	0.5350	0.000999 ***
SAN	0.93840	0.34555	0.7617	0.000999 ***

– – –

Signif. codes: 0 '***' 0.001 '**' 0.01 '*' 0.05 '.' 0.1 ' ' 1

P values based on 1000 permutations.

长白山藓类植物群落(样点)与环境因子关系的二维排序图见图 12.28。

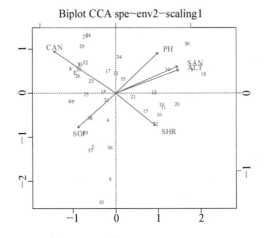

图 12.28　长白山藓类植物群落(样点)与环境因子关系的二维排序图

四、非度量多维标定

　　Vegan 程序包里有 metaMDS()函数实现非度量多维标定(NMDS),原始数据可以是距离矩阵,也可以是原始数据矩阵。

　　图 12.29 为表 12.3 数据的长白山 42 种藓类和 41 个样点的非度量多维标定二维排序图。通过比较非度量多维标定排序图内对象间的距离与原始数据之间的矩阵,评估排序效果(图 12.30);也可以直接用排序图内对象的距离与原始数据距离进行线性或非线性拟合 R^2 来评估非度量多维标定的拟合度(图 12.30)。Vegan 包中的 stressplot()函数

和 goodness()函数能够实现上述功能,程序如下。

```
♯R20:基于 Bray-Curtis 距离矩阵的非度量与维标定排序
setwd("C:/data/") ♯设置工作路径
library(ade4)
library(vegan)
library(gclus)
library(ape)
spe = read. csv("Dspecies. csv",row. names = 1)
spe. nmds = metaMDS(spe,distance = "bray")
spe. nmds
spe. nmds $ stress
plot(spe. nmds,type = "t",main = paste("NMDS/Bray-Stress = ",round(spe. nmds $ stress,3)))
♯评估 NMDS 拟合度的 Shepard 图
par(mfrow = c(1,2))
stressplot(spe. nmds,main = "Shepard plot")
gof = goodness(spe. nmds)
plot(spe. nmds,type = "t",main = "Goodness of fit")
points(spe. nmds,display = "sites",cex = gof * 200)
♯结束
```

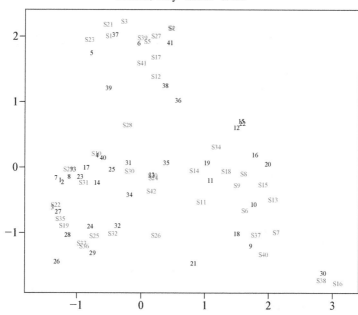

图 12.29 表 12.3 数据的长白山 42 种藓类和 41 个样点的
非度量多维标定二维排序图

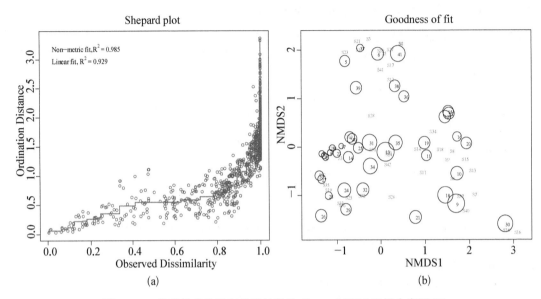

图 12.30　非度量多维标定排序效果的 Shepard 图（a）和拟合度图（b）

五、偏约束排序分析

偏约束排序分析程序如下。

```
♯ R21：偏 RDA 分析
setwd("C:/data/") ♯设置工作路径
library(ade4)
library(vegan)
library(gclus)
library(ape)
spe = read.csv("Dspecies.csv", row.names = 1)
env = read.csv("Denv.csv", row.names = 1)
spe.hel = decostand(spe, "hellinger")
SOIL = env[,c(4:6)] ♯土壤变量
names(SOIL)
TOPO = env[,c(1:3)] ♯地形和林木变量
names(TOPO)
♯ 固定地形和林木变量(ALT,CAN,SHR)影响后,了解土壤属性(SOI, SAN,PH)效应
♯ 简单模式
spe.SOIL = rda(spe.hel, SOIL, TOPO)
♯SOIL 为土壤因子,TOPO 为海拔和林木因子
spe.SOIL
summary(spe.SOIL)
♯ 偏 RDA 检验
```

anova. cca(spe. SOIL，step = 1000)

♯ 偏 RDA 三序图（使用拟合值的样方坐标）

♯ 1 型标尺

plot(spe. SOIL，scaling = 1，display = c("sp"，"lc"，"cn")，main = "Triplot RDA spe. hel～SOIL ｜ TOPO - scaling 1 - lc scores")

spe3. sc = scores(spe. SOIL，choices = 1：2，scaling = 1，display = "sp")

arrows(0，0，spe3. sc[，1]，spe3. sc[，2]，length = 0，lty = 1，col = "red")

♯ 2 型标尺

plot(spe. SOIL，display = c("sp"，"lc"，"cn")，main = "Triplot RDA spe. hel～SOIL ｜ TOPO - scaling 2 - lc scores")

spe4. sc ＜ - scores(spe. SOIL，choices = 1：2，display = "sp")

arrows(0，0，spe4. sc[，1]，spe4. sc[，2]，length = 0，lty = 1，col = "red")

♯以下生成样方—环境因子双序图

plot(spe. SOIL，scaling = 1，display = c("lc"，"cn")，main = "Biplot CCA spe～env2 - scaling1")

♯以下生成种类—环境因子双序图

plot(spe. SOIL，scaling = 2，display = c("sp"，"cn")，main = "Biplot CCA spe～env2 - scaling2")

运行结果如下。

（1）给出了种类、样点、土壤因子 soi，san，pH 的排序坐标值。

（2）给出了排序效果的检验。

（3）给出了种类、样点、土壤因子三维排序图（图 12.31）。

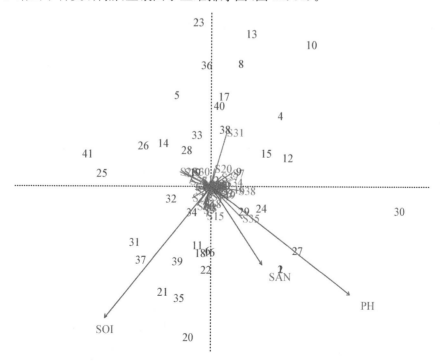

图 12.31 基于 Hellinger 标准化处理的表 12.4 数据的偏约束排序分析三维图（2 型标尺，解释变量为土壤因子、协变量为地形和林木因子拟合的样方坐标）

Permutation test for rda under reduced model

Model：rda(X = spe. hel，Y = SOIL，Z = TOPO)

	Df	Var	F	N.	Perm	Pr(>F)
Model	3	0.079	39	2.076	999	0.001 ***
Residual	34	0.43340				

– – –

Signif. codes：0 ' *** ' 0.001 ' ** ' 0.01 ' * ' 0.05 '.' 0.1 ' '

注:排序效果显著。

第十一节　R 语言在构建决策树模型中的应用

♯R22:构建决策树模型的程序

```
library(party)
set. seed(290875)
aa< - read. csv(file. choose(),row. names = 1)♯表示每一行的第 1 个数字为标识符
al< - ctree(SP~ . , data = aa,
controls = ctree_control(testtype = "Univariate",minsplit = 20, minbucket = 15,
stump = FALSE, nresample = 9999, maxsurrogate = 0,mtry = 0,
savesplitstats = TRUE, maxdepth = 0))
plot(al)
```

以表 12.11 数据为例构建决策型,结果见图 12.32。

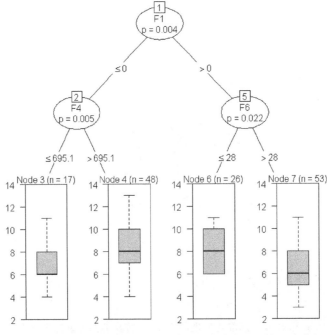

图 12.32　应用决策树模型分析影响种类分布的环境因素分析

表 12.11　一组包括 149 个样点 8 个环境因子的模拟数据

site	S	F1	F2	F3	F4	F5	F6	F7	F8
1	8	1	480.8	80.9	1169.6	16.9	29.3	19.6	22.2
2	11	1	480.8	80.9	1169.6	16.9	29.3	19.6	22.2
3	6	1	480.8	80.9	1169.6	16.9	29.3	19.6	22.2
4	9	1	480.8	80.9	1169.6	16.9	29.3	19.6	22.2
5	8	1	480.8	80.9	1169.6	16.9	29.3	19.6	22.2
6	8	1	480.8	80.9	1169.6	16.9	29.3	19.6	22.2
7	9	1	480.8	80.9	1169.6	16.9	29.3	19.6	22.2
8	8	0	480.8	80.9	1169.6	16.9	29.3	19.6	22.2
10	11	1	480.8	80.9	1169.6	16.9	29.3	19.6	22.2
11	5	1	480.8	80.9	1169.6	16.9	29.3	19.6	22.2
12	10	0	480.8	80.9	1169.6	16.9	29.3	19.6	22.2
13	4	1	393	244.1	1340.1	17.7	30.1	20	23.3
14	4	0	393	244.1	1340.1	17.7	30.1	20	23.3
15	8	1	393	244.1	1340.1	17.7	30.1	20	23.3
17	8	0	393	244.1	1340.1	17.7	30.1	20	23.3
18	7	1	393	244.1	1340.1	17.7	30.1	20	23.3
19	11	1	393	244.1	1340.1	17.7	30.1	20	23.3
20	4	1	393	244.1	1340.1	17.7	30.1	20	23.3
21	9	1	393	244.1	1340.1	17.7	30.1	20	23.3
22	7	1	393	244.1	1340.1	17.7	30.1	20	23.3
23	9	0	393	244.1	1340.1	17.7	30.1	20	23.3
24	9	0	393	244.1	1340.1	17.7	30.1	20	23.3
25	10	0	393	244.1	1340.1	17.7	30.1	20	23.3
26	10	1	393	244.1	1340.1	17.7	30.1	20	23.3
27	8	0	393	244.1	1340.1	17.7	30.1	20	23.3

site	S	F1	F2	F3	F4	F5	F6	F7	F8
28	3	1	393	244.1	1340.1	17.7	30.1	20	23.3
29	3	1	393	244.1	1340.1	17.7	30.1	20	23.3
30	9	0	393	244.1	1340.1	17.7	30.1	20	23.3
32	7	0	189	90	1446.1	17	29.4	19.4	22.4
33	9	0	189	90	1446.1	17	29.4	19.4	22.4
34	7	0	189	90	1446.1	17	29.4	19.4	22.4
35	8	1	189	90	1446.1	17	29.4	19.4	22.4
36	9	1	189	90	1446.1	17	29.4	19.4	22.4
37	5	1	189	90	1446.1	17	29.4	19.4	22.4
38	6	1	189	90	1446.1	17	29.4	19.4	22.4
39	9	0	189	90	1446.1	17	29.4	19.4	22.4
40	6	1	647.7	422.9	1336.7	16.9	29.1	19.3	22.2
41	6	1	647.7	422.9	1336.7	16.9	29.1	19.3	22.2
42	9	1	682.3	480	1095.5	17.2	29.4	19.5	22.2
43	4	1	682.3	480	1095.5	17.2	29.4	19.5	22.2
44	11	1	682.3	480	1095.5	17.2	29.4	19.5	22.2
45	5	1	682.3	480	1095.5	17.2	29.4	19.5	22.2
46	3	1	682.3	480	1095.5	17.2	29.4	19.5	22.2
47	5	1	393	104.4	1340.1	17.7	30.1	20	23.3
48	3	1	393	104.4	1340.1	17.7	30.1	20	23.3
49	4	1	223.6	104.4	1374.4	16.2	28.2	18.3	21.4
50	5	0	223.6	104.4	1374.4	16.2	28.2	18.3	21.4
51	5	1	223.6	104.4	1374.4	16.2	28.2	18.3	21.4
52	5	1	223.6	104.4	1374.4	16.2	28.2	18.3	21.4
53	4	1	682.3	480	1095.5	17.2	29.4	19.5	22.2

续 表

site	S	F1	F2	F3	F4	F5	F6	F7	F8
54	5	1	682.3	480	1095.5	17.2	29.4	19.5	22.2
55	6	1	739.5	830.9	1140.8	17	29.2	19.4	22
56	6	1	739.5	830.9	1140.8	17	29.2	19.4	22
57	9	1	739.5	830.9	1140.8	17	29.2	19.4	22
58	9	0	480.8	80.9	1169.6	16.9	29.3	19.6	22.2
59	8	0	480.8	80.9	1169.6	16.9	29.3	19.6	22.2
60	13	0	480.8	80.9	1169.6	16.9	29.3	19.6	22.2
61	11	0	480.8	80.9	1169.6	16.9	29.3	19.6	22.2
62	9	0	480.8	80.9	1169.6	16.9	29.3	19.6	22.2
63	5	1	480.8	80.9	1169.6	16.9	29.3	19.6	22.2
64	7	1	480.8	80.9	1169.6	16.9	29.3	19.6	22.2
65	4	0	393	244.1	1340.1	17.7	30.1	20	23.3
66	11	0	393	244.1	1340.1	17.7	30.1	20	23.3
67	6	0	393	244.1	1340.1	17.7	30.1	20	23.3
68	7	0	189	90	1446.1	17	29.4	19.4	22.4
69	8	1	393	104.4	1340.1	17.7	30.1	20	23.3
70	6	1	393	104.4	1340.1	17.7	30.1	20	23.3
71	4	1	682.3	480	1095.5	17.2	29.4	19.5	22.2
72	4	1	739.5	830.9	1140.8	17	29.2	19.4	22
73	10	0	739.5	830.9	1140.8	17	29.2	19.4	22
74	13	0	150.7	196.2	2187.2	17	27.6	14.3	21.8
75	7	1	150.7	196.2	2187.2	17	27.6	14.3	21.8
77	7	0	150.7	196.2	2187.2	17	27.6	14.3	21.8
78	10	1	150.7	196.2	2187.2	17	27.6	14.3	21.8
79	10	0	150.7	196.2	2187.2	17	27.6	14.3	21.8
80	6	1	150.7	196.2	2187.2	17	27.6	14.3	21.8
81	8	1	227.5	104.4	1519.1	16.2	27.9	13.2	21.1
82	8	1	194	90	1850.4	17	28.4	14.2	21.9
83	8	0	194	90	1850.4	17	28.4	14.2	21.9
84	8	1	227.5	104.4	1519.1	16.2	27.9	13.2	21.1
85	6	1	227.5	104.4	1519.1	16.2	27.9	13.2	21.1
86	6	1	227.5	104.4	1519.1	16.2	27.9	13.2	21.1
87	10	1	227.5	104.4	1519.1	16.2	27.9	13.2	21.1
88	7	0	227.5	104.4	1519.1	16.2	27.9	13.2	21.1
89	12	0	399.6	244.1	2044.1	17	28.4	14.3	21.9
90	11	1	385.9	442.3	1507.3	16	27.3	13.4	21.2
92	7	1	385.9	442.3	1507.3	16	27.3	13.4	21.2
93	10	0	385.9	442.3	1507.3	16	27.3	13.4	21.2
94	9	0	385.9	442.3	1507.3	16	27.3	13.4	21.2
95	9	0	385.9	442.3	1507.3	16	27.3	13.4	21.2
96	9	1	671.8	639.4	1316.8	16.4	28	13.8	21.6
97	11	0	385.9	442.3	1507.3	16	27.3	13.4	21.2
98	8	0	385.9	442.3	1507.3	16	27.3	13.4	21.2
99	8	0	671.8	639.4	1316.8	16.4	28	13.8	21.6
100	9	0	671.8	639.4	1316.8	16.4	28	13.8	21.6
101	13	1	671.8	639.4	1316.8	16.4	28	13.8	21.6
102	6	0	338.3	192.7	1205.3	16.1	28	12.9	21.3
103	10	1	338.3	192.7	1205.3	16.1	28	12.9	21.3
104	8	1	338.3	192.7	1205.3	16.1	28	12.9	21.3
105	9	1	385.9	442.3	1507.3	16	27.3	13.4	21.2
106	6	1	671.8	639.4	1316.8	16.4	28	13.8	21.6
107	10	1	385.9	442.3	1507.3	16	27.3	13.4	21.2

续　表

site	S	F1	F2	F3	F4	F5	F6	F7	F8
108	13	0	621	608.9	801.3	15.6	28	12.6	20.8
109	11	1	621	608.9	801.3	15.6	28	12.6	20.8
110	11	1	338.3	192.7	1205.3	16.1	28	12.9	21.3
111	11	0	338.3	192.7	1205.3	16.1	28	12.9	21.3
112	8	1	1030.9	826.9	655.3	15.5	27.8	13.1	20.7
113	9	0	1030.9	826.9	655.3	15.5	27.8	13.1	20.7
114	11	0	1030.9	826.9	655.3	15.5	27.8	13.1	20.7
115	8	0	1120.2	518	1000.8	16.8	28.7	13.7	22.3
116	7	0	1120.2	518	1000.8	16.8	28.7	13.7	22.3
117	9	1	338.3	192.7	1205.3	16.1	28	12.9	21.3
118	8	0	1030.9	826.9	655.3	15.5	27.8	13.1	20.7
119	7	1	1120.2	518	1000.8	16.8	28.7	13.7	22.3
120	7	1	338.3	608.9	801.3	15.6	28	12.6	20.8
121	7	0	1030.9	826.9	655.3	15.5	27.8	13.1	20.7
122	8	0	338.3	192.7	1205.3	16.1	28	12.9	21.3
123	6	1	338.3	192.7	1205.3	16.1	28	12.9	21.3
124	6	0	338.3	192.7	1205.3	16.1	28	12.9	21.3
125	7	0	621	608.9	801.3	15.6	28	12.6	20.8
126	8	0	621	608.9	801.3	15.6	28	12.6	20.8
127	6	1	621	608.9	801.3	15.6	28	12.6	20.8
128	6	0	338.3	192.7	1205.3	16.1	28	12.9	21.3
129	5	0	1030.9	826.9	655.3	15.5	27.8	13.1	20.7
130	6	0	715.7	579.7	695.1	15.5	28.2	13.2	21.1
131	4	0	621	608.9	801.3	15.6	28	12.6	20.8
132	8	1	621	608.9	801.3	15.6	28	12.6	20.8
133	8	0	1030.9	826.9	655.3	15.5	27.8	13.1	20.7
134	8	0	1030.9	826.9	655.3	15.5	27.8	13.1	20.7
135	6	0	621	608.9	801.3	15.6	28	12.6	20.8
136	7	0	621	608.9	801.3	15.6	28	12.6	20.8
137	6	0	1030.9	826.9	655.3	15.5	27.8	13.1	20.7
138	6	0	715.7	579.7	695.1	15.5	28.2	13.2	21.1
139	6	0	715.7	579.7	695.1	15.5	28.2	13.2	21.1
140	7	0	621	192.7	1205.3	16.1	28	12.9	21.3
141	8	0	621	192.7	1205.3	16.1	28	12.9	21.3
142	5	0	715.7	579.7	695.1	15.8	28.2	13.2	21.1
143	5	0	657.7	435.5	630.3	15.8	28.8	12.9	21.2
144	9	0	657.7	435.5	630.3	15.8	28.8	12.9	21.2
145	6	0	657.7	435.5	630.3	15.8	28.8	12.9	21.2
146	7	0	657.7	435.5	630.3	15.8	28.8	12.9	21.2
147	4	1	657.7	435.5	630.3	15.8	28.8	12.9	21.2
148	4	0	715.7	579.7	695.1	15.5	28.2	13.2	21.1
149	4	1	657.7	435.5	630.3	15.8	28.8	12.9	21.2

表 12.11 的数据结构：第一列为样点号，第 2 列为研究对象（本例为种类 S），后面几列（F1、F2、F3、…、F8）为调查样点的环境因子。

以上结果表明，149 个样点分成四组，首先是 F1 因子不同分成两大组，其中一组为≤0（即 0），另一组为＞0（即 1），原始数据中 F1 只有 0 和 1 两种数据；左边的因 F4 因子不同分成两组，分别含有 17 和 48 个样点；右边的由于 F6 因子的不同分成两组，分别含有 26 和 53 个样点。

第十二节　应用 R 语言绘制图形的方法介绍

一、基本作图语句

将表 12.12 的数据保存为 data.csv，按以下语句作相应的图。

表 12.12　用于作图讲解的一个模拟数据表

site	x 轴	y 轴	z 轴	生态重要值
1	80	75	77	0.975
2	51	72	73	1.175
3	51	75	50	2.15
4	54	64	64	0.95
5	59	71	80	0.45
6	57	58	88	1.775
7	66	63	63	2.25
8	72	79	79	2.15
9	55	72	51	2.375
10	60	86	86	1.1

```
♯R23：基本的作图函数
setwd("C:/data/") ♯设置路径
SPE = read.csv ("data.csv", header = T, row.names = 1) ♯读入 data.csv 数据文件
X = SPE[,c(1)] ♯将第 1 列作为第 1 轴坐标值，除标识符号外
Y = SPE[,c(2)] ♯将 2 列作为第 2 轴的坐标值，除标识符号外
Z = SPE[,c(3)] ♯将 3 列作为第 3 轴的坐标值，除标识符号外
plot(X) ♯作出 x 元素为纵坐标，序号为横坐标的散点图（图 12.33）
plot(X,Y) ♯作出 x 和 y 的散点图（图 12.34）
pie(X) ♯饼图（图 12.35）
boxplot(X) ♯盒形图（线称箱线图）（图 12.36）
hist(X) ♯x 的频率直方图（图 12.37）
barplot(X) ♯x 值的条形图（图 12.38）
pairs(SPE) ♯作出 SPE 数据矩阵或数据框（图 12.39）
coplot(X~Y|Z) ♯关于 Z 的每个数值绘制 x 与 y 的二元图（图 12.40）
```

matplot(X,Y)♯二元图,其中 x 的第 1 列对应 y 的第 1 列,依次类推(图 12.41)

qqnorm(X)♯正态分位数—分位数图(图 12.42)

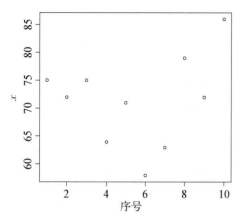

图 12.33 x 为纵坐标,序号为横坐标散点图

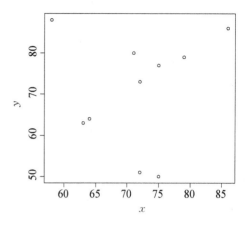

图 12.34 x、y 为坐标散点图

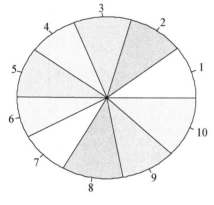

图 12.35 以 x 数据作的饼图

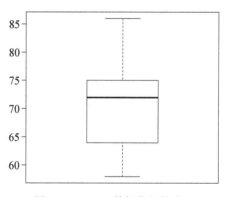

图 12.36 以 x 数据作的箱线图

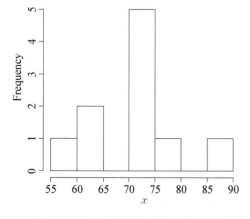

图 12.37 以 x 数据作的频率直方图

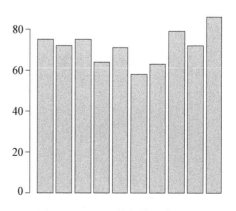

图 12.38 以 x 数据作的直方图

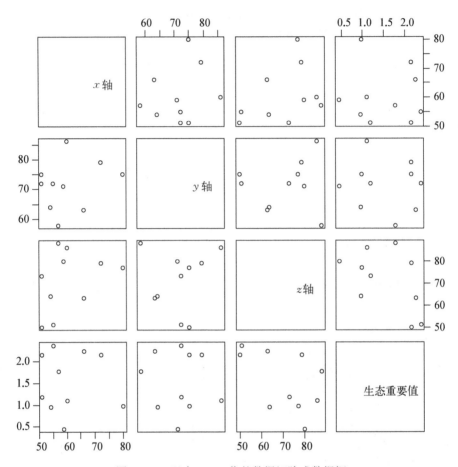

图 12.39　以表 12.12 作的数据矩阵或数据框

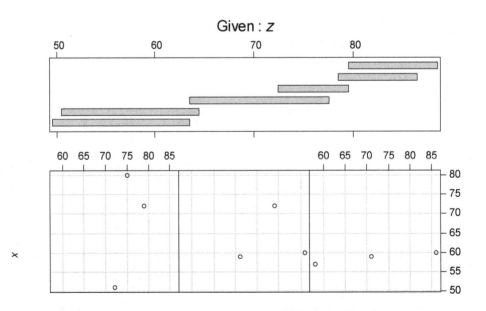

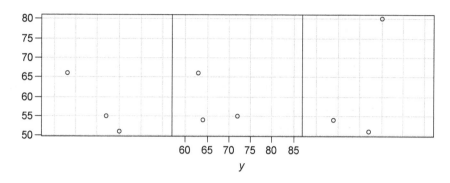

图 12.40 关于 Z 的每个数值绘制 x 与 y 的二元图

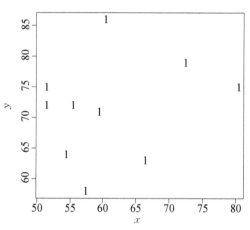

图 12.41 matplot() 作二元图, x 的第 1 列
对应 y 的第 1 列, 依此类推

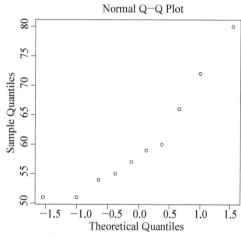

图 12.42 qqnorm(x) ♯ 正态分
位数—分位数图

二、用 R 语言生成热图

程序如下。

将表 9.7 保存为 data. csv, 置于 C:\data\ 目
录下。

♯ R24: 热图生成的程序: 用于
library(vegan) ♯ 载入 vegan 程序包
SPE = read. csv ("data.csv", header = T, row. names = 1)
m = decostand(SPE, "normalize") ♯ 对数据进行标准化
处理
m1 = vegdist(m, "euc") ♯ 对行为对象, 生成距离系数距离
B = as. matrix(m1)
heatmap(B) ♯ 热图(图 12.43)

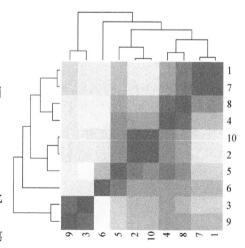

图 12.43 以表 9.7 为基础的热图(heatmap)

三、排序二维散点图

　　生态学调查的数据，通过排序分析，获得了在二维、三维空间的坐标值。本段主要基于排序坐标，将研究对象在二维或三维空间反映出来，并进行分组表达；或将种类的生态位宽度或样点的物种多样性指数等在排序图上反映出来。

　　考虑到图形符号的大小，将需要表达的生态学指标调整为 $0.5 \sim 2.5$。下面以表 12.12 模拟数据为例进行方法介绍。

♯R25：排序分析生成的坐标值的二维散点图形表达

setwd("C:/data/") ♯设置路径

SPE = read.csv ("data.csv", header = T, row.names = 1)

Axis1 = SPE[,c(1)]♯将第 1 列作为第 1 轴坐标值，除列标识符号外

Axis2 = SPE[,c(2)]♯将第 2 列作为第 2 轴的坐标值，除列标识符号外

G1 = min(Axis1)；G2 = max(Axis1)；H1 = min(Axis2)；H2 = max(Axis2)

♯TT = SPE[,c(4)] ♯ 每个符号的大小，这里 10 个对象散点大小通过第 3 列数据表达

♯TT，作为生态重要值或生态位宽度、多样性指标，大小调整在 0.5～2.5 便于显示；

♯ 如果每个对象在散点图上的大小一致，TT 赋同一值，TT = 1.5

ABC = 1:10 ♯用于后面的符号标识，即有 10 个种，分别标记 1 至 10；

plot(Axis1,Axis2,col = "blue",pch = 16,cex = 1.6,cex.axis = 1.6,cex.lab = 1.6,cex.main = 1.6,cex.sub = 1.6,xlim = c(G1,G2),ylim = c(H1,H2))

text(Axis1,Axis2,adj = −1,labels = paste(ABC),col = "red",cex = 1.6,font = 3) ♯加注标识符

♯pch 为散点符号类型，共有 25 种，1 至 15

♯ xlim = c(G1,G2)表示第 1 轴的范围为 G1 至 G2 之间

♯ cex = TT 表示散点大小，与生态重要值等指标相对应，调整在 0.5～2.5

♯cex.axis、cex.main、cex.lab 分别表示坐标轴、主标题、副标题的字体大小

♯ 如果为了表明某种生态重要值大小，在此通过 TT 进行操作

♯adj = −1 表示标识符号的位置；

♯labes = paste(ABC)，散点标识符号，此处为 1 至 10，按顺序，适合于排序坐标值作图

♯col 符号颜色

♯font 字体类型(整数)，1 = 常规，2 = 粗体，3 = 斜体，4 = 粗斜体，5 = 符号字体

♯结果见图 12.44(a)：排序分析生成的二维散点符号形状和大小相同。

♯R26：生成的散点图大小不同，反映了生态重要值的变化

setwd("C:/data/")

SPE = read.csv ("data.csv", header = T, row.names = 1)

Axis1 = SPE[,c(1)]

Axis2 = SPE[,c(2)]

TT = SPE[,c(4)]

ABC = 1:10

G1 = min(Axis1)；G2 = max(Axis1)；H1 = min(Axis2)；H2 = max(Axis2)

plot(Axis1,Axis2,col = "bluc",pch = 16,cex = TT,cex.axis = 1.6,cex.lab = 1.6,cex.main = 1.6,cex.

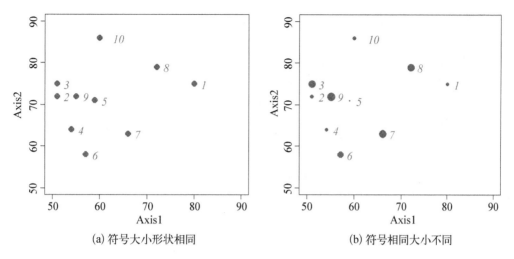

(a) 符号大小形状相同　　　　　　　　　　(b) 符号相同大小不同

图 12.44　二维散点图

sub = 1.6, xlim = c(G1,G2), ylim = c(H1,H2))

text(Axis1, Axis2, adj = -1, labels = paste(ABC), col = "red", cex = 1.6, font = 3)

♯结果见图 12.44(b),二维散点图上符号相同,大小不同,代表多样性指数不同

　　二维和三维散点图中对象的图形类型如图 12.45 所示。

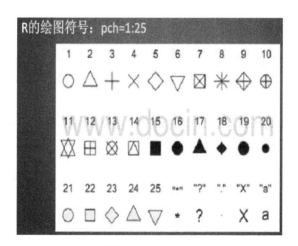

图 12.45　二维和三维散点图中对象的图形类型,共有 25 种

♯R27:排序坐标值的图形类型

♯:图形中符号的使用(图 12.26),共有 25 种选择,pch =

♯Par 在 parfm 程序包中

library(parfm)

par(mgp = c(1.6,0.6,0), mar = c(3,3,2,1))

pch_type = c(1:5,15:19) ♯本案例中选择 1-5 和 15-19 种图形

x = 1:10; y = rep(6,10)

plot(x, y, col = 1, pch = pch_type, cex = 2, main = "pch", font.lab = 2) text(x,y,adj=-0.5,labels=paste("pch=",pch_type),srt=90)

#[结果显示如图 12.46 所示。]

#R28：二维散点图上符号大小相同、类型不同

setwd("C:/data/")

SPE=read.csv("data.csv", header=T, row.names=1)

Axis1=SPE[,c(1)]

Axis2=SPE[,c(2)]

ABC=1:10

G1=min(Axis1)；G2=max(Axis1)；H1=min(Axis2)；H2=max(Axis2)

pch_type=c(5,8,8,17,8,17,17,5,8,5)

plot(Axis1,Axis2,col="blue",pch=pch_type,cex=1.6,cex.axis=1.6,cex.lab=1.6,cex.main=1.6,

cex.sub=1.6,xlim=c(G1,G2),ylim=c(H1,H2))

text(Axis1,Axis2,adj=-1,labels=paste(ABC),col="red",cex=1.6,font=3)

#10 个对象被标志成不同的符号类型，但是大小相同，见图 12.47。

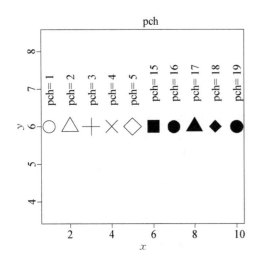

图 12.46　散点图案显示方法

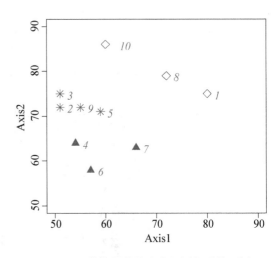

图 12.47　散点图符号大小相同但形状不同

#R29：二维散点图上符号大小、类型均不同

setwd("C:/data/")

SPE=read.csv("data.csv", header=T, row.names=1)

Axis1=SPE[,c(1)]

Axis2=SPE[,c(2)]

TT=SPE[,c(4)]

ABC=1:10

G1=min(Axis1)；G2=max(Axis1)；H1=min(Axis2)；H2=max(Axis2)

pch_type=c(5,8,8,17,8,17,17,5,8,5)

plot(Axis1,Axis2,col="blue",pch=pch_type,cex=TT,cex.axis=1.6,cex.lab=1.6,cex.main=1.6,

cex.sub=1.6,xlim=c(G1,G2),ylim=c(H1,H2))

text(Axis1,Axis2,adj=-1,labels=paste(ABC),col="red",cex=1.6,font=3)

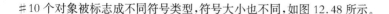

♯10 个对象被标志成不同符号类型,符号大小也不同,如图 12.48 所示。

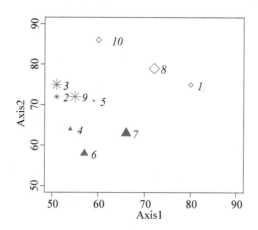

图 12.48 二维散点图中符号、大小均不同

四、排序的三维散点图

♯R30:以表 12.12 数据为例生成三维散点图,图上符号大小和形状相同

```
setwd("C:/data/") ♯设置路径
SPE = read.csv ("data.csv", header = T, row.names = 1) ♯读入 data.csv(表 12.10)数据文件
X = SPE[,c(1)] ♯将第 1 列作为第 1 轴坐标值,除标识符号外
Y = SPE[,c(2)] ♯将 2 列作为第 2 轴的坐标值,除标识符号外
Z = SPE[,c(3)] ♯将 3 列作为第 3 轴的坐标值,除标识符号外
A1 = min(X,Y,Z);A2 = max(X,Y,Z)
library(scatterplot3d)
s3d = scatterplot3d(X, Y, Z, color = "blue", pch = 16,
main = "ecological map", sub = "relationships",
xlim = c(A1,A2), ylim = c(A1,A2), zlim = c(A1,A2),
    xlab = "Axis1", ylab = "Axis2", zlab = "Axis3", scale.y = 1, angle = 40,
    axis = TRUE, tick.marks = TRUE, label.tick.marks = TRUE,
    x.ticklabs = NULL, y.ticklabs = NULL, z.ticklabs = NULL,
    y.margin.add = 0, grid = TRUE, box = TRUE, lab = c(10,10,10),
    lab.z = c(10), type = "h", highlight.3d = FALSE,
    mar = c(5,3,4,3) + 0.1, col.axis = par("col.axis"),
    col.grid = "grey", col.lab = "blue",
    cex.symbols = 1.6, cex.axis = 0.8 * par("cex.axis"),
    cex.lab = par("cex.lab"), font.axis = par("font.axis"),
    font.lab = par("font.lab"), lty.axis = par("lty"),
lty.grid = par("lty"), lty.hide = NULL, lty.hplot = par("lty"))
s3d.coords <- s3d $ xyz.convert(X, Y, Z) ♯加注标签
text(s3d.coords $ x, s3d.coords $ y,
```

labels＝row. names(SPE)，cex＝1.5，pos＝4)♯加注标签，标签名为行名，cex 为字体大小
♯以上程序运行，得到图 12.49，图中各元素间的符号形状和大小相同

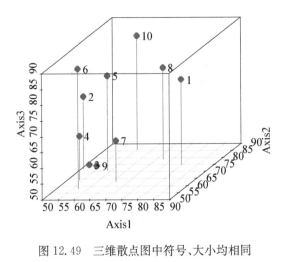

图 12.49　三维散点图中符号、大小均相同

（1）如果将以上程序进行如下修改。

① 在 scatterplot3d 语句前增加：TT＝SPE［，c(4)］；

② 将 cex. symbols＝par("cex")修改成 cex. symbols＝TT。

运行后生成图 12.50，显示标签符号形状相同，大小不同，以显示生态重要值的变化。

（2）如果将以上程序进行如下修改。

① 在 scatterplot3d 语句前增加：pch_type＝c(5,8,8,17,8,17,17,5,8,5)；

② 将 pch＝16 修改成 pch＝pch_type。

运行程序生成图 12.51，变成 5、8、17 三种类型，10 个样点分成三组，每组用一种符号
代表，但是大小相同。

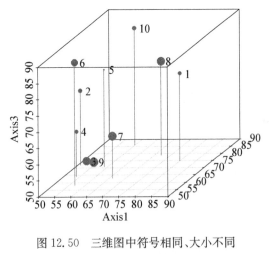

图 12.50　三维图中符号相同、大小不同

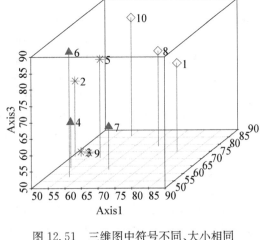

图 12.51　三维图中符号不同、大小相同

（3）将程序进行如下修改。

① 在 scatterplot3d 语句前增加:pch_type=c(5,8,8,17,8,17,17,5,8,5) 和 TT= SPE[,c(4)];

② 将 pch=16 修改成 pch=pch_type;

③ 将 cex. symbols=par("cex")修改成 cex. symbols=TT。

运行程序后,得到图 12.52,图标形状和大小均不同。

♯ R31:应用 scatter3d() 生成三维散点图

```
setwd("C:/data/") ♯设置路径
SPE = read.csv("data.csv", header = T, row.names = 1) ♯读入 data.csv 数据文件
♯为表 12.8 数据
X = SPE[,c(1)] ♯将第 1 列作为第 1 轴坐标值,除标识符号外
Y = SPE[,c(2)] ♯将 2 列作为第 2 轴的坐标值,除标识符号外
Z = SPE[,c(3)] ♯将 3 列作为第 3 轴的坐标值,除标识符号外
library(Rcmdr)
scatter3d(X,Y,Z)                ♯此三维图可以通过鼠标拖动展示不同的观察角度,结果见图 12.53。
```

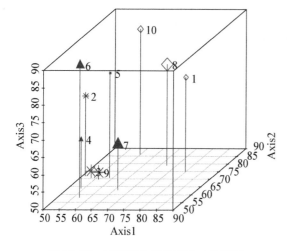

图 12.52 三维图中符号和大小均不同

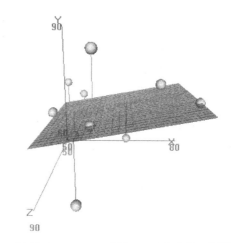

图 12.53 scatter3d(X,Y,Z)生成的三维图

参 考 文 献

冯夏莲,何承忠,张志毅,等.2006.植物遗传多样性研究方法概述[J].西南林学院学报,26:69-79.

郭水良,曹同.2001.长白山主要生态系统地面苔藓植物生态位研究[J].生态学报,21:231-236.

郭水良,黄华.2003.外来杂草北美车前(Plantago virginica)种群分布格局的统计分析[J].植物研究,23:464-471.

郭水良,李扬汉.1998.农田杂草生态位研究意义与方法探讨[J].生态学报,18:497-503.

郭水良,李扬汉.1999.浙江金华地区早稻田杂草关系及其图形表达[J].南京农业大学学报,22:16-21.

郭水良,郑园园,娄玉霞,等.2011.基于RAPD数据探讨中华蓑藓(*Macromitrium cavaleriei* Card. & Thér.)形态变异的遗传基础[J].植物科学学报,29:312-318.

兰国玉,雷瑞德.2003.植物种群空间分布格局研究方法概述[J].西北林学院学报,18:17-21.

李契,朱金兆,朱清科.2003.生态位理论及其测度研究进展[J].北京林业大学学报,25:100-107.

牛翠娟,娄安如,孙儒泳,等.2007.基础生态学[M].2版.北京:高等教育出版社.

宋永昌.2001.植被生态学[M].上海:华东师范大学出版社.

王东升,辛红,邢世岩,等.2013.基于AFLP标记的山东省5个野核桃群体的遗传多样性分析[J].植物资源与环境学报,22:63-69.

王刚,赵松岭,张鹏云,等.1984.关于生态位定义的探讨及生态位重叠计测公式改进的研究[J].生态学报,4:119-126.

王中仁.1996.植物等酶分析[M].北京:科学出版社.

谢小伟,郭水良,黄华.2003.浙江金华市区地面苔藓植物分布与环境因子关系研究[J].武汉植物学研究,21:129-136.

阳含熙,卢泽愚.1981.植物生态学的数量分类方法[M].北京:科学出版社.

张杰,吴迪,汪春蕾.2007.应用ISSR-PCR分析蒙古栎种群的遗传多样性[J].生物多样性,15:292-299.

张金屯.1995.植被数量生态学方法[M].北京:中国科学技术出版社.

张金屯.2004.数量生态学[M].北京:科学出版社.

赵志模.1990.群落生态学原理与方法[M].重庆:科学技术文献出版社重庆分社.

Abrams R. 1980. Some comments on measuring niche overlap[J]. Ecology,61:44-49.

Baselga A,David C,Orme L. 2012. Betapart:an R package for the study of beta diversity[J]. Methods in Ecology and Evolution,3:808-812.

Borcard D,Gillet F,Legendre P. Numerical Ecology with R[M]. New York:Springer.

Bray J R,Curtis J D. 1957. An ordination of the upland forest communitites of southern Wisconsin. Ecological Monograph,27:325-349.

Cassie R M. 1962. Frequency distribution model in the ecology of plants and other organisms. Journal of Animal Ecology,31:65-95.

Colwell R K,Futuyma D J. 1971. On measuring niche overlap[J]. Ecology,61:44-49.

Schneider D C. 2009. Quantitative Ecology,Measurement,Models and Scaling[M]. 2nd ed. New York:Academic Press.

Gower J C. 1966. Some distance properties of latent root and vector methods used in multivariate analysis [J]. Biometrika, 53: 325 – 338.

Gower J C. 1967. Multivariate analysis and multidimensional geometry[J]. Statisctican, 17: 13 – 38.

Greig-Smith P P, 1983. Quantitative Plant Ecology [M]. 3rd ed. London: Butterworths.

Guo S L, Cao T. 2001. Distribution patterns of ground moss species and its relationships with environmental factors in Changbai Mountain, Northeast China [J]. Acta Botanica Sinica, 43: 631 – 643.

Hijmans R J, Cameron S, Parra J. Worldclim —— global climate data, free climate data for ecological modeling and GIS[OL]. http: //www. worldclim. org/ [2014 – 10 – 21].

Hill M O. 1973. Reciprocal averaging: an eigenvector method of ordination[J]. Journal of Ecology, 61: 237 – 249.

Hill M O. 1979. DECORANA — A FORTRAN program for Detrended Correspondence Analysis and Reciprocal Averaging. Section of Ecology and Systematics[M]. New York: Cornell University.

Hill M O, Gauch H G. 1980. Detrended correspondence analysis: an improved ordination technique[J]. Vegetation, 42: 47 – 58.

Hurlbert S H. 1978. The measurement of niche overlap and some relatives[J]. Ecology, 59: 67 – 77.

Levins R. 1968. Evolution in Changing Environments: Some Theoretical Explorations[M]. Princeton: Princeton University Press.

Li A, Niu K C, Du G Z. 2012. Resoure availability, species composition and sown density effects on productiveity of experimental plant communities[J]. Plant and Soil, 344: 177 – 186.

Nei M. 1973. Analysis of gene diversity in subdivided populations[J]. Proceedings of the National Academy of Sciences, 70: 3321 – 3323.

Niu K C, Choler P, Zhao B B, et al. 2009. The allometry of reproductive biomass in response to land use in Tibetan alpine grasslands[J]. Functional Ecology, 23: 274 – 283.

Paradis E, Claude J. 2004. APE: analyses of phylogentics and evolution in R language [J]. Bioinformatics, 20: 289 – 290.

Peet R K. 1974. The measurement of species diversity[J]. Annu Rev Ecol Syst, 5: 285 – 307.

Ter Braak C J F. 1986. Canonical correspondence analysis: a new eigenvector technique for multivariate direct gradient analysis[J]. Ecology, 67: 1167 – 1179.

Warton D I, Ormerod J. 2007. Smatr: (standardised) major axis estimation and testing routines. R package version 2. 1[OL]. http: //web. maths. unsw. edu. au/~dwarton [2014 – 11 – 20].

有关软件的参考文献

Canoco for Windows 4.5

Ter Braak C J F, Šmilauer P. 2002. Canoco for Windows Version 4.5, Centre for Biometry, Wageningen, Wageningen, The Netherlands.

CurveExpert 1.38

Microsoft Corporation. 2015. CurveExpert Version 1.38, A curve fitting system for Windows, double-precision / 32 - bit package [OL]. http://www.curveexpert.net/ [2015 - 1 - 10].

FigTree 1.4.0

Rambaut A. 2015. FigTree v1.4.0: Tree Figure Drawing Tool [OL]. http://tree.bio.ed.ac.uk/ software/figtre? e/ [2015 - 1 - 13].

PAST for Windows 2.17

Hammer Ø, Harper D A T, Ryan P D. 2001. Past: paleontological statistics software package for education and data analysis [J]. Palaeontologia Electronica, 4: 4 - 9.

PCORD for windows 4.0

McCune B, Mefford M J. 1999. Multivariate Analysis of Ecological Data Version 4.0 [M]. MjM Software design, Gleneden Beach, Oregon, U. S. A.

SPSS 16.0

Spss Inc. 2008. SPSS 16.0 Student Version for Windows. Prentice Hall, London, UK.

R 程序包引用文献(安字母顺序)

abind - Version used: 1.4 - 0

Plate T, Heiberger R. 2015. Combine multi-dimensional arrays [OL]. http://mirrors.ustc.edu.cn/ CRAN/ [2015.1.10].

ade4 - Version used: 1.4—14

Chessel D, Dufour A B, Thioulouse J. 2004. The ade4 package - I: One-table methods [J]. R News, 4: 5 - 10.

Dray S, Dufour A B. 2007. The ade4 package: implementing the duality diagram for ecologists [J]. Journal of Statistical Software, 22: 1 - 20.

Dray S, Dufour A B, Chessel D. 2007. The ade4 package - II: Two-table and K-table methods [J]. R News, 7: 47 - 52.

Dray S, Dufour A B, Thioulouse J. 2015. Ade4: analysis of ecological data: exploratory and euclidean methods in environmental sciences [OL]. http://mirrors.ustc.edu.cn/CRAN/ [2015.1.10].

ape - Version used: 3.2

Paradis E, Claude J, Strimmer K. 2004. APE: analyses of phylogenetics and evolution in R language [J]. Bioinformatics, 20: 289 - 290.

Paradis E, Blomberg S, Bolker B. 2015. Analyses of phylogenetics and evolution [OL]. http:// mirrors.ustc.edu.cn/CRAN/ [2015.1.10].

Amap - Version used: 0.8 - 14

Lucas A. 2015. Amap: another multidimensional analysis package [OL]. http://mirrors.ustc.edu.cn/ CRAN/ [2015.1.10].

Betapart - Version used 1.3

Baselga A, Orme D, Villeger S, et al. 2015. Betapart: partitioning beta diversity into turnover and nestedness components. http：//mirrors. ustc. edu. cn/CRAN/[2015. 1. 10].

cluster – Version used：1. 15. 3

Maechler M, Rousseeuw P, Struyf A, et al. 2015. Cluster：cluster analysis basics and extensions. R package version 1. 15. 3 [OL]. http：//mirrors. ustc. edu. cn/CRAN/ [2015. 1. 10].

coin – Version used：1. 0 – 24

Hothorn T, Hornik K, Mark A, et al. 2006. A Lego system for conditional inference [J]. The American Statistician, 60：257 – 263.

Hothorn T, Hornik K, Mark A. van de Wiel, et al. 2008. Implementing a class of permutation tests：the coin package [J]. Journal of Statistical Software, 28：1 – 23.

Hothorn T, Hornik K, Mark A, et al. 2015. Conditional inference procedures in a permutation test framework [OL]. http：//mirrors. ustc. edu. cn/CRAN/ [2015. 1. 10].

ctc – Version used：1. 40. 0

Lucas A, Jasson S. 2006. Using amap and ctc packages for huge clustering [J]. R News, 16：58 – 60.

FD – Version used：1. 0 – 12

Laliberté E, Legendre P. 2010. A distance-based framework for measuring functional diversity from multiple traits [J]. Ecology, 91：299 – 305.

Laliberté E, Legendre P, Shipley B. 2015. FD：measuring functional diversity from multiple traits and other tools for functional ecology. R package version 1. 0 – 12 [OL]. http：//mirrors. ustc. edu. cn/ CRAN/ [2015. 1. 10].

geometry – Version used：0. 3 – 5

Barber C B, Habel K, Grasman R, et al. 2015. The R geometry package：mesh generation and surface tessellation [OL]. http：//mirrors. ustc. edu. cn/CRAN/ [2015. 1. 10].

gclus – Version used：1. 3. 1

Hurley C. 2015. Gclus：clustering graphics. R package version 1. 3 [OL]. http：//mirrors. ustc. edu. cn/CRAN/ [2015. 1. 10].

lattice：Version used：0. 2 – 29

Deepayan S. 2008. Lattice：Multivariate Data Visualization with R [M]. New York：Springer.

Deepayan S. 2015. Lattice：lattice graphics [OL]. http：//mirrors. ustc. edu. cn/CRAN/[2015. 1. 10].

magic：version used：1. 5 – 6

Hankin R K S. 2015. Magic：create and investigate magic squares [OL]. http：//mirrors. ustc. edu. cn/ CRAN/ [2015. 1. 10].

Hankin R K S. 2005. Recreational mathematics with R：introducing the magic package [J]. R News, 5：1 – 6.

modeltools_0. 2 – 21 Version used：0. 2 – 21

Hothorn T, Leisch F, Zeileis A. 2015. Modeltools：tools and classes for statistical models [OL]. http：//mirrors. ustc. edu. cn/CRAN/[2015. 1. 10].

mvpart – Version used：1. 3 – 1

De'ath G. 2015. Mvpart：multivariate partitioning. R package version 1. 3 – 1[OL]. http：//mirrors. ustc. edu. cn/ CRAN/ [2015. 1. 10].

nlme – Version used：3. 1 – 118

Pinheiro J, Bates D, DebRoy S. 2014. Nlme：Linear and Nonlinear Mixed Effects Models. R package version 3. 1 – 118 [OL]. http：//mirrors. ustc. edu. cn/ CRAN/ [2015 – 1 – 10].

party – Version used：1. 0 – 19

Hothorn T, Hornik K, Zeileis A. 2006. Unbiased recursive partitioning：a conditional inference framework [J]. Journal of Computational and Graphical Statistics, 15：651 – 674.

Zeileis A, Hothorn T, Hornik K. 2008. Model-based recursive partitioning [J]. Journal of

Computational and Graphical Statistics，17：492 - 514.

Hothorn T，Buehlmann P，Dudoit S，et al. 2006. Survival ensembles [J]. *Biostatistics*，7：355 - 373.

Strobl C，Boulesteix A L，Zeileis A，et al. 2007. Bias in random forest variable importance measures：illustrations，sources and a solution [J]. BMC Bioinformatics，8：1471 - 1429.

Strobl C，Boulesteix A L，Kneib T，et al. 2008. Conditional variable importance for random forests [J]. BMC Bioinformatics，9：307 - 317.

Hothorn T，Hornik K，Strobl C，et al. 2015. Party：A laboratory for recursive partytioning [OL]. http：//mirrors. ustc. edu. cn/ CRAN/ [2015 - 1 - 10].

R-Version used：3. 1. 1

R Development Core Team. 2015. R：a language and environment for statistical computing [OL]. http：//www. R-project. org/[2015 - 1 - 10].

rgl-Version used：0. 95. 1158

Adler D，Murdoch D. 2015. Rgl：3D visualization device system [OL]. http：//mirrors. ustc. edu. cn/ CRAN/ [2015 - 1 - 10].

sandwich - Version used：2. 3 - 2

Zeileis A. 2006. Object-oriented computation of sandwich estimators [J]. Journal of Statistical Software，16：1 - 16.

Lumley T，Zeileis A. 2015. Sandwich：robust covariance matrix estimators[OL]. http：//mirrors. ustc. edu. cn /CRAN/ [2015 - 1 - 10].

scatterplot3d - Version 0. 3 - 35

Ligges U，Mächler M. 2003. Scatterplot 3d——an R package for visualizing multivariate data [J]. Journal of Statistical Software，8：1 - 20.

Ligges U，Mächler M，Schnackenberg S. 2015. Scatterplot3d：3D scatter plot [OL]，http：//mirrors. ustc. edu. cn/CRAN/[2015 - 1 - 10].

spaa - Version used：0. 2. 1

Zhang J L. 2015. Spaa：species association analysis [OL]. http：//mirrors. ustc. edu. cn/CRAN/ [2014 - 12 - 15].

strucchange - Version used：1. 5 - 0

Zeileis A，Leisch F，Hornik K，et al. 2002. Strucchange：An R package for testing for structural change in linear regression models [J]. Journal of Statistical Software，7：1 - 38.

Zeileis A，Leisch F，Hornik K，et al. 2015. Strucchange：testing，monitoring and dating structural changes [OL]. http：//mirrors. ustc. edu. cn/CRAN/ [2015 - 1 - 10].

vegan - Version used：2. 2 - 0

Oksanen J，Blanchet F G，Kindt R，et al. 2015. Vegan：community ecology package. R package version 2. 2 - 0 [OL]. http：//mirrors. ustc. edu. cn/CRAN/ [2015 - 1 - 10].

vegan3d - Version used：0. 65 - 0

Oksanen J，Kindt R，Simpson G L. 2015. Vegan3d：static and dynamic 3D plots for vegan package [OL]. http：//mirrors. ustc. edu. cn/CRAN/[2015 - 1 - 10].

Zoo Version used：1. 7 - 11

Zeileis A，Grothendieck G. 2005. Zoo：S3 infrastructure for regular and lrregular time series [J]. Journal of Statistical Software，14：1 - 27.

Zeileis A，Grothendieck G，Ryan J A. 2015. Zoo：S3 infrastructure for regular and irregular time series (Z's ordered observations) [OL]. http：//mirrors. ustc. edu. cn/CRAN/ [2015 - 1 - 10].